国家重点图书

精品版·专家为您答疑丛书

第4版

优质专用小麦生产关键技术百问百答

赵广才 编著

中国农业出版社

北京

赵广才，农学博士，中国农业科学院作物科学研究所研究员，农业农村部小麦专家指导组成员（2004—2018年）。主要从事小麦生长发育规律及优质高产栽培理论与技术研究。主持完成多项国家及省部级科研项目。首次提出小麦优势蘖概念及其理论与应用技术。以第一作者或通信作者发表论文212篇。主编出版科技著作8部，副主编6部；主编出版《小麦绿色高产高效技术模式图》38幅。已累计获各种科技奖励17项，其中以第一完成人获国家科技进步二等奖1项、省部级科技奖9项、中国农业科学院科技成果奖2项、地厅级科技进步奖3项；以主要完成人获省部级科技奖2项。主持完成并通过审定发布实施农业农村部行业标准5项。以第一育种人选育并通过审定小麦品种3个。

2011年被评为全国粮食生产突出贡献农业科技人员，获国务院表彰；2017年获“中国农业科学院建院60周年”卓越奉献奖；2019年获中共中央、国务院、中央军委颁发的“庆祝中华人民共和国成立70周年”纪念章。

前言

本书自2005年第一次出版以来，深受广大农业科技人员、培训机构、种麦农民的喜爱，首次出版即被列为国家重点图书，并被中央宣传部、新闻出版总署和农业部推荐为“三农”优秀图书，并于2009年进行了改版，推出第2版；随后的4年间，在国家一系列惠农政策和科技进步的支撑下，国家小麦产量逐年增加，但品质结构亟需向稳产、提质、增效的方向转变，为了适应优质高效小麦生产发展、满足读者需求，2013年再次推出第3版；直至2018年，14年内陆续印刷9次，每次再版都在原有基础上进行了更新修订。为进一步促进优质高产专用小麦生产，满足广大农业科技人员和种麦农民的技术需求，对接市场需要，提高麦农收入，现修订推出第4版，再次对内容进行补充更新，尤其是品种介绍部分，突出更新了强筋和中强筋小麦品种，为当前的小麦优质高效生产服务。

全书以科学实用为宗旨，以市场需求为导向，以提质增收为目标，采用设问设答的形式编著，共分5个部分，第1部分是基本知识，共设51个问答，系统介绍了小麦种植区划和品质区划，小麦生长发育的形态特征及相应管理技术，在同类作品中首次介绍了小麦优势蘖的概念及合理利用，厄尔尼诺和拉尼娜现象及其对小麦生产的影响，并附有中国小麦种植生态区划图，典型的小麦形态特征图，以及小麦穗分化图谱，以便于读者理解辨认。第2部分是小麦品质与栽培措施的关系，共设43个问答，介绍了小麦品质的概念，栽培措施对小麦品质的影响，保优调优的技术措施，并附有相应必要的图表。第3部分是小麦高产优质实用栽培技术，共设18个问答，重点介绍了当前生产中广泛应用的主要高产优质栽培技术，一些重点技术辅以简明的示意图，便于读者理解应用。第4部分是麦田常见病虫草害防治技术，共设39个问答，重点介绍了麦田常见的病虫草害的特征特性、发生规律及防治措施，并附有相应的彩色病虫草害图谱，以便于读者对照参考。第5部分是麦田调查记载和测定方法，共设9个问答，简明介绍了实用的麦田调查的内容、标准和方法。另有附录1，主要介绍通过审定并在当前生产中应用的高产优质品种，包括品种来源、特征特性、产量表现、栽培要点和适宜地区等5方面内容；附录2，主要介绍小麦绿色高产高效技术模式图，包括与月份、旬、节气相对应的小麦生育期、主攻目标、关键技术、操作规程等内容。

本书主要供广大农业技术人员和麦农参考应用，也可供大专院校农学及相关专业学生学习参考。

书中不足之处，敬请读者指正。

赵广才

2019年9月

目　录

二、小麦品质与栽培措施的关系

一、基本知识

1. 小麦分布在哪些地区？

小麦是世界第一大粮食作物，因其适应性强而广泛分布于世界各地，从北极圈附近到赤道周围，从盆地到高原，均有小麦种植。但因其喜冷凉和湿润气候，主要在北纬67°到南纬45°之间，尤其在北半球的欧亚大陆和北美洲最多，其种植面积占世界小麦总面积的90%左右，而年降水量小于230毫米的地区和炎热并过于湿润的赤道附近种植较少。在世界小麦总面积中，冬小麦占75%左右，其余为春小麦。春小麦主要集中在俄罗斯、美国和加拿大等国，占世界春小麦总面积的90%左右。

小麦在我国已有5 000多年的栽培历史，目前是仅次于玉米和水稻的第三大粮食作物，其面积和总产分别占我国粮食作物的27%和22%左右。目前除海南省无统计面积外，全国各省（自治区、直辖市）都有不同规模的小麦生产，种植面积较大的依次为河南、山东、安徽、河北、江苏、新疆、四川、湖北、陕西、甘肃、山西等11个省（自治区），约占全国小麦总面积的92%，单产较高的有河南、河北、山东、安徽、江苏等省，亩*产均在350千克以上（2017年）。我国幅员辽阔，既能种植冬小麦又能种植春小麦。由于各地自然条件的差异，小麦的播种期和成熟期不尽相同。在东北、内蒙古和西北的大部分严寒地带，适宜种植春小麦，一般

---

* 亩为非法定计量单位，15亩=1公顷。——编者注

在3～4月播种。北方麦区的秋播小麦，一般在9月中下旬至10月上中旬播种。南方麦区从10月至12月都可以播种。从收获期来看，广东、云南等地小麦成熟最早，2月底3月初就有收割的，随之由南向北陆续收获到7、8月，西藏高原地区的秋播小麦从种到收有近一年时间，最晚在9月上旬收获。因此，一年之中每个季节都有小麦在不同地区播种或收获。我国以冬小麦（秋、冬播）为主，常年种植面积占小麦总面积的93%以上，产量占小麦总产的95%以上。

2. 什么叫小麦种植区划？我国有哪些麦区？

中国小麦分布地域辽阔，南界三亚，北止漠河，西起新疆，东至海滨及台湾，遍及全国各地。从盆地到丘陵，从海拔10米以下低平原至海拔4 000米以上的西藏高原地区，从北纬53°的严寒地带到北纬18°的热带地区，都有小麦种植。由于各地自然条件、种植制度、品种类型和生产水平的差异，形成了明显的种植区域。目前全国小麦种植区域划分为4个主区10个亚区（表1）：春（播）

表1　中国小麦种植区域划分

主　区	亚　区
春麦区	东北春（播）麦区 北部春（播）麦区 西北春（播）麦区
北方冬麦区	北部冬（秋播）麦区 黄淮冬（秋播）麦区
南方冬麦区	长江中下游冬（秋播）麦区 西南冬（秋播）麦区 华南冬（晚秋播）麦区
冬春兼播麦区	新疆冬春兼播麦区 青藏春冬兼播麦区

麦区，包括东北春（播）麦区、北部春（播）麦区、西北春（播）麦区 3 个亚区；北方冬（秋播）麦区，包括北部冬（秋播）麦区、黄淮冬（秋播）麦区 2 个亚区；南方冬（秋播）麦区，包括长江中下游冬（秋播）麦区、西南冬（秋播）麦区、华南冬（晚秋播）麦区 3 个亚区；冬春兼播麦区，包括新疆冬春兼播麦区、青藏春冬兼播麦区 2 个亚区（图 1）。

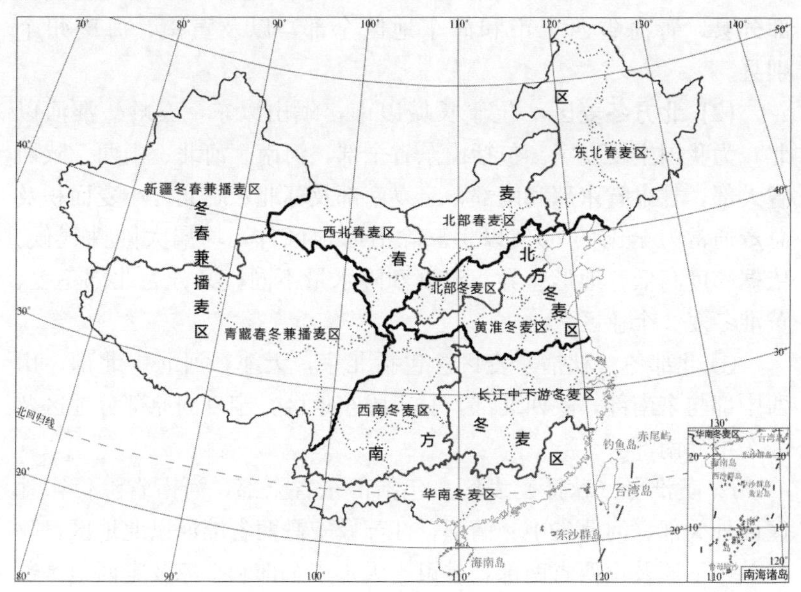

图 1　中国小麦种植生态区划

(1) 春麦区　春麦主要分布在长城以北，岷山、大雪山以西。大多地处寒冷、干旱或高原地带（新疆、西藏以及四川西部冬、春麦兼种，将单独划区）。本区划春麦区仅包括黑龙江、吉林、内蒙古全部，宁夏、辽宁、甘肃大部，青海东部，以及河北、山西、陕西省北部地区。根据降水量、温度及地势可将春麦区分为东北春麦、北部春麦及西北春麦 3 个亚区。

①东北春（播）麦区。包括黑龙江、吉林两省全部，辽宁省除南部大连、营口两市以外大部，内蒙古自治区东北部呼伦贝尔市、兴安盟、通辽市及赤峰市。

②北部春（播）麦区。包括内蒙古锡林郭勒、乌兰察布、呼和浩特、包头、巴彦淖尔、鄂尔多斯以及乌海等1盟6市，河北省张家口、承德市全部，山西省大同市、朔州市、忻州市全部，陕西省榆林长城以北部分县。

③ 西北春（播）麦区。包括内蒙古阿拉善盟，宁夏大部，甘肃兰州、临夏、张掖、武威、酒泉区全部以及定西、天水和甘南州部分县，青海省西宁市和海东地区全部，以及黄南、海南州个别县。

(2) 北方冬麦区 位于长城以南，岷山以东，秦岭—淮河以北，为我国主要麦区。包括山东省全部，河南、河北、山西、陕西省大部，甘肃省东部和南部，宁夏南部及苏北、皖北。小麦面积及总产通常为全国的60%以上。除沿海地区外，均属大陆性气候。依据纬度高低、地形差异、温度和降水量不同，又分为北部冬麦、黄淮冬麦2个亚区。

① 北部冬（秋播）麦区。包括北京，天津，河北中北部，山西中部与东南部，陕西北部，甘肃陇东地区，宁夏固原部分地区及辽东半岛南部。

② 黄淮冬（秋播）麦区。包括山东省全部，河南省除信阳地区以外大部，河北省中、南部，江苏及安徽两省淮河以北地区，陕西关中平原及山西省南部，甘肃省天水市全部和平凉及定西地区部分县。

(3) 南方冬麦区 位于秦岭—淮河以南，折多山以东。包括福建、江西、广东、海南、台湾、广西、湖南、湖北、贵州等省（自治区）全部，云南、四川、江苏、安徽省大部以及河南南部。根据气候条件、种植制度和小麦生育特点又可分为长江中下游、西南及华南冬麦3个亚区。

① 长江中下游冬（秋播）麦区。包括浙江、江西、湖北、湖南及上海市全部，河南省信阳地区以及江苏、安徽两省淮河以南地区。

② 西南冬（秋播）麦区。包括贵州、重庆全部，四川、云南

大部（四川省阿坝、甘孜州南部部分县以外；云南省泸西、新平至保山以北，迪庆、怒江州以东）、陕西南部（商洛、安康、汉中）和甘肃陇南地区。

③ 华南冬（晚秋播）麦区。包括福建、广东、广西、台湾、海南5省（自治区）全部及云南省南部德宏、西双版纳、红河等州部分县。

(4) 冬春兼播麦区 位于我国最西部地区。包括新疆、西藏全部，青海大部和四川、云南、甘肃省部分。依据地形、地势、气候特点和小麦种植情况，本区分为新疆冬春兼播麦区和青藏春冬兼播麦区两个亚区。

① 新疆冬春兼播麦区。全区只有新疆维吾尔自治区，是全国唯一的以单个省份划为小麦亚区的区域。

② 青藏春冬兼播麦区。位于我国西南部，包括西藏自治区全部，青海省除西宁市及海东地区以外大部，甘肃省西南部甘南州大部，四川省西部阿坝、甘孜州以及云南省西北迪庆州和怒江州部分县。

3. 什么叫小麦品质区划？我国是怎样划分的？

我国小麦种植地域广阔、生态类型复杂，不同地区间小麦品质存在较大的差异，这种差异不仅由品种本身的遗传特性所决定，而且受气候、土壤、耕作制度、栽培措施等环境条件以及品种与环境相互作用的影响。品质区划就是依据生态条件和品种的品质表现将小麦产区划分为若干不同的品质类型区，以充分利用自然资源优势和品种的遗传潜力，实现优质小麦的高效生产。

庄巧生等人经过多年研究，初步提出我国小麦品质区划方案，把我国小麦产区划分为3个不同类型专用品质的麦区。

(1) 北方强筋、中筋冬麦区 主要包括北京、天津、山东、河北、河南、山西、陕西大部、甘肃东部以及江苏、安徽北部等地区，适宜发展白粒强筋和中筋小麦。本区可划分为以下3个亚区：

①华北北部强筋麦区。主要包括北京、天津、山西中部、河北中部及东北部地区。本区适宜发展强筋小麦。

②黄淮北部强筋、中筋麦区。主要包括河北南部、河南北部和山东中北部、山西南部、陕西北部和甘肃东部等地区。本区中土层深厚、土壤肥沃的地区适宜发展强筋小麦，其他地区如胶东半岛等适宜发展中筋小麦。

③黄淮南部中筋麦区。主要包括河南中部、山东南部、江苏北部、安徽北部、陕西关中、甘肃天水等地区。本区以发展中筋小麦为主，肥力较高的砂姜黑土和潮土地带可发展强筋小麦，沿河冲积沙壤土地区可发展白粒弱筋小麦。

(2) 南方中筋、弱筋冬麦区 主要包括四川、云南、贵州南部、河南南部、江苏和安徽淮河以南、湖北等地区。本区可划分为以下3个亚区：

①长江中下游中筋、弱筋麦区。包括江苏和安徽两省淮河以南、湖北大部以及河南省南部地区。本区大部分地区适宜发展中筋小麦，沿江及沿海沙土地区可发展弱筋小麦。

②四川盆地中筋、弱筋麦区。包括盆西平原和丘陵山地。本区大部分地区适宜发展中筋小麦，部分地区也可发展弱筋小麦。

③云贵高原麦区。包括四川省西南部、贵州全省以及云南省大部分地区。本区应以发展中筋小麦为主，也可发展弱筋或部分强筋小麦。

(3) 中筋、强筋春麦区 主要包括黑龙江、辽宁、吉林、内蒙古、宁夏、甘肃、青海、新疆和西藏等地区。本区可划分为以下4个亚区：

①东北强筋春麦区。主要包括黑龙江北部和东部、内蒙古大兴安岭等地区。本区适宜发展红粒强筋或中强筋小麦。

②北部中筋春麦区。主要包括内蒙古东部、辽河平原、吉林西北部、河北、山西、陕西等春麦区。本区适宜发展红粒中筋小麦。

③西北强筋、中筋春麦区。主要包括甘肃中西部、宁夏全部以

及新疆麦区。其中河西走廊适宜发展白粒强筋小麦；银宁灌区适宜发展红粒中筋小麦；陇中和宁夏西海固地区适宜发展红粒中筋小麦；新疆麦区在肥力较高地区适宜发展强筋白粒小麦，其他地区可发展中筋白粒小麦。

④青藏高原春麦区。本区海拔高，光照足，昼夜温差大，空气湿度小，小麦灌浆期长，产量水平较高。通过品种改良，适宜发展红粒中筋小麦。

4. 小麦有多少个种？各有什么特点？

小麦属于禾本科作物，是世界上最古老的作物之一，也是我国栽培历史最悠久的作物之一。从分类学角度观察，小麦属于禾本科，小麦族，小麦属。世界小麦属已定名的种有 20 余个，在我国栽培的只有 6 个种，即普通小麦、硬粒小麦、圆锥小麦、密穗小麦、东方小麦和波兰小麦。目前生产中应用面积最大的是普通小麦。

普通小麦又叫软粒小麦，是我国分布最广、经济价值最高的一个种。其根系发达，入土较深，分蘖力强，生产上应用的品种株高多在 70～100 厘米。穗状花序，每小穗有 3～9 朵花，一般结实2～5 粒，全穗结实可达 20～50 粒。生产中有秋（冬）播和春播之分，秋（冬）播的称冬小麦，春播的称春小麦。在生育特性上有冬性、半冬性和春性之分。

硬粒小麦植株较高，茎秆上部充实有髓。穗大，芒长（一般在 10 厘米以上）。子粒多为长椭圆形，角质透明，千粒重较高，不易落粒。抗条锈病、叶锈病和黑穗病能力较强。在我国生产上多为春播型。品质较好，适宜做通心粉和意大利面条。

圆锥小麦一般植株高大，抽穗前植株呈蓝绿色，茎秆上部充实有髓。穗大而厚，有分枝和不分枝两种类型。子粒较大，多呈圆形或卵圆形，顶端呈截断状，粉质。一般晚熟，春性强，抗寒能力弱，抗条锈病能力强。

密穗小麦茎秆矮而粗壮，不易倒伏。穗呈棍棒或橄榄状，侧面宽于正面，小穗排列紧密，与穗轴呈直角着生。在我国甘肃、云南分布较多。

东方小麦形态和生态上与硬粒小麦相似，但其小穗较长而排列较稀。每小穗3～5花，结实3～4粒。护颖和内外稃长形。植株较高，一般株高100～130厘米，穗轴坚韧不易折断。子粒长形，较大。面粉做通心粉品质好，烘焙品质也较好。春性或弱冬性，抗寒性和抗旱性较弱。

波兰小麦茎秆高大，株高约120～160厘米，茎秆上部充实有髓。幼苗直立，分蘖较少，叶色绿或浅绿，叶片长而披垂。大部分品种具细软长芒，但在中国新疆的诺羌古麦为特有的无芒类型。穗较长，小穗排列松散，穗轴坚韧。小穗基部具明显颖托。颖壳(稃）多为白色。子粒长形，较大，硬质，蛋白质含量较高。春性强。

5. 什么是小麦的生命周期?

小麦的生命周期是指从一粒完整种子萌发到产生新的成熟种子的整个过程，也可以称为生活周期（图2)。这个过程的长短取决于生态条件的变化，栽培技术对其也有微弱的影响。根据1982—1985年全国小麦生态研究组对31个冬、春类型品种的观察结果，在全国范围内秋播冬小麦的生育期80～350天，如北纬35°～40°的黄淮冬麦区及北部冬麦区，生育期一般225～275天；昌都—拉萨和川西南部、云南北部生育期长达320～354天，广南—临沧包括广西西部、云南中部则仅有110～150天，而在北纬18°左右的海南省，生育期仅80天左右（目前海南省已无小麦生产，但有小麦试验)。春小麦的生育期也因地域不同存在较大差异，青海西

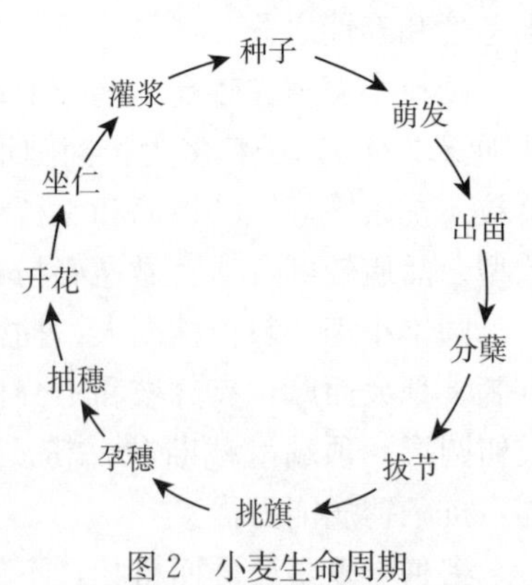

图2　小麦生命周期

部、西藏北部春播小麦生育期长达150～180天，但大多数春麦区均在110～120天。

6. 什么是小麦的阶段发育?

小麦从种子萌发到成熟，必须经过几个循序渐进的质变阶段，才能由营养生长转向生殖生长，完成生活周期。这种阶段性质变发育过程称为小麦的阶段发育。每个发育阶段需要一定的外界综合作用才能完成。外界条件包括水分、温度、光照、养分等。大量研究证明，温度的高低和日照的长短对小麦由营养体向生殖体过渡有着特殊的作用，因此明确提出了春化和光照阶段。小麦如果不通过这两个阶段，就不能抽穗完成生命周期。

阶段发育理论对研究麦类冬性、春性划分，品种生态布局，及其引种的栽培管理有着重要的指导意义。

(1) 小麦的感温性（春化阶段） 萌动种子胚的生长点或绿色幼苗的生长点，只要有适宜的综合外界条件，就能通过春化阶段发育。在诸多的外界条件中，起主导作用的是适宜的低温。一般没有通过春化阶段的小麦不能正常抽穗结实，不能正常完成生活周期。小麦的春化现象是在漫长的进化过程中形成的对自然生态条件的一种适应性。

(2) 小麦的感光性（光照阶段） 小麦通过春化阶段后，在适宜的环境条件下进入光照阶段，这一阶段生育进程的主要影响因素是光照的长短，表现为有的品种（特别是冬性品种）在短日照条件下迟迟不能抽穗，延长光照则可大大加速抽穗进程。没有通过光照阶段，小麦也不能正常抽穗，不能完成正常的生活周期。小麦的光照现象也是在漫长的进化过程中形成的对自然生态条件的一种适应性。

7. 什么是冬性、半冬性和春性品种?

小麦品种的冬性、半冬性和春性，就是根据不同品种通过春化阶段时所要求的低温程度和时间长短而划分的3种类型。

（1）冬性品种　对温度要求极为敏感。春化适宜温度在0～5℃，春化时间30～50天。其中，只有在0～3℃条件下经过30天以上才能通过春化阶段的品种，为强冬性品种。没有经过春化的种子在春季播种，不能抽穗。我国北部冬麦区种植的品种，多属于这一类型。

（2）半冬性品种　对温度要求属中等类型，介于冬性和春性之间。在0～7℃条件下，经过15～35天，可以通过春化阶段。没有经过春化的种子在春季播种，不能抽穗或延迟抽穗，抽穗不整齐，产量很低。我国黄淮冬麦区种植的品种，多属于这一类型。这一类型的品种有些地方又分为弱冬性和弱春性两种。

（3）春性品种　通过春化阶段时对温度要求范围较宽，经历时间也较短，一般在秋播地区要求0～12℃，北方春播地区要求在5～20℃，经过5～15天的时间可以通过春化阶段。我国东北及内蒙古等春播小麦地区种植的小麦品种，多属于这一类型。南方冬麦区冬播的品种也多为春性品种。

了解品种类型对小麦引种、确定播期以及采取相应的栽培措施具有重要的意义。在生产实践中，选择品种时，首先要考虑品种的冬春属性。如在北部冬麦区，应选择强冬性或冬性品种；在黄淮冬麦区，多选用半冬性品种；在南方冬麦区，选择半冬性或春性品种；在春播小麦的地区，如东北、内蒙古等地，应选择春性品种。如果在北部冬麦区引种半冬性或春性品种，可能导致冻害死苗；如果在华南（冬播）引种冬性品种（春播），可能由于种子不能通过春化阶段，导致不能抽穗或抽穗延迟而少，造成严重减产。若在东北地区引种冬性品种秋播，可能导致严重冻害死苗。不过有人研究在有积雪覆盖的地区种植，冬麦北移，已取得初步结果，但需采用抗寒性极强的强冬性品种，并采取合理的栽培措施。

8. 冬小麦、春小麦和冬性小麦、春性小麦有什么区别？

冬小麦和春小麦是根据播种季节划分的两种栽培类型，冬小麦是指在秋季或冬季播种的小麦，春小麦是指在春季或初夏播种的小麦。冬性小麦、半冬性小麦或春性小麦是根据小麦品种的感温性（或称春化特性）来确定的品种类型。冬（秋播）小麦在北部冬麦区播种时一般为冬性小麦品种，在黄淮冬麦区播种多为半冬性小麦品种，在南方冬麦区（包括长江中下游冬麦区、华南冬麦区和西南冬麦区）多为秋冬播的春性小麦品种，因此冬小麦在不同地区种植时，可能播种的是冬性小麦、半冬性小麦或春性小麦品种，而春播的小麦则都为春性小麦品种。

9. 为什么说小麦是长日照作物？在生产上有什么意义？

小麦进入光照阶段以后，光照时间成了完成小麦生活周期的主导因素。不同品种对光照长短的反应不一样，一般可分为 3 种类型：

（1）反应迟钝型 在每日 8～12 小时光照条件下，经过 16 天以上都能通过光照阶段而抽穗。这类型品种多属于原产于低纬度地区的春性小麦品种。

（2）反应中等型 在每日 8 小时光照条件下，不能通过光照阶段，不能抽穗，而在每天 12 小时光照条件下，经历 24 天以上可以抽穗。一般半冬性品种属于这种类型。

（3）反应敏感型 在每日光照 12 小时以下时不能抽穗，而在 12 小时以上时，经历 30～40 天才能正常抽穗。冬性品种和高纬度地区的春性品种多属于这种类型。

一般情况下，对光反应敏感的品种需要较多的累积光长，迟钝型的品种需要较少的累积光长。春性品种随光长的增加，苗穗期明显缩短，属长光敏感型；而冬性品种则随着光长的缩短，苗穗期明显缩短，属短光敏感型。日照越长越有利于小麦抽穗，反之则抽穗延迟或不能抽穗，因此把小麦叫做长日照作物。

了解小麦的这一特性，对生产中小麦引种有一定的指导意义。小麦品种从长日照地区向短日照地区引种，抽穗、成熟推迟或不能抽穗。我国在地球的北半球，北部纬度高，南部纬度低，春分以后至秋分之前北部日照长，南部日照短，一般同纬度同海拔引种容易成功。但在任何情况下，引种都应该先试种成功后再大量种植，避免盲目引种造成减产。

10. 小麦一生分为几个生长时期？在生产中怎样识别和应用？

小麦一生经历发芽、出苗、分蘖、越冬、返青、起身、拔节、挑旗、抽穗、开花、灌浆、成熟等一系列形态和生理变化过程，小麦产量就是在这个完整过程中形成的。根据小麦生长发育的特点，可分为3个相互联系的生育阶段：

（1）营养生长期 也叫生育前期，一般是指从出苗到起身这个阶段。以北京为例，大致从10月上中旬到第二年3月上中旬。这一时期以长根、叶和分蘖等营养器官为主。一般在第四片叶出生时开始分蘖，有些品种在地力较好时也可在第三片叶时长出芽鞘蘖。适期播种，生长正常的小麦在越冬前主茎可长成6～7片叶、5～7条种子根、5～8条次生根和3～5个分蘖，随气温降低，小麦生长渐渐变得缓慢，当日平均温度降到0℃时，地上部则逐渐停止生长，进入越冬期，一直到第二年2月底3月初气温回升到2～3℃及以上时，麦苗才开始明显恢复生长进入返青期，到小麦春生第三叶露尖时（在北京约为3月底），麦苗开始起身，由匍匐转向直立，称为起身期。

（2）营养生长和生殖生长并进期 也叫生育中期，一般是指从起身到挑旗期（孕穗期）。这一时期小麦的营养器官（根、茎、叶）和生殖器官（幼穗、小花）同时进行生长发育，也是根、茎、叶、蘖生长最旺盛的时期（在北京大致是在3月底至4月下旬），经过拔节、春后分蘖和部分小蘖逐渐死亡，节间伸长一直到孕穗期。此时穗分化进程是从小穗分化到小花分化完成。生育中期是决定穗大粒多的重要时期，也是肥水管理的关键时期。生产上要求植株个体健壮，群体结构合理，搭好丰产骨架。

（3）生殖生长期 也叫生育后期，一般是指从孕穗到成熟期（北京大致是在4月下旬至6月中旬）。这一时期是以穗、粒生长为主的时期，也是形成产量的关键时期。生育后期主要是子粒形成、发育、灌浆阶段，营养生长基本停止，是决定结实粒数、子粒重量和小麦品质的重要时期。生产上的主攻目标是养根、护叶、增粒、增重，也就是防止根系活力衰退，提高和保护上部叶片功能，减少小花退化，延长灌浆时间，实现增加粒数和粒重。

11. 小麦种子有哪些特点?

小麦的种子，即受精后的子房发育而成的果实，植物学上称颖果。其形态多样，有棱形、卵圆形、圆筒形和近椭圆形等。因种皮色素细胞所含色素不同，粒色可分红、黄白、浅黄、金黄、紫、黑、绿、蓝等多种，但生产上常用的种子多数为红、白两种。小麦种子隆起的一面称背面，有凹陷的一面称腹面，腹面有深浅不一的腹沟，腹沟两侧叫颊，顶端有短的茸毛，称冠毛，背面的基部是胚着生的部位。

小麦种子由皮层、胚和胚乳三部分组成。种皮由果皮（由子房壁发育而成）和种皮（由内胚珠发育而成）两部分构成，包在整个子粒的外面。皮层因品种和栽培条件不同厚薄不等，皮层重量约占种子总重的5%～7.5%。胚是种子的重要部分，一般占种子重量的2%～3%。胚由盾片、胚芽、胚茎、胚根和外子叶组成。胚芽包括胚芽鞘、生长锥和已分化的3～4片叶原基，以及胚芽鞘原基。在种子萌发时，胚芽发育成小麦地上部分——茎和叶。胚芽鞘是包在胚芽以上的鞘状叶。胚轴连接胚芽、胚根和盾片，萌发后胚芽鞘与第一片叶之间的部分伸长形成地中茎。胚根包括主根及位于其上方两侧的第一、二对侧根。胚在种子中所占比例虽小，但没有胚或胚丧失生命力就失去了种子的价值。胚乳由糊粉层和淀粉层组成，约占种子重量的90%～93%，其中糊粉层约占种子重量的7%，均匀分布在胚乳的最外层，主要由纤维素、蛋白质、脂肪和灰分元素组成，淀粉层由形状不一的淀粉粒细胞构成，蛋白质存在于淀粉粒之间。因胚乳中淀粉和蛋白质不同，小麦胚乳质地有硬质（角质）

和粉质（软质）之分（图3）。

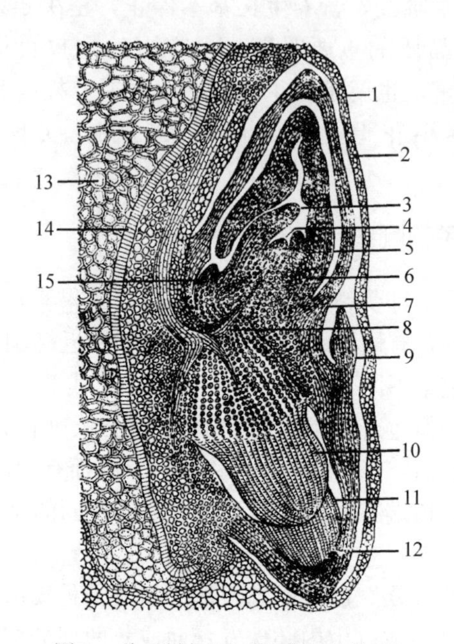

图3　种子纵切面（示意胚的构造）

1. 果皮　2. 种皮　3. 第二片叶　4. 生长点　5. 第三片叶　6. 第一片叶　7. 胚芽鞘　8. 胚轴　9. 外子叶　10. 胚根　11. 根帽　12. 根鞘　13. 胚乳　14. 盾片　15. 胚芽鞘腋芽

（引自中国农业科学院主编《小麦栽培理论与技术》第29页）

12. 什么是种子的休眠和萌发?

小麦种子成熟以后给以适宜的条件仍不发芽的现象，称为休眠。休眠期的长短及深度与种皮的厚薄和颖片内的抑制物质有关，一般红粒种子休眠期较长，白粒种子休眠期较短。休眠期过短的种子，在小麦收获期遇雨时容易出现穗发芽现象。度过休眠期的种子，在适宜的水分、温度和氧气条件下，便开始萌发生长（图4）。小麦种子的萌发必须经历3个过程：

①吸水膨胀过程。在干燥条件（种子含水量12%～13%）下，其呼吸作用被抑制在最低水平上，当供水充足时，种子很快吸收水分，体积增大。

②物质转化过程。当种子吸水量增加到干重的30%以上时，呼吸作用逐渐增强，各种酶类开始活动，一方面将胚乳中贮藏的淀粉、脂肪等营养物质转化为呼吸基质，提供能量，将淀粉、蛋白、纤维等难溶性物质转化为可溶性含氮化合物和糖类；另一方面合成新的复杂物质，促进胚细胞的分裂与生长。

③形态变化过程。当种子吸水达到自身重量的45%～50%时，胚根鞘首先突破种皮而萌发，称“露嘴”，然后胚芽鞘也破皮而出，一般胚根生长比胚芽快，当胚芽长达种子的一半时称为发芽。

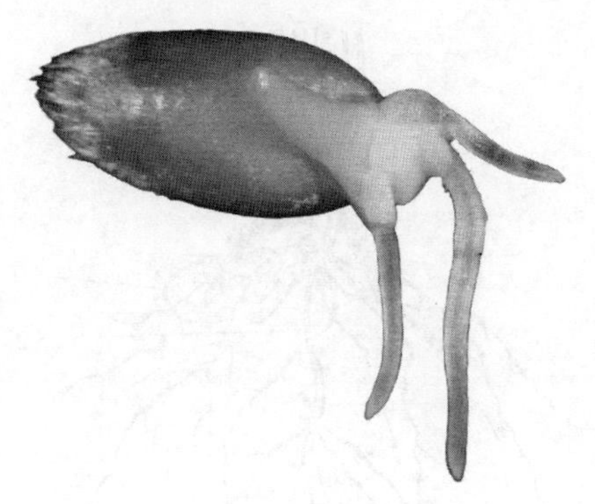

图4　小麦种子萌发

13. 小麦的根有几种？在土壤中怎样分布？

小麦的根系是植株吸收土壤中水分和养分的主要器官，起固定植株的作用，也是重要的营养合成器官。小麦的根系是由种子根和次生根组成的（图5）。种子根（也叫初生根、胚根）是由种子的胚直接生出的根，一般3～7条。种子大而饱满，土壤水分、温度、空气条件适宜时，生出的种子根就多，反之则少。种子根细而长，在小麦生长初期（三叶前），小麦植株主要靠种子根吸收土壤中的水分和养分。前期种子根生长较快，在三叶期时，壮苗的种子根可长到30～40厘米，越冬时种子根可达60～100厘米，抽穗时可达150厘米以上，种子根终生都有吸收作用，尤其是吸收深层土壤中的水分和养分。因此，发育良好的种子根入土较深，可增强植株的抗旱能力。次生根（也叫节根），是在幼苗长出3片叶后从分蘖节上长出的根，一般比种子根粗且短。次生根的数目与植株的健壮程度和分蘖多少有直接关系。生长健壮的植株，每长一个分蘖，在分蘖节上同时生出1～2条次生根。当分蘖长出3片叶后，分蘖的基部也能直接长出次生根。所以，植株健壮、分蘖多，次生根相应也较多。次生根虽不如种子根长，但越冬时生长健壮的植株次生根也可达30～60厘米，抽穗时可达100厘米左右。次生根数量多，吸收水分和养分能力较强。

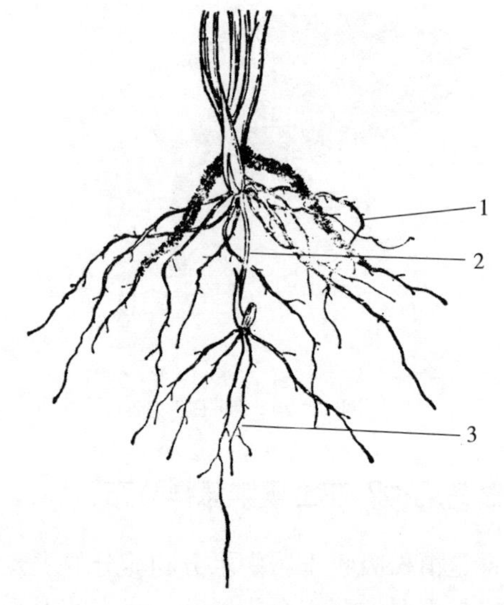

图5 小麦根系

1. 次生根 2. 根状茎 3. 初生根

（引自中国农业科学院主编《小麦栽培理论与技术》）

小麦的根系主要分布在0～40厘米土层内，其中0～20厘米土层内占总根量的70%～80%，随土层渐深，根系渐少，40厘米以下只占10%~15%，据笔者在高产麦田取样，通过扫描仪及计算机分析测定，0~10厘米土层内的根表面积占0~40厘米土层内总根表面积的66%，10~20厘米土层内占18%，20~30厘米土层占10%，30~40厘米土层占6%。

根系的分布受土壤环境的影响很大。土壤中的水分、养分、温度、空气对根系生长都有很大影响。土壤过湿过干都不利于根系生长，一般土壤湿度为田间持水量的70%~80%最适合根系生长。土壤中水分过多、通气不良，根系生长受到抑制；土壤过干，根系生长缓慢。因此，播种时一定要注意土壤墒情，创造合适的发芽生根条件。土壤中养分充足，可促使根系发达，土壤过瘦会使根系生长受到影响。土壤温度也是影响根系生长的重要因素。一般温度16~20℃时最适合根系生长，低于2℃或高于30℃时根系生长受到严重抑制；适期播种、适宜温度，有利于根系发育；早春返青时，中耕松土提高地温，有利于根系生长；土壤通气良好，可促进根系发育；土壤板结或湿度过大、通气不良，都对根系生长不利。因此，适当控制土壤墒情，合理进行中耕松土，保持土壤良好通气性，可有效促进根系生长发育，增加根系的吸收能力，实现根深叶茂，植株健壮。

14. 小麦的茎秆有什么特点和功能?

小麦的茎是植株输送水分和营养的主要器官。根系吸收的水分和养分需要通过茎运送到地上部各器官，叶和其他绿色器官制造的有机物也要通过茎运送到根和其他部位，或在茎秆中储存。小麦茎的横隔着生叶的部分叫节，节与节之间的部分叫茎节（图6）。茎也是支持器官，支持地上部各器官，使叶片合理分布在不同的位置和空间，以利于进行光合作用，制造有机物质。只有健壮的茎秆，才能起到良好输送功能，并支持叶片和穗，壮秆大穗，才能丰产。因此，生产上经常采取不同的肥水措施，调节群体，促进壮秆形成。

小麦的茎一般可分为三部分，即地中茎、分蘖节和地上茎秆。地中茎有长有短，有的没有地中茎。一般播种深的麦田，小麦地中

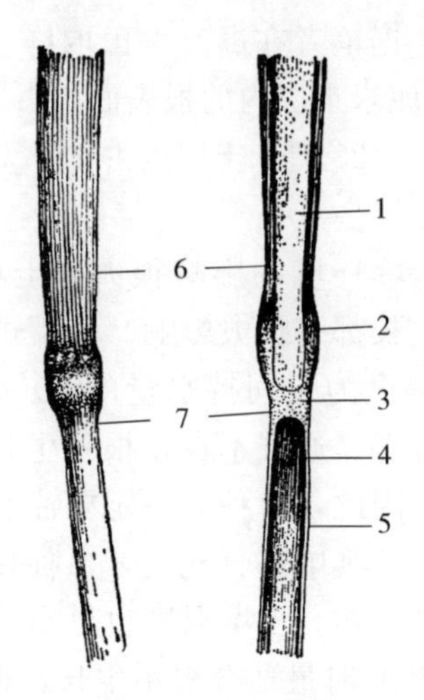

图6 小麦的茎节

1. 髓 2. 叶精 3. 横隔 4. 腔 5. 秆壁 6. 节间 7. 节

(引自中国农业科学院主编《小麦栽培理论与技术》)

茎发生率高，且地中茎较长。有时还可能出现地中茎的分节现象。播种浅的麦田，多数没有地中茎。分蘖节是分蘖发生的部位，也是紧缩在一起的茎，通常在地下而靠近地表的部分。一般地上的茎节不发生分蘖，但也有特殊情况，如在盆栽情况下可能有地上节间发生分蘖的现象，大田中若上部茎秆受损，而且土壤水分养分条件较好时，也有可能出现地上节间发生分蘖。地上茎秆是我们常说的麦秆，由节和伸长的节间组成，通常为5节，也有4节和6节的。生长期短的春性品种、播种过晚的冬性品种或发生较晚的分蘖，常出现4个节间；生长期长而栽培条件好的麦田，常可出现6节现象。特殊情况下可发生10节或更多，例如在温室盆栽试验中曾发生多节间现象，生产中大田则很少出现多于6节的地上茎秆。小麦的茎节在幼穗分化以前就已分化形成，但各节间还没伸长，进入拔节期以后节间才依次逐渐伸长。小麦的茎秆随品种、环境条件和栽培措施不同而有很大差异，其长短、高低、粗细、硬度、柔韧性及茎秆壁的厚度等都不一样，茎秆的各节间长度比例等也有很大差别，这些都影响到小麦的抗倒伏能力和产量。目前生产上广泛应用的小麦品种植株高度多数在70～85厘米，也有一些60～70厘米的矮秆高产品种，还有一些在90厘米以上的抗倒能力强的高秆高产品种。

茎秆的生长发育除了品种本身的遗传因素制约以外，更受环境条件和栽培措施的影响。在群体结构合理、麦田通风透光良好的条件下，合理的水肥供应有利于形成壮秆；水肥不足则茎秆细弱。氮肥过多、群体过大，会使茎秆拔高而软弱，容易发生倒伏。早春肥水措施过早，容易使基部节间伸长过快、过长而抗倒能力差。因此，生产上在早春常采取蹲苗措施，使基部节间短而粗壮，有利于抗倒和高产。

15. 什么叫小麦的伪茎？

伪茎是相对于真正的茎秆而言，一般是指在小麦拔节前或拔节初期，各叶片的叶鞘包在一起所形成的“茎”（图7）。伪茎测量是从分蘖节至最上部的叶鞘顶端，其高矮粗细与品种特性和幼苗生长状况有关。伪茎多用于拔节前或拔节初期调查苗情或植株生长发育进程和形态等指标测定。

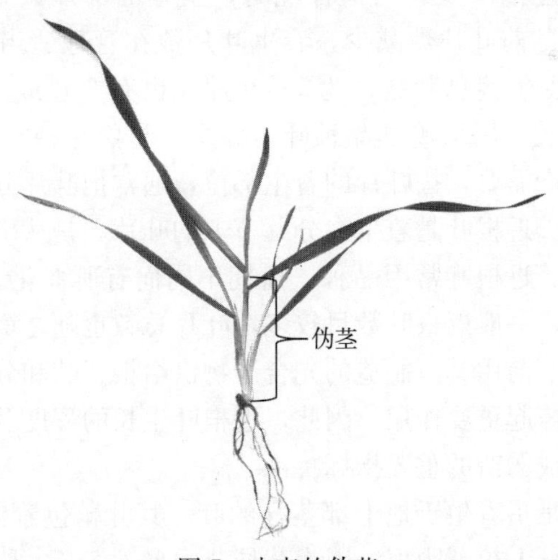

图7　小麦的伪茎

16. 小麦的叶片有什么特点和功能?

小麦叶片的主要功能是进行光合作用，制造有机物，同时也是小麦呼吸和蒸腾的重要器官。小麦的叶片有5种，有盾片（退化叶）、胚芽鞘（不完全叶）、分蘖鞘（不完全叶）、壳（变态叶）和绿叶（完全叶）。我们通常说的叶片是指发育完全的绿叶，这种叶由叶身（叶片）、叶枕、叶鞘、叶耳和叶舌组成（图8）。叶片与叶鞘的连接处叫叶枕。叶鞘着生在茎节上，包围节间的全部或一部分，主要功能是加强茎秆强度，也可进行光合作用。叶舌位于叶片与叶鞘的交界处，主要功能是防止雨水、灰尘和害虫侵入叶鞘；叶耳很小，着生在叶片基部左右两侧，环抱茎秆，有的品种没有叶耳。叶耳有红、紫、绿等不同颜色，可作为鉴定品种的标志。

小麦叶片数因品种和环境及栽培措施而有一定变化，但在一定地区都有其最适的主茎叶数，并且相对而言比较稳定。例如黄淮冬麦区和北部冬麦区在适宜的播期和栽培条件下，多数冬小麦品种的主茎都有12～13片叶，而且多数在冬前就有6～7片叶，春季生长6叶片。但分蘖的总叶片数随分蘖出生时期的推迟和蘖位的升高而逐渐减少。当播种晚时，主茎的叶片数会明显减少，而且主要是冬前叶片数减少，春生叶片数在管理适当时仍可达到6片。春小麦主茎总叶数多为7～9片，也有6片或10片的，主要与品种有关。一般晚熟品种叶片偏多，早熟品种叶片偏少。

根据生产需要，按叶片的着生部位，通常把叶片分为近根叶或茎生叶两类。近根叶是着生在分蘖节上的叶片，是从出苗到起身期陆续生长的。近根叶常因品种、播期不同而有所变化。同一品种、播期较早的，一般近根叶数目较多，叶片总数也随之增加。近根叶主要是在拔节前用其所制造的光合产物供给根、叶和分蘖的生长需要，对于壮苗起重要作用。因此，近根叶生长的程度及长势通常作为划分壮苗或弱苗的重要指标。

茎生叶是指着生于地上部茎秆的叶，其叶鞘包着伸长的节间，各叶片在茎秆上拉开距离。因为茎秆节间多为5节，所以茎生叶也多为5片。从着生部位来分，最上部的茎生叶叫旗叶，旗叶和下部的倒2叶称为上部叶片，倒3叶和倒4叶称为中部叶片，倒5叶称为下部叶片。茎生叶所制造的光合产物，除了供本身生长需要外，主要是供给茎、穗及子粒的生长，因此只有茎生叶健壮、分布合理，才能实现壮秆大穗。小麦生长后期上部叶片的主要功能是制造光合产物供给子粒形成和灌浆，所以保护叶片，延长上部叶片的功能期，对形成大穗、增加粒重和提高产量有重要意义。

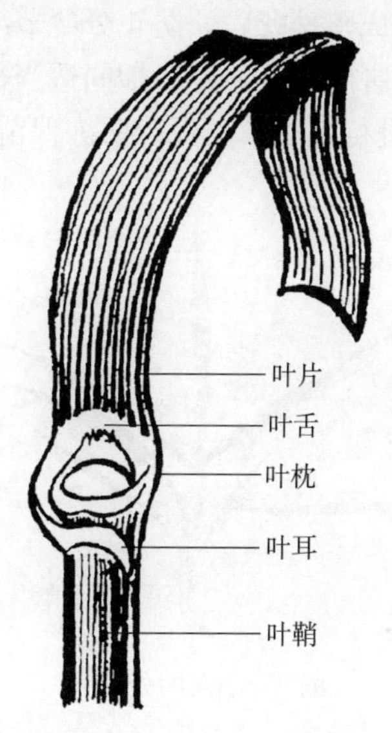

图8　小麦叶片的外部形态

（引自山东农学院主编《作物栽培学》）

17. 什么叫分蘖节？有什么作用？

由小麦基部没有伸长的密积在一起的节和节间组成的器官叫分蘖节（图9）。一般一株小麦只有一个分蘖节，分蘖节不仅是发生分蘖和次生根的组织，也是麦苗贮藏养分的器官。幼苗时期的分蘖节不断分化出大量的分蘖芽和次生根，在条件合适时逐渐长成分蘖；条件不利时，就会影响生根、长蘖。因此，分蘖节在生产上有重要意义，保护分蘖节不受损伤，调节分蘖节在土壤中的合理位置，使其不受冻害，对促进分蘖发生很有益处。例如在幼苗地上部受到伤害时，只要分蘖节保护完好，还可从分蘖节中生出新的分蘖；如果分蘖节受到伤害，不仅不能分生新的分蘖，还可能造成整株麦苗死亡。播种深度对分蘖节在土壤中的位置有一定的影响。一般冬小麦播种深度在3～5厘米时较为合适，分蘖节处于地表下3～4厘米处，可防止冻害；若播种过浅，分蘖节处于地表，易使分蘖节遭受冻害，从而造成整株死亡。防止分蘖节冻害除了调节播种深度，还可在易发生冻害的地区，越冬期间适当覆盖（盖土或有机肥等），适时浇冻水或进行冬季镇压，以防冻保苗。

图9　小麦的分蘖节

18. 什么叫分蘖？有什么特点和作用？

从麦苗基部茎节上长出的分枝叫做分蘖（图10）。通常小麦的分蘖是由分蘖节上长出的，但在特殊情况下也有在地上部节间的节上长出分蘖的现象。一般播种期正常，土壤、水肥、气温条件合适，小麦都能长出分蘖，但在播种过晚、过密、过深，或土壤干旱贫瘠的条件下，往往不能出生分蘖，形成独秆弱苗。因此，分蘖的多少与健壮程度也常作为苗情分析的指标。通常要根据麦田中分蘖多少、长势情况以及分蘖成穗的数量采取相应的栽培管理方法。正常生长的小麦会产生较多的分蘖，一般冬小麦，健壮的麦苗在冬前可有 3～5 个分蘖出现，多的可达 7～8 个分蘖，这些分蘖有自己的根系，可以相对独立生长发育，但这些分蘖不一定都能成穗，只有较早出生的低位蘖（大蘖）才能成穗，小分蘖在拔节期两极分化时将逐渐死亡。冬小麦的春季分蘖大多不能成穗，只有在冬前分蘖很少、群体较小时，春季管理合适，才有可能使早春的分蘖成穗。

分蘖穗是构成产量的重要组成部分，单位面积穗数由主茎穗和分蘖穗两部分构成，目前在一般播种适期的高产麦田，分蘖穗占总穗数的 60%以上，中产麦田在 50%以下，晚播、干旱、贫瘠的麦田主要以主茎成穗为主，分蘖穗占比例较小。分蘖是壮苗的重要标志。正常秋播的冬小麦，分蘖较多且健壮的麦苗通常被认为是壮苗。分蘖还有再生作用，当主茎和分蘖遇到不良条件而死亡时，即使分蘖期已经结束，只要水肥条件适合，仍可再生新的分蘖。因此，生产上应根据麦田群体状况和分蘖的消长规律，及时采取合理的促控措施，以促进大蘖成穗，提高分蘖成穗率，增加产量。

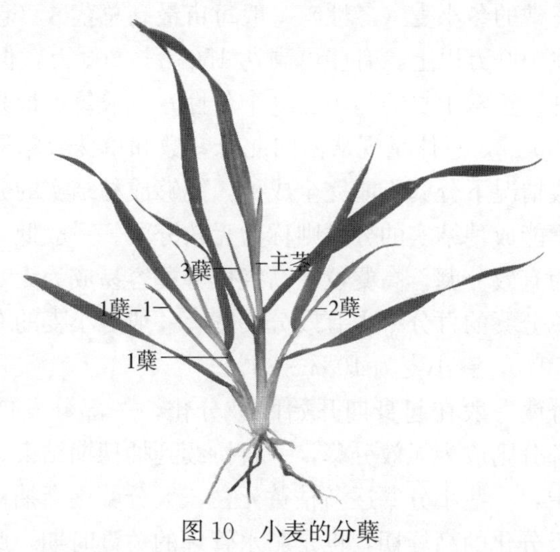

图 10　小麦的分蘖

19. 什么是小麦分蘖力和分蘖成穗率？

分蘖力又叫分蘖性，是指小麦分蘖的特性和能力。分蘖能否发生和发生多少与小麦的品种和栽培条件有关。一般冬性小麦比春性小麦分蘖力强，适时播种比晚播小麦分蘖多，土壤肥力高、墒情好、管理适当的麦田比瘠薄旱地的小麦分蘖多。分蘖力强弱可用单株分蘖数表示。平均单株分蘖数为麦田内单位面积总茎数除以基本苗数所得之商。分蘖成穗率是指成穗的有效分蘖（包括主茎和分蘖）占总茎数（包括主茎和分蘖）的百分率。调查时一般在最高分蘖期调查田间单位面积总茎数，即最高总茎数，成熟时再调查单位面积总穗数，以总穗数除以最高总茎数，再换算成百分率即为分蘖成穗率。

20. 什么是有效分蘖和无效分蘖？生产中如何调控？

小麦分蘖的数量因品种、春化特性、生态环境及栽培条件有很大差异，一般冬性小麦分蘖最多，依次为半冬性小麦和春性小麦，冬播小麦分蘖较多，春播小麦分蘖较少。例如北部冬麦区适期播种、生长正常的冬小麦（冬性）一般每亩最高总茎数（包括主茎和分蘖）都在100万以上，有些可高达150万～200万，但在江淮地区适期播种、正常生长的冬小麦（半冬性）一般每亩最高总茎数都在50万～60万，总体呈现从南向北总茎数和单株分蘖逐渐增多的趋势。一般情况下分蘖不能完全成穗，能够成穗结实的分蘖称为有效分蘖，不能成穗结实的分蘖则称为无效分蘖。一般低蘖位和低级位分蘖多为有效分蘖，高蘖位、高级位分蘖容易成为无效分蘖。有效分蘖占总分蘖的百分率为有效分蘖率，一般冬小麦的有效分蘖率为30%～50%，春小麦为10%～30%。

小麦分蘖一般在起身期开始两极分化，一部分发展为有效分蘖，另一部分则成为无效分蘖，一直持续到抽穗期结束。在两极分化的过程中，一些小分蘖逐渐枯黄死亡，大分蘖逐渐抽穗，拔节期是小麦两极分化的高峰期，也是肥水管理的关键时期，此期肥水充足，可以促进分蘖成穗，提高成穗率和增加有效分蘖。反之，如果此时肥水不足，植株营养不良，则会出现大量分蘖衰亡，无效分蘖增加，有效分蘖减少。因此，拔节期的肥水管理对促进有效分蘖至关重要。

21. 小麦分蘖与主茎叶位有什么对应关系?

小麦的分蘖与主茎的叶片生长具有一定的对应关系，也叫同伸关系。具体表现为：在主茎长出第三叶时，条件适宜可发生胚芽鞘蘖，但在一般大田生产中，由于胚芽鞘节在土壤中相对较深或条件较差，胚芽鞘分蘖很少出现。因此，生产上通常不把胚芽鞘蘖计算在内。主茎的心叶叶位（以 N 表示）与 1 级分蘖心叶相差 3 个叶位，表现为 N－3 的同伸关系。一般当主茎第四片叶露尖时，第一叶腋中长出的分蘖开始露尖；主茎第五叶露尖时，第二片叶的叶腋中长出的分蘖露尖；主茎第六叶露尖时，第三叶的叶腋中长出的分蘖露尖（依此类推）。从主茎叶腋中长出的分蘖叫 1 级分蘖（也叫子蘖）。从主茎第一、二、三……片叶腋伸出的分蘖，叫第一、第二、第三……子蘖（通常叫第一、二、三……蘖，而把子省掉），分别记为 1N、2N、3N……。从 1 级分蘖长出的分蘖叫 2 级分蘖（也叫孙蘖）。从第一子蘖的鞘叶，第一、二……完全叶伸出的分蘖叫第一、二、三……孙蘖，分别记为 1N－1，1N－2，1N－3……。从第二子蘖的鞘叶，第一、二完全叶出生的分蘖，分别记为 2N－1，2N－2，2N－3……余类推。从 2 级分蘖叶腋中伸出的分蘖叫 3 级分蘖（也叫重孙蘖），从孙蘖的鞘叶，第一、二……完全叶的叶腋出生的分蘖，分别叫第一、二、三……重孙蘖，因为它们分属于第一、第二、第三……子蘖群，分别记为1N－1－1、1N－1－2、1N－1－3……，1N－2－1、1N－2－2、1N－2－3……，2N－1－1、2N－1－2、2N－1－3……，2N－2－1、2N－2－2、2N－2－3……，3N－1－1、3N－1－2、3N－1－3……，3N－2－1、3N－2－2、3N－2－3……余类推。从 3 级分蘖上长出的分蘖叫 4 级分蘖，因生产上很少见，故不再赘述。一般生长正常的小麦在不计算芽鞘蘖的情况下，主茎3叶时有1个茎（主茎），4叶时有1个主茎和1个1级分蘖，共2个茎；5叶时有1个主茎和2个1级分蘖，共3个茎；6叶时有1个主茎、3个1级分蘖及1个2级分蘖，共5个茎；7片叶时有1个主茎、4个1级分蘖和3个2级分蘖，共8个茎；8叶时有1个主茎、5个1级分蘖、6个2级分蘖和1个3级分蘖，共13个茎。具体分蘖情况见表2。

表2　同伸蘖出现分期表

同伸蘖出现分期	蘖　位							各期出现分蘖数	总茎数累计	主茎叶片数	芽鞘蘖的蘖位
									1	3	Y
第一期	1N							1	2	4	
第二期		2N						1	3	5	Y-1
第三期	1N-1		3N					2	5	6	Y-2
第四期	1N-2	2N-1		4N				3	8	7	Y-3 Y-1-1
第五期	1N-3 1N-1-1	2N-2	3N-1		5N			5	13	8	Y-4 Y-1-2 Y-2-1
第六期	1N-4 1N-1-2 1N-2-1	2N-3 2N-1-1	3N-2	4N-1		6N		8	21	9	Y-5 Y-1-3 Y-2-2 Y-3-1 Y-1-1-1
第七期	1N-5 1N-1-3 1N-2-2 1N-3-1 1N-1-1-1	2N-4 2N-1-2 2N-2-1	3N-3 3N-1-1	4N-2	5N-1		7N	13	34	10	以下从略

注：(1) 此分期表只按主茎分蘖（用N表示）为准开列，因芽鞘蘖（用Y表示）常不能正常出现，故只附记在后，未算进出现分蘖数内。第八期以下从略。

(2) 此表引自中国农业科学院主编《小麦栽培理论与技术》第69页。

22. 什么叫分蘖缺位？怎样避免和减少缺位？

根据上述小麦分蘖和主茎叶位的同伸关系，在小麦第四片叶出生后，开始出现分蘖，以后主茎长 1 片叶，就应该相应生出 1 个或 1 组分蘖，但在生产中，常因分蘖期土壤水、肥、气、热等条件不良，或麦苗受到伤害，蘖芽停止发育，以后即使环境条件好转，已停止发育的分蘖芽也不再发育和生长，使该蘖位的分蘖缺失，这种现象就叫分蘖缺位（图 11）。但是在这个蘖位以后的分蘖芽，在条件合适时还可继续长成分蘖。生产上出现分蘖缺位的原因主要有：

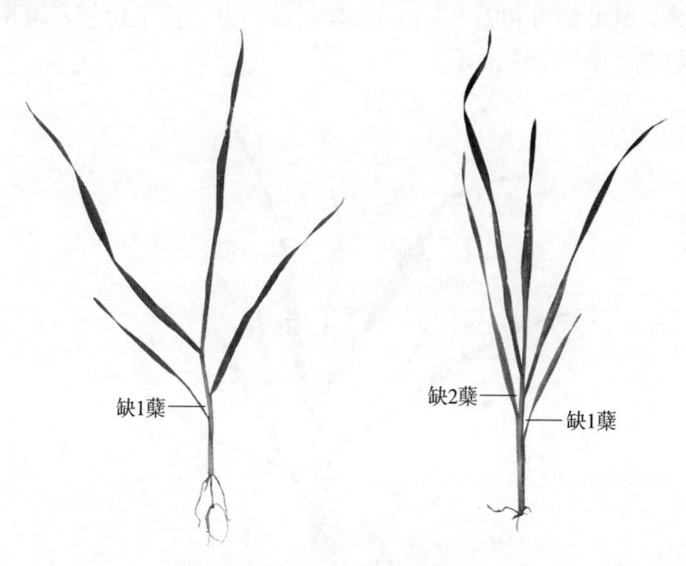

图 11　小麦的分蘖缺位

①播种过深，出苗过程中种子营养消耗过大，使幼苗细弱，营养不良，容易造成芽鞘蘖和第一个 1 级分蘖缺位，1 级分蘖缺位后，这一组分蘖就都缺位。

②密度过大，个体发育不良，容易造成分蘖缺位。

③分蘖期缺肥、缺水或水渍、病虫害危害，都可造成分蘖缺

位。旱地小麦多数情况下会出现分蘖缺位。生产上应创造有利于分蘖发生的条件，如适时播种、播深适度、合理稀植、墒情适宜、养分充足，促使分蘖生长，减少缺位现象发生。

23. 什么叫小麦叶龄？

叶龄是指主茎已出生的叶片数（图12），如主茎刚生1片叶时叶龄为1，第二叶长到一半时叶龄为1.5，第二叶展开时叶龄为2，余类推。不同的品种叶龄是有一些差异的。即使同一品种在不同地区种植，或在不同年度种植，以及同一年度在不同时期播种，叶片数也会有差异，叶龄也就不同，比较明显的是同一冬小麦品种早播和晚播，其叶龄可相差2～3，甚至更多。为了便于比较，可用叶龄指数或叶龄余数来表示。

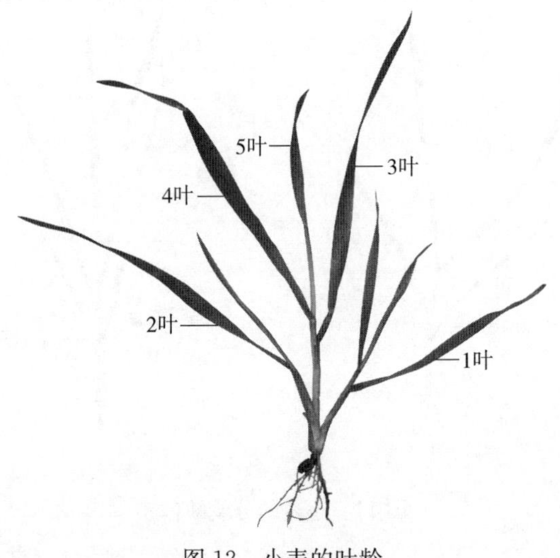

图12　小麦的叶龄

24. 什么是小麦叶龄指数和叶龄余数？

小麦叶龄指数是指小麦生育期中主茎已展开的叶片数与总叶片数的比值。计算方法如下：叶龄指数＝调查时叶龄÷主茎总叶片数×100。例如某一冬小麦品种，适期播种时主茎的总叶片数为 12 叶，拔节期的叶龄数为 9 叶期，叶龄指数=(9÷12)×100=75%；如果晚播时主茎总叶片数为 11，拔节期的叶片数为 8 叶期，那时的叶龄指数＝（8÷11）×100＝73%；再晚播总叶片数可能是 10，拔节期的叶片数为 7 叶期，那时的叶龄指数＝（7÷10）×100＝70%。所以叶龄指数和小麦的生育期有一定的对应性。

叶龄余数是指主茎叶片的余数，即指主茎上还没出生的叶片数。例如某一品种在某一地区种植，不同播期条件下，主茎总叶片数大致是可以掌握的，如果知道某一品种在适期播种时叶片数为 12，那么生出 1 片叶时，则叶龄余数为 11，第二叶长出一半时叶龄余数为 10.5，第二叶展开时，叶龄余数为 10……，余类推。叶龄余数在黄淮冬麦区北部及北部冬麦区主要用于记载春生叶片数，因为在这一地区的冬小麦不管播期早晚及冬前叶片数多少，主茎春生叶片一般都为 6 片，春生第一片时，叶龄余数为 5，这时对应的生育期（穗分化期）是生长锥伸长期；春生 2 叶时叶龄余数为 4，对应的生育期（穗分化期）为单棱期到二棱初期；春生 3 叶时叶龄余数为 3，对应的生育期（穗分化期）为二棱末期；春生 4 叶时叶龄余数为 2，对应的穗分化期为小花分化期；春生 5 叶时，叶龄余数为 1，对应的穗分化期为雌雄蕊分化期；春生第六叶时，叶龄余数为 0，穗分化期为药隔形成期。各品种无论播期早晚，或不同年份、不同地区种植，春季叶龄余数所对应的穗分化期相对比较稳定，因此根据春季叶龄余数判断穗分化的进程相对比较可靠。小麦叶龄指标促控法（下面将做详细介绍）就是根据叶龄余数与穗分化的对应关系，进行肥水促控管理的科学方法。

25. 什么是小麦壮苗？怎样管理？

小麦冬前管理的主攻方向是促根、增蘖、培育壮苗，保苗安全越冬。那么壮苗的标准是什么呢？冬前壮苗的标准应在苗全、苗匀、苗齐的基础上从群体和个体两个方面来衡量。就个体而言，一般要求在越冬前，小麦主茎应有 6～7 片叶，叶色葱绿，单株分蘖 3～5 个（不包括主茎），分蘖基本符合与主茎叶片的同伸规律，基本不缺位。次生根 2～3 层，6～10 条，幼苗敦实茁壮，基本无黄叶。北部冬麦区一般要求群体每亩总茎数 60 万～90 万，黄淮冬麦区 60 万～80 万，长江中下游冬麦区 50 万～70 万。北部冬麦区过去曾有“三大两小五个蘖，十条根子六片叶，叶片宽短颜色深，趴在地上不起身”的壮苗标准（图 13），现在品种和生产条件虽有很大变化，但仍有借鉴作用。

对于壮苗麦田，早春管理应以蹲苗为主，较少无效分蘖，控制合理群体，缩短基本节间，实现稳长、壮蘖、健株。适时镇压保墒，加强中耕增温，不急于灌水追肥，免去返青肥水，把春季第一次肥水管理推迟到拔节期进行，以促进大蘖成穗，穗大粒多，子粒饱满。

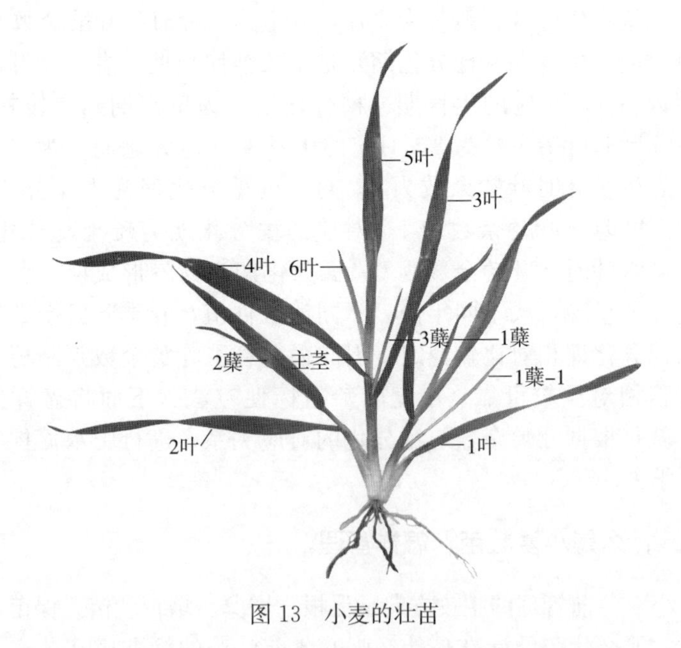

图 13　小麦的壮苗

26. 什么是小麦弱苗？怎样加强管理？

小麦生长过程中由于种种因素干扰，使小麦不能按正常的规律生长发育，出现明显有别于正常生长的苗情，通常认为是弱苗。主要表现在：

①分蘖缺位。不按分蘖发生规律，该长分蘖而不出现分蘖，例如主茎生出 5 片叶时应长出 2 个分蘖，6 片叶时应长出 4 个分蘖，但田间麦苗到 5、6 叶时没有分蘖，形成独秆苗，或只有高位小分蘖，而低位分蘖未出现，都称为分蘖缺位。

②没有明显膨胀的分蘖节，根系少而细弱。

③植株细弱瘦小，生长缓慢。

④叶片发黄，或短小，深暗带紫色。

⑤播种过早、过密，冬前生长过旺，群体过大，养分消耗过多，苗高而细弱，造成麦苗抗寒性降低，早春易发生冻害或冷害，造成主茎和大蘖受冻或死亡，这类麦苗常因为过旺而转化为弱苗。

对于弱苗，应首先找出弱苗形成的原因，对症管理。缺肥、干旱、土壤板结、盐碱、药害、播种过深等原因都可造成弱苗。一般应加强田间管理，早春镇压保墒，中耕松土，提高地温，促苗早发快长，适当追肥灌水，满足苗期生长需要，促弱转壮。对过旺苗转化的弱苗，要及时补施氮肥，并适当配合磷钾肥，促小蘖生长，争取成穗。

27. 什么是小麦穗分化？穗分化的各个时期有什么特征？

小麦穗分化是指小麦穗的分化形成过程。一般可分为 7 个时期：

（1）生长锥伸长期 生长锥开始伸长，长度大于宽度，是穗分化开始期。

（2）单棱期 由生长锥基部向上分化出穗轴节片，每节片上生出 1 个环状突起的苞原基。

（3）二棱期 在幼穗中部相邻两苞原基间长出小穗突起，逐渐向上部和下部发展，使幼穗呈现二棱状。

（4）小花分化期 当幼穗上中部小穗原基的基部形成颖片不久，出现小花生长点。分化顺序是在整个小穗上由中部向上、向下发展，在一个小穗上由下而上进行。

（5）雌雄蕊分化期 小穗分化出约4朵小花时，其基部小花原基的生长点分化出3个雄蕊突起，雌蕊相继分化。

（6）药隔形成期 雄蕊原基长大分化出花药的药隔，分成4个花粉囊。

（7）四分体形成期 花药进一步分化发育形成花粉母细胞、二分体，再形成四分体。

小麦穗分化所需的时间与生态环境、品种、春化特性和播种季节（秋冬播或春播）有关，短者30天左右，长者可达100天以上。

28. 什么是小麦返青和拔节？在生产上有什么意义？

小麦返青是越冬后恢复生长的现象和过程，返青的标志是田间有50%以上植株心叶转绿，并长出1～2厘米。在北部冬麦区，冬季小麦叶片枯萎干黄，早春返绿，有明显的返青期，南方冬麦区小麦带绿越冬，无明显的返青期。返青期小麦生长的主要矛盾是低温，因此应采取保墒提高地温的措施进行管理，一般不要灌水，以防止灌后降低地温，不利于小麦生长，在北方冬麦区尤为重要。

拔节是小麦节间伸长的现象和过程。节间伸长从下向上按一定顺序进行，相邻的节间有一段同时生长的时间。主茎基部第一个节间开始伸长即进入拔节期。全田有50%以上主茎第一节间伸长1.5～2厘米时，则表示进入拔节期。拔节的顺序和过程是当基部第一节间迅速伸长时，第二节间开始缓慢伸长，第三节间几乎不伸长；第一节间伸长完毕（固定长度），第二节间迅速伸长，第三节间开始缓慢伸长，第四节间几乎不伸长，余类推。从开始拔节到拔节基本结束抽出穗头，称为拔节期。拔节期是小麦营养生长和生殖生长并进、生长发育极其旺盛的时期，也是需要肥水的关键时期，因此生产中应根据土壤肥力和墒情加强管理，适时灌水施肥，促进小麦生长，争取穗多穗大。

29. 什么叫挑旗、孕穗和抽穗？

小麦茎秆最上一片叶叫旗叶，旗叶完全展开，称为挑旗，全田有50%以上植株旗叶展开时，即为挑旗期。小麦的挑旗期相当于内部穗分化的花粉母细胞形成四分体的前后。挑旗期过后，旗叶的叶鞘处明显膨胀，即为通常所说的孕穗，或打苞，全田有50%以上植株达到孕穗状态，即为孕穗期。小麦穗分化完成之后，穗部从旗叶叶鞘管中逐渐伸出的过程和状态，即为抽穗期。一般在全田10%植株抽穗时，称为始穗期；50%以上植株抽穗时，称为抽穗期；80%以上植株抽穗时，称为齐穗期。小麦一般在挑旗后10天左右即可抽穗，一般抽穗后4天左右即可开花，从挑旗至开花历时2周左右，这段时期是小麦产量形成的关键时期，对光照、温度、养分、水分的要求都很敏感，充足的光、温、水、肥对此期小麦生长发育至关重要，管理上应注意水肥的供应。

30. 什么是构成小麦产量的三要素？

构成小麦产量的三要素是指单位面积穗数、每穗粒数和千粒重。这三个因素也叫小麦的产量结构，三个因素的乘积就是小麦的单位面积产量。产量是三个因素相辅相成、合理协调的结果，哪个因素受到严重影响，都会降低产量。一般情况下，三因素有一定的制约性和协调性。例如单位面积穗数较多时，每穗粒数就会相应减少；同一个品种正常条件下，单位面积穗数较少时，穗粒数较多。不同品种往往单位面积穗数差异很大，有些大穗型品种，每亩穗数仅为30万左右，甚至更少，有些多穗型品种，可达50万以上。大穗型品种平均穗粒数可达40粒以上，多穗型品种一般穗粒数在30粒左右。千粒重可因品种及栽培条件有很大差异，有的大粒品种千粒重可达50～60克，一般中粒品种千粒重在40克左右，有些小粒品种在35克以下。同一品种，不同的地区种植，不同播期，不同土壤肥力，不同的施肥浇水措施，不同气候条件或不同的病虫发生及防治条件下，可使千粒重相差10克以上。

31. 小麦的穗有多大？每穗有多少小穗？有多少小花？能成多少粒？

小麦穗的大小因品种、栽培条件、管理措施不同有很大差异，特大穗型品种穗长可达20厘米以上，但生产上很少应用，一般只作品种资源利用，作为大穗亲本进行杂交育种（或其他方式的育种材料）。生产上的大穗型品种可达10厘米以上，一般品种多在7～8厘米长。小麦穗上的小穗就是常说的码，一般生产上的大穗型品种每个穗上有20个以上的小穗，中穗型品种有16～18个小穗，肥水措施得当，群体合理，每穗上的可育小穗就多，否则不孕小穗（就是通常说的瞎码）就多，可育小穗就少。一个麦穗上中部小穗多数都是可育的，基部和顶部的小穗可能形成不孕小穗，是由于小花发育的不均衡性和外部条件的不满足而造成的，就一个小穗来说，中部小穗发育最早，依次为中上部和中下部小穗，顶部和基部小穗发育最晚。一般早发育的小穗容易结实，晚发育的小穗则容易退化或不结实，形成不孕小穗。一般主茎穗不孕小穗较少，分蘖穗不孕小穗较多，出生越晚的分蘖成穗后，不孕小穗越多。通常主茎穗的总小穗数和可育小穗都较多，分蘖的总小穗数和可育小穗数相对较少。

一般情况下，每个小穗可分化6～8朵小花，在穗分化期用显微镜观察时，主茎穗上可有170朵以上的小花，一般麦穗也都在100朵小花以上，但在进一步发育时，多数小花都退化了，最后仅有30～40朵小花发育完全，授粉后形成子粒，还有的仅有十几粒甚至更少。就一个小穗来说，基部小花分化最早，发育健全，结实率高，上部小花发育晚，退化率高。一般生产上常见的是一个小穗2～4粒，中部小穗可达4粒（即常说的沟4），其余小穗一般为2粒（沟2），上部和基部小穗往往只有1粒或无粒。

生产上增加穗粒数的具体做法为：培育壮苗，促苗早发，创建合理的群体，拔节期重施肥水，促进小花分化，提高小花的结实率，增加粒数。此外，使个体发育健壮，分蘖发育均衡、整齐，减少小麦穗的比例，以提高整体的平均穗粒数。小花退化是植物长期进化形成的一种对条件的适应性，但通过肥水措施可以促进小花分化和可育小花发育，减少小花退化，最终增加粒数。

32. 小麦什么时候抽穗？子粒发育有几个时期？

一般情况下，小麦挑旗（旗叶展开）后 10 天左右抽穗，抽穗后 3～4 天开花，开花受精以后，子房随即膨大，进入子粒形成过程，一般开花后 3 天开始坐仁，也叫坐脐，经过 10 天左右，子粒逐渐形成，长度可达到最大值的 3/4，称为多半仁，这期间子粒的含水量急剧增加，含水率可达 80%左右，子粒内的物质呈清浆状，干物质增加很少，千粒重只有 5 克左右。这就是子粒形成阶段。这时期如果遇到严重干旱，或连阴雨、严重锈病感染等不良条件，坐脐后的子粒甚至发育到多半仁时还可能退化，造成粒数减少。

多半仁以后进入子粒灌浆阶段，一般整个过程历时 15～20 天。这时期的胚乳迅速积累淀粉，干物质急剧增加，含水量比较平稳。灌浆阶段包括乳熟期和乳熟末期。乳熟期一般历时 15 天左右，是粒重增长的主要时期。乳熟末期子粒灌浆速度达到高峰，子粒体积达到最大值，称为“顶满仓”，子粒含水率下降到 45%左右，胚乳呈炼乳状。这时子粒灌浆速度由快转慢，子粒表皮颜色由灰绿转为绿黄色而有光泽。

成熟阶段包括糊熟期、蜡熟期和完熟期。糊熟期一般历时 3 天左右，子粒含水率下降到 40%左右，体积开始缩小，胚乳呈面团状，子粒表皮大部分变黄，只有腹沟和胚周围绿色。蜡熟期一般历时 3～4 天，子粒颜色由黄绿色转变为黄色，子粒含水量急剧下降，含水率 25%～35%，体积进一步缩小，胚乳变成蜡质状（故称蜡熟期），麦粒可被指甲掐断。蜡熟期的子粒干重达到最高值，是最适宜的收获期。完熟期是子粒迅速失水的过程，含水率下降到 20%以下，这时再收获，常会出现粒重降低，影响产量（图 14）。

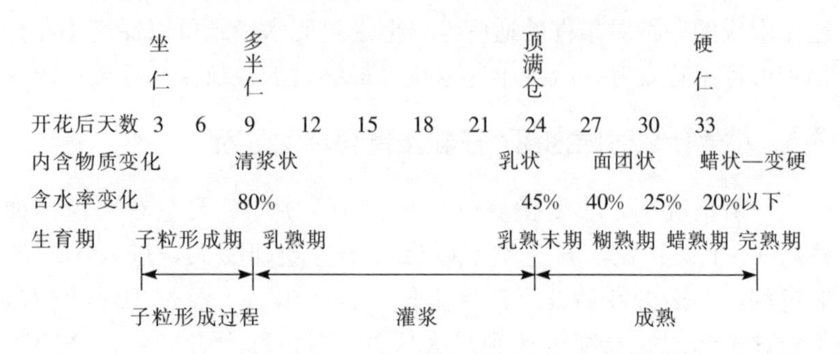

图14　子粒形成过程示意图

（引自中国农业科学院主编《小麦栽培理论与技术》第104页）

33. 影响子粒灌浆的因素有哪些？

小麦子粒正常灌浆需要适宜的温度、光照、水分和矿物质营养等外部环境条件和植株本身前期生长贮藏的营养物质，以及抽穗灌浆期植株光合作用所制造的营养物质。外部因素适宜，为植株健壮生长和后期制造光合产物提供了重要条件，植株本身生长健壮，为更好地利用外界条件打好基础。因此，影响子粒灌浆的外部因素和内部因素是相辅相成的，只有两个因素都优越才能促进子粒灌浆，形成穗大粒饱。

小麦子粒中的干物质，一部分来自抽穗前贮存在茎秆、叶片和叶鞘中的有机物质，占20％～30％。抽穗以后，小麦茎秆、叶片、叶鞘、穗、茎等各绿色器官光合作用制造的营养物质主要输送到子粒，占子粒干物质的70％～80％。所以既要重视抽穗以前的管理，建造合理群体结构，使植株生长健壮，制造和贮存较多的有机营养物质，为子粒灌浆打好基础；又要重视抽穗以后的管理，创造适宜的肥水条件，保护上部叶片，防止病虫害破坏叶片，延长叶片的功能期，使植株的绿色器官保持旺盛的光合能力，增加光合产物，促使子粒灌浆饱满，增加粒重，提高产量。

小麦灌浆适宜的温度为20～22℃。温度过高、过低都会影响灌浆进程。有试验表明，在23～25℃气温下，灌浆时间缩短5～8天，较早地停止了干物质积累而使千粒重降低。一般认为开花到成熟需要720～750℃的积温，灌浆到成熟期需要500～540℃的积温。在平均气温15～16℃的条件下，子粒灌浆期延长，粒重也增加，但是如果温度降到12℃以下，就会使光合强度减弱，影响灌浆，而使粒重降低，因此灌浆期的温度过高或过低都是不利的。

光照是影响光合作用的重要因素。小麦灌浆期间需要天气晴朗，光照充足，才能使光合作用增强、光合产物多、灌浆充足、粒重提高。如果这时期光照不足或连阴雨，都会影响光合作用，延缓子粒灌浆进程，减少干物质积累而降低粒重。

土壤水分和空气湿度在子粒灌浆期间也很重要。保持适宜的土壤水分，可以增强光合物质积累的强度，这是提高粒重的重要条件之一。最适合子粒灌浆的土壤含水量为田间最大持水量的70%～75%，如果低于50%，在子粒形成期前后，会使子粒退化，在乳熟期前后，会使子粒秕瘦。适于小麦子粒灌浆的空气相对湿度为60%～80%，湿度过大或过小，都不利于养分的运输和干物质的积累。我国北方冬麦区在小麦灌浆到成熟期常有干热风危害，及时浇水调节土壤水分和空气湿度，是保根护叶、减轻干热风危害的重要措施。

小麦子粒灌浆期保持一定的氮素营养水平，能延长植株绿色器官的功能期，保证正常的光合作用，增加粒重，提高产量，同时又能提高子粒蛋白质含量，改善品质。所以对于缺氮的麦田，后期施用适量氮肥或叶面喷施少量氮肥都是有益的。但不要施氮过多，以免引起贪青晚熟，降低粒重。磷、钾元素可以促进碳水化合物和氮素化合物的转化，有利于子粒灌浆成熟。对磷、钾肥不足的麦田，后期适量喷施磷酸二氢钾有一定的增产作用。

34. 什么叫小麦的生物产量、经济产量和经济系数？

小麦的生物产量是指在单位面积土地上所收获的所有干物质的

重量，包括小麦的秸秆和子粒的干重，一般不包括地下根系。生物产量是茎叶光合作用的产物不断运输、贮存、累积的结果，它体现某一品种小麦在一定栽培条件下的总生产力。

经济产量是指在单位面积土地上所收获的子粒产量，在我国通常用每亩子粒产量（千克）表示。国际上通用的是每公顷产多少千克或多少吨。经济产量是茎叶等光合器官的光合产物运输、贮存到子粒的结果，它体现的是某一品种小麦在一定条件下的有效生产力。

经济系数是经济产量与生物产量的比值，例如某小麦丰产田经济产量每亩是500千克，生物产量为1 100千克，经济系数就是：500÷1 100＝0.45，从这一公式可以看出，经济产量是生物产量和经济系数的乘积。要想提高经济产量，就要从提高生物产量和经济系数两个方面考虑，而更重要的是采取措施提高经济系数，经济系数的大小与小麦品种特性有关，更与种植密度、肥水管理水平和病虫害的防治情况有关。一般小麦的经济系数在0.3～0.45，高产田多在0.4～0.45。目前肥水条件好的高产麦田多用矮秆品种，并且采用适当的肥水措施控制株高，尤其是控制基部节间的伸长，拔节后肥水促进，创建矮秆大穗的群体，从而提高经济系数，增加产量。

35. 对小麦种子有什么要求？播种前要做哪些处理？

用于做种子的小麦田收获前应在田间进行去杂去劣，以保证种子的纯度。收获时要单收、单晒、单贮，防止机械混杂，同时要进行种子精选，剔除病虫危害的子粒和瘪小子粒，清除杂草种子和杂质。有条件的可用种子精选机筛选，这种方法工效高，质量好。没有机选设备的，可用人工风选。但筛选质量不如机选。经过精选的种子，应晒干入库单独贮存，防止霉变和虫蚀。

播种前，应把种子进行再次晾晒，并做好发芽试验、药剂拌种或种子包衣等处理。

（1）晒种　播种前晒种能加速种子的后熟作用，增强种子的生活力，提高种子的发芽势和发芽率，使种子出苗整齐。一般在阳光较强的天气，晒1～2天就可以满足要求。

(2) 发芽试验 在播种前应认真做好发芽试验，以确定种子的生活力，一般在种子公司可用发芽床、发芽器进行发芽试验。一般农户可用小盘或直接种在碗装的沙土里进行试验。具体做法为：在经过精选和晒种的种子中随机取出3组每组100粒种子，用温水浸泡，在培养皿或小盘上平铺滤纸，无滤纸的可用吸水卫生纸或草纸，用水浸湿，把已泡过的种子均匀摆在培养皿（盘子）里的滤纸上，每个培养皿放100粒种子，共做3次重复。浇上适量的水（以不淹没种子为宜），放在温暖通风的地方（最好20℃左右），并注意经常加水，保证种子吸水。第三天检查种子的发芽情况，当胚根达到种子的长度，幼芽达到种子长度的一半时为最低发芽标准。胚根或幼芽畸形的，有根无芽或有芽无根的，都不计入发芽种子内。3天内100粒种子发芽的百分数为发芽势，7天内100粒种子发芽的百分数为发芽率。其计算方法为：

$$\text{发芽势（\%）}=\frac{\text{3 天内发芽的种子数}}{\text{供试的种子数}}\times 100$$

$$\text{发芽率（\%）}=\frac{\text{全部（一般 7 天）发芽的种子数}}{\text{供试的种子数}}\times 100$$

另外还有一个概念叫发芽日数，是指100粒供试种子中发芽种子的平均发芽日数。例如100粒种子中有25粒第二天发芽，35粒第三天发芽，15粒第四天发芽，10粒第五天发芽，5粒第六天发芽，5粒第七天发芽。则这批种子的发芽势为60%，发芽率为95%；发芽日数＝[(25×2)＋(35×3)＋(15×4)＋(10×5)＋(5×6)＋(5×7)]÷95＝3.5天。把3次重复的数据平均，就是这批种子的发芽势、发芽率和发芽日数。一般认为种子的发芽势强、发芽率高、发芽日数短的种子出苗快，出苗齐，麦苗壮。通常生产上要求种子发芽率在90%以上，低于80%的种子一般不宜做种用，如果没有替代的种子，就应适当加大播种量。

(3) 拌种和包衣 药剂拌种可以防止病虫危害，如对于有黑穗病的种子，播前可用多菌灵拌种，防止地下害虫可用高效低毒杀虫剂拌种。种子公司出售的种子，应进行种子包衣，包衣剂可以根据需要适当配合肥料、药剂或植物生长调节剂。

36. 什么叫小麦基本苗和播种量？怎样确定小麦的播种量？

小麦的基本苗是指单位面积土地上（通常以亩计）播下的种子所能出的苗数，播种量是指单位面积土地上所播下的种子数或重量（一般用种子重量表示）。播种量是在计划基本苗数确定之后，根据所用品种的千粒重、发芽率和田间出苗率计算出来的。具体计算公式：

（1）每亩播种量（千克）＝

$$\frac{\text{每亩计划的基本苗数}}{\text{每千克子粒数}\times\text{发芽率}\times\text{田间出苗率}}$$

或

（2）每亩播种量（千克）＝

$$\frac{\text{每亩计划的基本苗数}\times\text{千粒重（克）}}{1\ 000\times1\ 000\times\text{发芽率}\times\text{田间出苗率}}$$

或

（3）每亩播种量（千克）＝

$$\frac{\text{每亩计划的基本苗数（万）}\times\text{千粒重（克）}\times0.01}{\text{发芽率}\times\text{田间出苗率}}$$

田间出苗率是指具有发芽能力的种子播到田间后出苗的百分数。试验中的田间出苗率是一个经验数据，由于土壤墒情、质地、整地情况、播种质量等因素的影响，田间出苗率会有一定差异。一般播种质量好的田间出苗率可在 80%以上；有些田块整地质量差、坷垃多、土壤墒情差或土壤过湿，都可能使田间出苗率下降到 60%～70%，甚至更低。因此，播期正常，墒情合适，整地质量较好时，一般田间出苗率按 80%计算。

例如，在黄淮冬麦区的高产田，正常播期墒情好，整地质量好的，计划基本苗为 12 万；种子千粒重为 40 克，发芽率为 95%，每亩的播种量可按（2）式计算：

$$每亩播种量=\frac{120\ 000\times 40}{1\ 000\times 1\ 000\times 0.95\times 0.80}=6.3（千克）$$

也可按（3）式计算：

$$每亩播种量=\frac{12\times 40\times 0.01}{0.95\times 0.80}=6.3（千克）$$

实际应用（3）式更为方便。

此外，播种量的确定要根据品种分蘖特性、播期早晚、土壤质地、肥力和生态区域等条件综合分析，然后确定基本苗，再计算播种量，一般分蘖力强的多穗型品种基本苗要求少些，分蘖力差的品种基本苗要多些。高产田基本苗要求较少，而低产田、旱地基本苗多些。正常播期基本苗少些，播期推迟基本苗适当增加。例如在黄淮冬麦区高产田，适期播种多穗型品种，每亩基本苗可在12万左右，在北部冬麦区高产田适期播种的多穗型品种，基本苗可在12万～20万。晚播麦可根据推迟的时间适当增加，可增加到25万～30万，一般最多不超过35万。

37. 小麦的适宜播期如何确定?

适期播种可充分合理利用自然光热资源，是实现全苗、壮苗、夺取高产的一个重要环节。播种早了苗期温度较高，麦苗生长发育快，冬前长势过旺，不仅消耗过多的养分，而且分蘖积累糖分少，抗寒力弱，容易遭受冻害，同时早播的旺苗还容易感病。播种过晚，由于温度低，幼苗细弱，出苗慢、分蘖少（甚至无分蘖），发育推迟，成熟偏晚，穗小粒轻，造成减产。适期播种，可以充分利用秋末冬初的一段生长季节，使出苗整齐，生长健壮，分蘖较多，根系发育好，越冬前分蘖节能积累较多的营养物质，为小麦安全越冬、提高分蘖成穗率和壮秆大穗打好基础。

什么是适宜播种期呢？适宜播期的原则是要使小麦出苗整齐，出苗后有合适的积温，使麦苗在越冬前能形成壮苗。怎样确定适宜播期呢？播期与温度密切相关。一般小麦种子在土壤墒情适宜时，播种到萌发需要50℃的积温，以后胚芽鞘相继而出，胚芽鞘每伸长1厘米，约需10℃，当胚芽鞘露出地面2厘米时为出苗的标准，如果播深4厘米，种子从播种到出苗一共需要积温约为（50℃+4×10℃+2×10℃）=110℃，如果播深3厘米则出苗需要积温100℃。在正常情况下，冬前主茎每长一片叶平均需70～80℃的积温，按冬前长6～7叶为壮苗的叶龄指标，需要420～560℃积温。加上出苗所需要的积温，形成壮苗所需要的冬前积温为530～670℃，平均在600℃左右，按照常年的积温计算，冬前能达到这一积温的日期就是播种适期。如在北部冬麦区秋分播种均为适期，在黄淮冬麦区秋分至寒露初为适期，各地应根据当地的气温条件来确定。一般冬性品种掌握在日平均气温17℃左右时就是播种适期，半冬性品种可掌握在15～17℃，春性品种为13～15℃。一般冬性品种可适期早播，半冬性、偏春性品种依次晚播。总之，根据有效积温确定适宜播期，还要考虑土壤质地、肥力等栽培条件，进行适当调整。

38. 小麦播种的适宜墒情是多少?

小麦播种时的土壤墒情对于小麦出苗和苗期生长十分重要，足墒下种是实现麦苗齐、全、壮的重要措施之一。农谚说："伏里有雨好种麦""麦收隔年墒"，都体现了底墒充足对小麦生产的重要性。土壤墒情好，才能使小麦种子迅速吸水、膨胀、萌发。小麦种子萌发和出苗阶段除了温度，土壤水分是最重要的因素之一。小麦种子入土后只有吸收到种子干重50%左右的水分，才能萌发出苗；如果水分不足，种子发芽出苗缓慢，而且分蘖晚，或出现分蘖缺位，形成弱苗；过于干旱则不能正常出苗，形成缺苗断垄。

有试验结果表明，浇足底墒水，有显著增产作用。尤其在黄淮冬麦区和北部冬麦区小麦底墒比南方冬麦区（主要是稻茬麦区）更为重要。底墒不仅影响小麦出苗和苗期生长，而且对小麦一生都有重要影响。一般认为土壤耕层足墒的标准是：壤土地土壤含水量17%～18%，沙土地16%左右，黏土地20%左右。低于上述指标，就应浇底墒水。北方冬麦区多数年份秋旱严重，小麦播种时土壤墒情达不到上述指标，都需要浇水造墒。南方冬麦区应根据实际情况决定是否需要浇水造墒。一般稻茬麦区多数情况下墒情不缺，而是要注意排水。对于一些腾茬整地时间紧，或其他原因来不及造墒而抢墒播种的麦田，播种后不能正常出苗，就要浇蒙头水，以保证种子出苗所需的土壤水分供应。但浇水后容易造成土壤板结、通气不良，使麦苗生长受到影响，因此要随播随浇，水要浇足，并在适耕时及时中耕松土，以保证正常出苗和苗期生长。在可能的条件下，应尽量避免浇蒙头水，千方百计于播前浇好底墒水，保证足墒播种。

39. 小麦的播种深度多少合适?

小麦的播种深度对种子出苗及出苗后的生长都有重要影响。根据试验研究和生产实践，在土壤墒情适宜的条件下适期播种，播种深度一般以 3～5 厘米为宜。底墒充足、地力较差和播种偏晚的地块，播种深度以 3 厘米左右为宜；墒情较差、地力较肥的地块以 4～5 厘米为宜。

小麦种子播种过浅（不足 2 厘米），种子容易落干，影响发芽，造成缺苗断垄，同时造成分蘖节过浅或裸露，不耐旱，不抗冻，遇到干旱就会影响分蘖和次生根正常发育，不容易形成壮苗，越冬期间容易遭受冻害死苗，不利于安全越冬。但南方稻茬撒播小麦，虽然分蘖节较浅或在土表，由于无冻害和干旱威胁，也可获得高产。播种过深（超过 6 厘米）会使幼苗在出土过程中经历的时间延长，消耗的养分过多，使幼苗细弱，叶片瘦长，分蘖少而小，造成分蘖缺位，甚至无分蘖；如果播深超过 8 厘米，常会出现在幼芽出土过程中胚乳的养分消耗过大或用尽而不出苗，幼芽憋死在土里，造成缺苗，或者能勉强出土，形成又细又弱的小苗，逐渐死亡。因此，播种深度对于幼苗生长发育极为重要，各地应根据实际情况掌握适宜的播种深度，以促进出苗整齐，根系发达，分蘖健壮，形成冬前壮苗（图 15）。

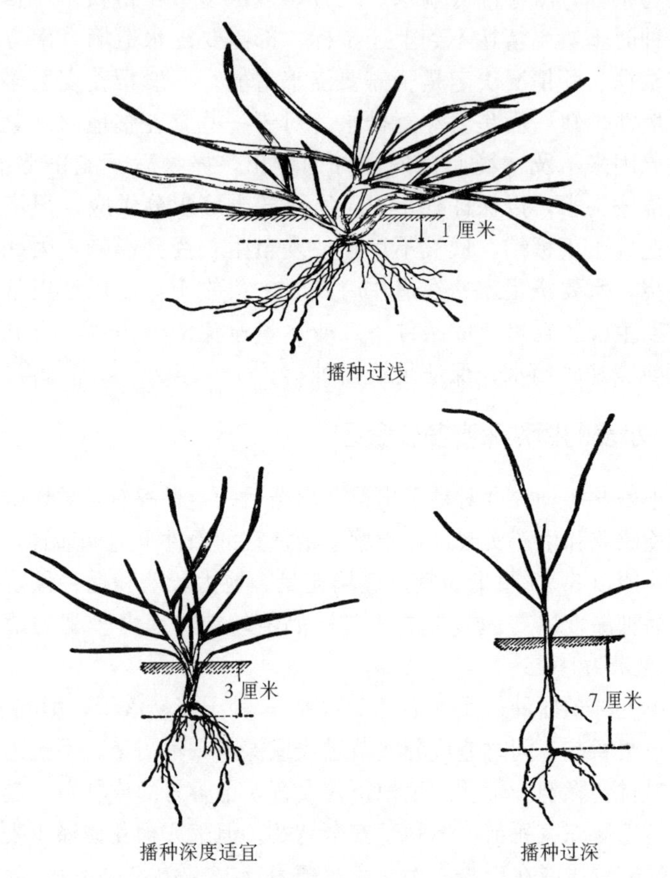

图 15　播种深度与幼苗生长情况

（引自中国农业科学院主编《小麦栽培理论与技术》第 277 页）

40. 哪些因素影响小麦的分蘖?

麦苗分蘖的多少与品种特性、生长条件和栽培措施有重要关系。影响分蘖的主要因素有：

(1) 品种　不同类型的品种分蘖力有很大差异。冬性品种的春化时间长，从开始分蘖到分蘖终止期所经历的时间也长，主茎生长的叶片数多，分蘖量也多，分蘖力强。春性品种的春化时间短，分化的叶片数少，分蘖数目也少，分蘖能力弱。半冬性品种的分蘖能力介于冬性品种和春性品种之间。同一类型的品种，冬性越强分蘖能力越强，春性越强分蘖能力越弱。生产上常用的多穗型品种分蘖能力较强，大穗型品种分蘖能力较弱。

(2) 温度 温度是影响分蘖发生的重要条件，一般分蘖发生的最适宜温度是13～18℃，2～4℃时分蘖缓慢，低于0℃时分蘖停止生长，高于18℃分蘖也受到抑制。生产实践证明，冬前温度高，冬小麦单株分蘖就多；秋寒年份分蘖较少，而且苗弱；过晚播种，由于温度低，容易形成无分蘖的独秆弱苗。

(3) 土壤水分 最适合分蘖发生和生长的土壤水分为田间持水量的70%～80%，低于这一指标时，影响分蘖生长，过于干旱则不能产生分蘖或出现分蘖缺位。所以一般水浇地小麦的分蘖多，但土壤水分过多，超过田间持水量的80%时，由于土壤通气不良，缺少氧气，影响分蘖正常发生和生长，也会造成黄弱苗。

(4) 土壤养分 小麦分蘖的生长发育需要大量的可溶性氮素和磷酸，所以苗期单株营养面积合理，土壤养分充足，尤其是氮磷肥配合施用做底肥，对促进分蘖发生和生长发育有重要作用，并有利于形成壮苗。在生产上，常常通过调节水肥，实现促进或控制分蘖的目标。

(5) 播种期、播种密度和播种深度 播种期对分蘖的影响主要是温度，播期适宜，温度合适，对分蘖发生和生长有利。早播，温度过高不利分蘖生长，还容易造成幼苗徒长，易感染病害。晚播，温度降低也影响分蘖发生和生长。播种密度过大，植株拥挤，单株所占营养面积小，发育不良，不利于分蘖。播种过深，幼苗出土时消耗养分过多，出土后幼苗细弱，植株分蘖显著减少，播深超过5厘米时，分蘖就会受到抑制，超过7厘米时，幼苗明显细弱，很难发生分蘖，或者分蘖晚、少、小，不能成穗。因此，生产中掌握合适的播种深度是培育多蘖壮苗的重要措施。

41. 分蘖有什么动态变化?

冬小麦在整个生育期中有两个分蘖盛期：一个是在冬前，分蘖数占分蘖总数的70%～80%；另一个在返青以后至起身期，这时的春季分蘖占分蘖总数的20%～30%。春小麦只有一次分蘖高峰，从主茎第一个分蘖开始一直到起身期。冬小麦适期早播的麦田，冬前分蘖的比例增加，晚播的麦田，春季分蘖的比例增加。一般高产冬小麦，在冬前分蘖较多的情况下，应严格控制春季分蘖，降低春季分蘖的比例，创建合理的群体，提高成穗率。

在北部冬麦区，适期播种的高产麦田，冬前总茎数（包括主茎和分蘖）每亩可达80万～90万，春季最高总茎数可达100万以上。有些播种稍早、肥力较高的麦田冬前总茎数可超过100万，春季总茎数可达150万以上。一般麦田到拔节前期，总茎数达到最高峰，但这些分蘖并不能都成穗。从拔节期小麦分蘖开始进行两极分化，一直到抽穗期两极分化基本结束，在两极分化时期，一般主茎和大蘖占有优势，是单株小麦水分和养分的输送中心和生长中心。小蘖由于营养不足，生长开始落后，并逐渐停止生长，相继死亡。此时分蘖明显地向有效和无效两极分化，一般出生越晚的小分蘖死亡越早。到孕穗期，中等的分蘖也陆续死亡，一直到抽穗以后，有效分蘖和田间总茎数才基本稳定。为了便于掌握和生产上应用，通常可把分蘖的两极分化过程分为前期（表现为主茎和较大分蘖与较小分蘖之间生长的差距加大）、中期（表现为中等分蘖之间的生长差距加大）和后期（表现为生长势明显变弱，并停止生长的分蘖逐渐枯萎死亡，而已经拔节的主茎和大蘖开始抽穗）。在北方冬麦区，两极分化的前期在返青以后到起身期前后，中期在起身到拔节，后期在拔节到抽穗期。南方冬麦区和北方春麦区，两极分化的过程较短，没有明显的起身期，两极分化前期在第一节间开始伸长之前，中期从此时到拔节期，后期从拔节期到抽穗期。小麦的品种特性、生态环境和栽培措施对小麦分蘖的两极分化有很大影响，生产上可以利用肥水措施来调控分蘖的两极分化，建立合理的群体结构。

42. 什么叫优势蘖组？怎样合理利用优势蘖组？

优势蘖组是指在形态生理指标和成穗率及穗粒重等方面都占有明显优势的包括主茎在内的一群茎蘖。试验和生产实践证明，在肥水条件较好的高产、超高产栽培中，选用多穗型品种时，主茎和1级分蘖的1、2、3蘖与其他分蘖有显著的差异，其多种性状明显优于其他分蘖，而这一组内的主要性状无显著差别，因此把主茎、1蘖、2蘖和3蘖称为优势蘖，这一群茎蘖称为优势蘖组（图16）。

例如：试验表明，基本苗在每亩7.5万、12万、20万和30万的条件下，主茎在一般情况下都能100%成穗，分蘖的成穗率则随基本苗的不同而变化。同一蘖位的分蘖，在基本苗少时，成穗率较高，反之则低。在不同基本苗条件下，都表现为随蘖位增高而成穗率递减。在基本苗每亩为12万时，主茎的成穗率为100%，1蘖的成穗率为99.6%，2蘖的成穗率为91.7%，3蘖的成穗率为81.0%，1N-1蘖的成穗率为43.2%。在基本苗为7.5万时，主茎的成穗率为100%，1蘖的成穗率为99.6%，2蘖的成穗率为99.6%，3蘖的成穗率为98.9%，1N-1蘖的成穗率为54.3%，4蘖成穗率为57.4%，2N-1蘖的成穗率为47.1%，1N-2蘖的成穗率为32.9%。可以看出，主茎和1、2、3蘖的成穗率明显高于其他分蘖，尤其在7.5万基本苗时，主茎和1、2、3蘖成穗率都在98%以上，与其他4个分蘖明显分为2个不同的蘖群。从单茎的经济系数分析，也表现为主茎和1、2、3蘖明显优于其他分蘖。因此，根据多种性状分析，把主茎和1、2、3蘖称为优势蘖组，而把1N-1蘖及其以后出生的分蘖称为

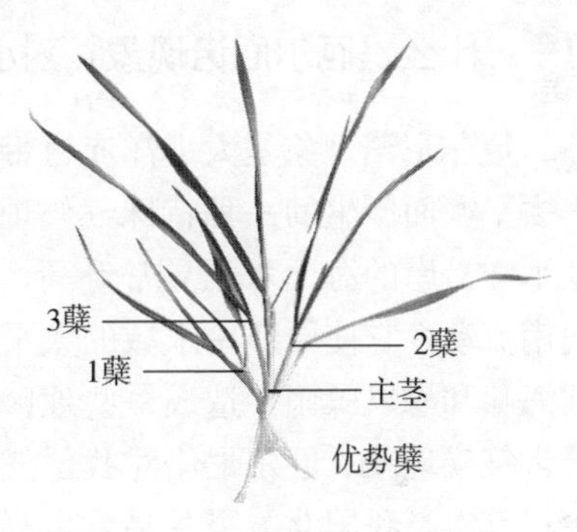

图16　小麦优势蘖组示意图

非优势蘖组或（相对）劣势蘖组。

根据笔者的试验结果，主茎和低位蘖在多种性状上有较大优势，因而适当利用主茎和低位蘖是合理的。在适期播种的高产田中，过多利用主茎成穗势必需要较多的基本苗，而基本苗过多又容易导致群体过大，造成田间郁蔽，个体发育不良，基部节间较长，茎秆细弱，容易引起倒伏，不利于高产；过少的基本苗，可以多利用分蘖成穗，但不容易达到理想的穗数，不能实现高产。经过试验表明，适期播种的高产田基本苗以每亩12万左右较为合适，其成穗数可达45万左右，最大群体在100万以下，在正常年份其倒伏的危险较小，容易获得高产。从分蘖的利用情况看，主要是利用了主茎和1、2、3蘖成穗，也就是充分利用了优势蘖组。

43. 什么是厄尔尼诺现象？对小麦生产有什么影响？

厄尔尼诺现象是太平洋赤道带大范围内海洋和大气相互作用后失去平衡而产生的一种特殊气候现象，厄尔尼诺现象的基本特征是太平洋沿岸的海面水温异常升高，海水水位上涨，并形成一股暖流向南流动。它使原属冷水域的太平洋东部水域变成暖水域，结果引起海啸和暴风骤雨，造成一些地区干旱，另一些地区又降雨过多的异常气候现象。厄尔尼诺对我国气候产生严重影响。首先是台风减少；其次是我国北方夏季易发生高温、干旱；第三是我国南方易发生低温、洪涝；第四是在厄尔尼诺现象发生后的冬季，我国北方地区容易出现暖冬。暖冬造成部分播种偏早的麦田冬前麦苗生长发育过快，抗寒性降低，若遇冬季或早春低温寒流天气，容易造成冻害死苗。

44. 什么是拉尼娜现象？对小麦生产有哪些影响？

拉尼娜是指赤道太平洋东部和中部海面温度持续异常偏冷的现象，也称反厄尔尼诺现象，主要表现为海水表层温度低出气候平均值0.5℃以上，且持续时间超过6个月以上。拉尼娜现象的发生同时伴随着全球性气候混乱，总是出现在厄尔尼诺现象之后。受赤道太平洋拉尼娜事件和欧亚大气环流异常的影响，2008年第一季度，我国南方出现了四次历史罕见的大范围低温雨雪冰冻天气过程，而北方春季持续干旱少雨，对我国小麦生产带来不利影响，主要表现在南方冬小麦受到不同程度的冻害，部分播种偏早的小麦受冻较重，同时造成麦田渍害，因此疏通三沟，防冻、补肥、降渍则为主要应对措施。北方冬小麦春季干旱，影响正常生长，抗旱节水灌溉和适时追肥则为主要应对措施。

45. 什么是肥料三要素？对小麦生长发育有哪些影响？

小麦生长发育所必需的营养元素有碳、氢、氧、氮、磷、钾、钙、镁、硫等和微量元素铁、锰、硼、锌、铜、钼等，其中碳、氢、氧三元素占小麦干物质的95%左右，因其在空气和水中大量存在，可直接吸收利用，一般不缺乏。其他元素则主要通过根系从土壤中吸收，虽然只占小麦干物质的5%左右，但对小麦生长发育有重要影响。由于氮、磷、钾的需要量较大，而且有着重要生理作用，故称作肥料三要素。

肥料三要素对小麦生长发育所起的作用各不相同，不能互相代替，缺少某一种或配合失调，都会使小麦生长受到影响。氮是氨基酸、蛋白质、酶、核酸及其他含氮物质的组成部分，是构成小麦细胞原生质的主要成分。氮素肥料能促进小麦分蘖和根、茎、叶生长，增加绿色面积和叶绿素含量，加强光合作用。施氮肥后最明显的变化就是叶片绿色加深。与磷肥配合施用，在分蘖期可促进分蘖，在幼穗分化期可增加小穗和小花数，提高结实率。生育后期保持适当的氮素营养，可提高粒重和改善子粒品质。氮素营养合理，则小麦植株健壮，生长良好；氮素缺乏，则叶片发黄，植株生长受到抑制，茎叶细小，分枝少，产量低；氮素过量，易造成生长过旺，植株徒长，引起倒伏，成熟期延迟，同时增加成本，造成浪费。

磷是核苷酸、核酸、磷脂的组成成分，不仅是小麦细胞核的重要成分，还直接参与呼吸和光合作用，并参与碳水化合物的合成、分解和运转过程。磷素充足，有利于小麦分蘖、生根、穗发育及子粒灌浆，可促进成熟，增加粒重。在冬季寒冷的地区，适当增施磷肥还可以增强小麦安全越冬能力；磷素不足时，根系发育受到抑制，分蘖减少，叶色暗绿，无光泽；严重缺磷时，叶色发紫，光合作用减弱，抽穗开花期延迟，子粒灌浆不正常，千粒重降低，品质不良，影响产量。

钾不参与植物体内有机分子的组成，但它是许多酶的活化剂，另外，对气孔的开放是必需的。钾能促进碳水化合物的形成与转化，使叶中的糖分向正在生长的器官输送。钾能增强小麦抵抗低温、高温和干旱的能力。钾还可以促进维管束的发育，使茎秆坚韧，提高抗倒伏的能力。钾素不足时，小麦植株生长延迟，茎秆变矮而脆弱，机械组织、输导组织发育不良，容易倒伏；抗旱和抗寒能力减弱；分蘖力和光合作用都受到限制；叶片失绿，出现大、小斑点坏死组织，下部叶片提早干枯；根系生长不良，抽穗和成熟期显著提前，穗少粒少，灌浆不足，产量降低，品质变劣。

肥料三要素对小麦生长发育的作用不是彼此孤立的，而是相互联系和相互作用的，磷可以促进对氮和其他养分的吸收，钾也可以促进氮、磷的转化，只有氮、磷、钾三要素以及其他必需营养元素适当配合，才能发挥更大的肥效。

46. 小麦引种应注意哪些问题?

小麦引种在生产实践中具有重要意义，它不仅可以在生产中直接发挥作用，也可以通过变异个体的系统选育培育新品种，还可以通过引种为育种工作者提供种质资源。但生产中如果引种不当，常常会出现生态条件不适应，引起抗寒性不过关、成熟期过晚、植株过高、病害严重等问题，给生产带来损失。例如有些半冬性品种引种到北部冬麦区，植株往往出现不能安全越冬的现象，造成大量死苗。冬性品种引种到适宜半冬性小麦生长的地区，往往造成植株增高，易倒伏，贪青晚熟。因此生产上引种时应注意以下几点：

①根据本地区生态条件对品种性状的要求，到生态条件相似的

地区引种容易获得成功。一般从纬度、海拔高度、气候特点、肥水条件以及冬季气温等条件相近的地区引种。

②加强检疫工作，防止病虫害蔓延。特别是一些检疫性病害，如小麦黑穗病、线虫病、全蚀病等，应严格检疫，防止扩散。

③对引进品种要进行试验、示范，经过小面积试验和适当规模示范成功的品种，方可在本地大面积种植，切不可盲目一次大量引进没有经过试验示范的品种。

47. 什么是干热风？对小麦有哪些影响？如何防御？

干热风亦称“干旱风”，习称“火南风”或“火风”，是农业气象灾害之一。干热风是出现在温暖季节，导致小麦乳熟期受害形成秕粒的一种干而热的风。干热风对小麦产量影响较大，轻则减产5%左右，重则减产10%～20%。

出现干热风时，温度显著升高，湿度显著下降，并伴有一定风力，蒸腾加剧，根系吸水能力下降，光合强度降低，干物质积累提前结束，灌浆时期缩短，往往导致小麦灌浆不足，秕粒严重，甚至枯萎死亡。高温还可使子粒呼吸作用加强，消耗增加，积累减少，造成粒重进一步降低。我国的北部冬麦区和黄淮冬麦区小麦灌浆期间受干热风危害的频率较高，其他麦区也有不同程度的干热风出现。干热风危害一般分为高温低湿、雨后青枯和旱风3种类型，以高温低湿危害为主。

高温低湿型干热风危害的气象指标：日最高气温≥32℃，14时相对湿度≤30%，14时风速≥3米/秒，为轻干热风；日最高气温≥35℃，14时相对湿度≤25%，14时风速≥3米/秒，为重干热风。雨后青枯型干热风危害的气象指标：小麦成熟前10天内有一次小至中雨以上降水过程，雨后猛晴，温度骤升，3天内有1天同时满足以下两项指标：最高气温≥30℃，14时相对湿度≤40%，14时风速≥3米/秒。旱风型干热风危害的气象指标：最高气温≥25℃，14时相对湿度≤25%，14时风速≥14米/秒。

防御措施：营造防护林带，搞好农田水利建设，以便在干热风来临之前及时灌溉（浇灌、喷灌），保证适宜的土壤墒情，施用化学药剂，进行“一喷三防”（防病、防虫、防干热风）等。另外，选择适宜品种，避免种植熟期过晚的品种，可躲过或减少干热风的危害。栽培管理上要防止后期水肥过剩，避免贪青晚熟，也可减少干热风的危害。

48. 什么是倒春寒？小麦早春发生冻害如何补救？

有些年份早春并没有明显的寒潮过境，气温比同期历年平均温度偏高，天气异常温暖。到了春末，发生多次寒潮来临，气温明显比前一个时期下降，这种现象就称为倒春寒。主要特点是春季前期气温偏高，后期气温偏低。前期冬小麦发育快，如过早返青、起身、拔节，后期遇到寒潮突袭，会因温度剧降而遭受冷害，甚至发生晚霜冻害。近年来，受全球气候变暖的影响，小麦冬前积温偏高，一些播种偏早的品种，生长发育过快，有些地区小麦冬前出现拔节现象，抗寒能力降低，遇到早春寒流袭击，容易出现冻害死苗。如2008年早春发生的持续的特大暴风雪对我国部分地区小麦产生较大影响，一些播种偏早的麦田，冬前旺长，提前拔节，穗分化进程加快，抗寒能力明显下降，造成冻害死苗、死茎或幼穗冻害受损。

对于早春发生冻害的麦田，应加强肥水管理，及时采取补救措施，要因苗施肥浇水。各地要因天、因地、因苗开展小麦分类肥水管理，促弱苗早发增蘖，稳壮苗，保蘖增穗，控旺苗稳长壮蘖，力争促弱转壮、保壮健长。

小麦发生冻害后主要是主茎和大蘖受害最重，小蘖受害较轻。春季应仔细观察小麦受冻情况，对于部分主茎和大蘖已经死亡、小蘖仍然存活的麦田，不要毁种，应在返青时及时追施化肥，促进小蘖生长发育。每亩推荐追施尿素7.5～10千克，缺磷的麦田可配合施用磷酸二铵或过磷酸钙，以促进根系生长。春季墒情较好时，肥料可开沟施入，缺墒时可随水施肥。拔节期每亩再追施尿素10千克，以促进分蘖成穗结实。对于冻害较轻、主茎和大蘖绝大多数存活的麦田，可按正常管理，早春加强中耕，保温提墒，促苗稳长。

对于一般仅叶片受冻、生长基本正常的中高产麦田，返青期控水省肥，拔节期肥水促进，每亩随灌水追施尿素20千克左右，以促穗增粒、提高粒重。

49. 什么是小麦渍害？怎样预防和减轻渍害？

小麦渍害也叫湿害，多发生在排水不良的低洼麦田，因小麦生长期间降水过多，土壤湿度大，土壤空气不足，导致小麦根系呼吸和吸收活动受阻，同时在缺氧条件下，好气性细菌受抑制造成速效养分减少，土壤中大量还原性有毒物质积累使根系受害，进而严重影响小麦正常生长发育，轻则黄叶不长，重则烂根死亡。

我国南方大部分麦区，尤其是长江中下游冬麦区，小麦生长期间多雨，易发生渍害。北方冬麦区的一些低洼麦田，遇到多雨年份也可能发生渍害。

预防和减轻渍害的主要措施是搞好排水设施，降低地下水位。特别是在南方容易发生渍害的麦区，播种时就要挖好“三沟”，即厢沟、围沟、腰沟。以保证随时可以降低地下水位，使小麦生长在正常的土壤水分环境中。小麦生长期间特别是降水后，要及时清理麦田三沟，做到沟沟相通、排水通畅，保证雨停田间无积水，降低田间湿度，改善土壤通气条件，使小麦免受渍害。已经发生渍害的麦田，要及时排水降渍，减轻渍害影响。

50. 晒种有什么作用？

收获后入库前晒种，可以降低种子含水量，使种子呼吸作用减弱，减少养分消耗，晒种后趁热入库，还可以促进种子后熟，防虫、防霉。一般小麦收获入库后进入雨季，空气湿度大，应经常检查种子仓库，防止种子回潮发霉和生虫，可选择晴天上午9～10时晒种，下午3～4时将种子趁热入仓，高温可以杀死种子内的害虫。小麦在播种前晒种可以增强种子生活力，提高发芽势和发芽率。晒种以后种皮干燥，透气性改善，播种后吸水膨胀快，可提高种子发芽速度和发芽率。

51. 什么是穗发芽？怎样预防？

小麦穗发芽是指在小麦收获前在麦穗上出现发芽的现象。小麦成熟期如果遇连阴雨，不能及时收获，常出现部分受潮的麦粒在麦穗上发芽，严重影响产量和食用品质；若种子田出现穗发芽现象，则会影响秋播时种子发芽率和田间出苗率，给下茬小麦生产带来不利影响。例如2008年北方冬麦区小麦收获期降雨较多，造成一些品种出现了较重的穗发芽现象（图17），个别品种秋播小麦种子的发芽率和出苗率受到严重影响，因此小麦穗发芽问题应引起重视。小麦子粒成熟时虽有一定的休眠期，但还有一部分种子休眠性很弱，遇雨后种子吸水膨胀，同时温度适宜，因而萌动发芽。休眠期较短的白皮品种或有些红皮品种，成熟期遇雨不能收获，子粒在田间通过休眠期，更容易出现穗发芽。

图17　小麦穗发芽

预防穗发芽首先要选用抗穗发芽的品种或成熟不过晚的品种；其次要密切注意天气预报，尽量避开降雨，及时收获，收获后及时晾晒，避免子粒在场院发芽。

二、小麦品质与栽培措施的关系

52. 什么叫优质专用小麦?

在我国，优质专用小麦是随着市场变化而出现的一个阶段性的概念。优质是相对劣质而言，专用是相对普通而言。在过去几十年中，我国人民生活水平处于温饱状态，小麦生产中强调以高产为主，而忽略了对品质的要求。随着社会经济的发展，人们生活水平不断提高，对食品多样性、营养性提出了更高的要求，出现了各种高档的面包、饼干、饺子和方便面等名目繁多的食品，过去大众化的“标准粉”已不适合制作这些高档的专用食品，专用面粉的生产已成为市场的需要。为了生产不同类型的面粉，对原料小麦提出了具体的要求，因而提出了“优质专用小麦”这一概念。

特定的面食制品需要专用的小麦面粉制作，而专用的小麦粉需要一定类型的小麦来加工，适合加工和制作某种食品和专用粉的小麦对这种食品和面粉来说就是优质专用小麦。

53. 小麦的品质主要包括哪些内容?

小麦品质是一个极其复杂的综合概念，包括许多性状，概括起来有形态品质、营养品质和加工品质。彼此之间相互交叉，密切关联。

形态品质包括子粒形态、整齐度、饱满度、粒色和胚乳质地等。这些性状不仅直接影响商品价值，而且与加工品质和营养品质也有一定关系。一般子粒形状有长圆形、卵圆形、椭圆形和圆形等，以长圆形和卵圆形居多，其中圆形和卵圆形子粒表面积小，容重高，出粉率高。子粒腹沟的形状和深浅也是衡量子粒形态品质的重要指标，一般腹沟较浅的子粒饱满，容重和出粉率较高，腹沟深的则容重和出粉率较低。子粒的颜色主要分为红、白两种，还有琥珀色、黄色、红黄色等过渡色。一般认为皮层为白色、乳白色或黄白色的麦粒达到90%以上为白皮小麦；深红色、红褐色麦粒达到90%以上的为红皮小麦。小麦子粒颜色与营养品质和加工品质没有必然的联系。一般而言，白皮小麦因加工的面粉麸星颜色浅、面粉颜色较白而受到面粉加工业和消费者的欢迎。红皮小麦子粒休眠期长，抗穗发芽能力较强，因而在生产中也有重要意义。整齐度是指小麦子粒大小和形状的一致性，同样形状和大小的子粒占总量90%以上的为整齐，一般子粒整齐度好的出粉率较高。饱满度一般用腹沟深浅、容重和千粒重来衡量，腹沟浅、容重和千粒重大的小麦子粒饱满，出粉率也较高。一般用目测法将成熟干燥的种子按饱满度分为5级。一级：胚乳充实，种皮光滑；二级：胚乳充实，种皮略有皱褶；三级：胚乳充实，种皮皱褶明显；四级：胚乳明显不充实，种皮皱褶明显；五级：胚乳很不充实，种皮皱褶很明显。角质率主要由胚乳质地决定。角质又叫玻璃质，其胚乳结构紧密，呈半透明状；粉质胚乳结构疏松，呈石膏状。凡角质占子粒横截面1/2以上的子粒称为角质粒。含角质粒70%以上的小麦称硬质小麦。硬质小麦的蛋白质和面筋含量较高，主要用于做面包等食品。角质特硬、面筋含量高的称为硬粒小麦，适宜做通心粉、意大利面条等食品。角质占子粒横断面1/2以下（包括1/2）的子粒称为粉质粒。含粉质粒70%以上的小麦，称为软质小麦。软质小麦适合做饼干、糕点等。

营养品质包括蛋白质、淀粉、脂肪、核酸、维生素、矿物质等。其中蛋白质又可分为清蛋白、球蛋白、醇溶蛋白和麦谷蛋白；淀粉又可分为直链淀粉和支链淀粉。

加工品质又可分为一次加工品质和二次加工品质。其中一次加工品质又称为制粉品质，包括出粉率、容重、子粒硬度、面粉白度和灰分含量等。二次加工品质又称为食品制作品质，又分为面粉品质、面团品质、烘焙品质、蒸煮品质等多种性状。主要包括面筋含量、面筋质量、吸水率、面团形成时间、稳定时间、沉降值、软化度、评价值等多项指标。

54. 什么是强筋小麦、中强筋小麦、中筋小麦和弱筋小麦？

根据小麦的品质和用途，可以把小麦分为强筋小麦、中强筋小麦、中筋小麦和弱筋小麦，为此国家专门制定了相应的品质标准。

强筋小麦：胚乳为硬质，小麦粉筋力强，适于制作面包或用于配麦；

中强筋小麦：胚乳为硬质，小麦粉筋力较强，适于制作方便面、饺子、面条、馒头等食品；

中筋小麦：胚乳为硬质，小麦粉筋力适中，适于制作饺子、面条、馒头等食品；

弱筋小麦：胚乳为软质，小麦粉筋力较弱，适于制作馒头、蛋糕、饼干等食品。

2013年我国颁布了新的《小麦品种的品质分类》（GB/T 17320—2013)，制定了新的小麦品种的品质指标（表3)，同时废止了1998年制定的《专用小麦品种品质》(GB/T 17320—1998)。

表3 小麦品种的品质指标（GB/T 17320—2013)

项目		指标			
		强筋	中强筋	中筋	弱筋
子粒	硬度指数	≥60	≥60	≥50	<50
	粗蛋白质（干基）,%	≥14.0	≥13.0	≥12.5	<12.5
小麦粉	湿面筋含量（14%水分基）,%	≥30	≥28	≥26	<26
	沉降值（Zeleny法），毫升	≥40	≥35	≥30	<30
	吸水量（以100克计），毫升	≥60	≥58	≥56	<56
	稳定时间，分钟	≥8.0	≥6.0	≥3.0	<3.0

（续）

项目		指标			
		强筋	中强筋	中筋	弱筋
小麦粉	最大拉伸阻力，E.U.	≥350	≥300	≥200	—
	能量，平方厘米	≥90	≥65	≥50	—

55. 什么叫面包专用、馒头专用、面条专用和糕点专用小麦？

这是按加工食品的种类对专用小麦的又一种分类，可以基本上与强筋、中筋、弱筋小麦相对应。面包是西方国家的主食，其种类繁多，如法式、澳式、日式、俄式、美式等，但基本可以分为主食面包和点心面包两大类。点心面包种类很多，对面粉质量要求有很大差异，无统一规定，仅有企业标准。主食面包对面粉质量要求较为严格，一般来讲面包专用粉是指适宜制作主食面包而言。优质面包专用小麦要求小麦蛋白质含量高，面筋质量好，沉降值高，面团稳定时间较长，面包评分较高，基本可以对应于强筋小麦的标准。

馒头专用小麦是指适合制作优质馒头的专用小麦。馒头是我国人民的主要传统食品，尤其受到北方人的喜爱，据统计，目前我国北方用于制作馒头的小麦粉占面粉用量的70%以上。我国北方大部分地区种植的小麦都能达到制作馒头所需的小麦粉的质量要求。馒头专用小麦一般需要中等筋力，面团具有一定的弹性和延伸性，稳定时间在3～5分钟，形成时间以短些为好，灰分低于0.55%。优质馒头要求体积较大，色白，表皮光滑，复原性好，内部孔隙小而均匀，质地松软，细腻可口，有麦香味等。1993年我国面粉行业制定了馒头小麦粉的理化指标（表4）。

表4　馒头专用小麦粉理化指标（SB/T 10139—93）

项目		精制级	普通级
水分，%	≤	14.0	

（续）

项　目		精制级	普通级
灰分（以干基计），%	≤	0.55	0.70
粗细度（CB36号筛）		全部通过	
湿面筋（14%水分基），%	≥	25.0～30.0	
面团稳定时间，分钟	≥	3.0	
降落数值，秒	≥	250	
含沙量，%	≤	0.02	
磁性金属物，克/千克	≤	0.000 3	
气味		无异味	

面条专用小麦是指适合制作优质面条（包括切面、挂面、方便面等）的专用小麦。面条起源于我国，是我国人民普遍喜欢的传统食品，也是亚洲的大众食品。面条专用小麦应具有一定的弹性、延展性，出粉率高，面粉色白，麸星和灰分少，面筋含量较高，强度较大，支链淀粉较多，色素含量较低等。影响面条品质的主要因素是蛋白质含量、面筋含量、面条强度和淀粉糊黏性等。我国于1993年制定了面条专用小麦粉的行业标准（表5）。

表5　面条专用小麦粉理化指标（SB/T 10137—93）

项　目			面条小麦粉	
			精制级	普通级
水分，%		≤	14.5	
灰分（以干基计），%		≤	0.55	0.70
粗细度	CB36号筛		全部通过	
	CB42号筛		留存量不超过10.0%	
湿面筋（14%干基），%		≥	28.0	26.0
面团稳定时间，分钟		≥	4.0	3.0
降落数值，秒		≥	200	

（续）

项　　目		面条小麦粉	
		精制级	普通级
含沙量，%	≤	0.02	
磁性金属物，克/千克	≤	0.000 3	
气味		无异味	
评分值	≥	85	75

饼干和糕点专用小麦的面粉要求以中筋和弱筋小麦为好，我国生产的普通小麦虽然面筋质量差，但由于蛋白质和面筋含量较高，也不适合生产制作优质饼干和糕点。为了规范我国软质小麦品种的选育和生产，农业部于1999年制定了饼干和糕点专用小麦的行业标准（表6）。

表6　饼干、糕点软质小麦品种标准

类　　别	项　　目	饼干、糕点用软质小麦品种标准	
		一级	二级
子粒品质	蛋白质，%	≤12.0	≤14.0
面粉品质	湿面筋，%	≤22.0	≤26.0
	沉降值，毫升	≤18.0	≤23.0
面团品质	吸水率，%	≤54.0	≤57.0
	形成时间，分钟	≤1.5	≤2.0
	稳定时间，分钟	≤2.0	≤3.0
烘焙品质	饼干评分	≥90	≥70
	蛋糕评分	≥90	≥70
注	行业标准（待颁布）起草单位：河南省农业科学院小麦研究所		

注：此表由王光瑞提供。

56. 影响小麦品质的因素有哪些？

小麦品质既受品种本身遗传基因的制约，又受自然条件和栽培措施等生态环境因素的影响，是基因和生态环境共同作用的结果。在自然和栽培条件相对一致的地区或年份，品质差异主要受品种基因型的影响，而自然和栽培等生态条件相差较大地区，其品质差异来自基因和生态条件两个方面，而生态条件对其影响程度往往高于基因，如 1970 年国际冬小麦试验圃的品种分别种植在美国、匈牙利和英国，其平均蛋白质含量分别为 17.8%、15.8%和 12.5%，最高和最低相差 5.3 个百分点。

所谓生态环境因素，主要包括自然温度、光照、降水及其分布、土壤质地、矿质营养、栽培措施等。

57. 温度与小麦品质有什么关系?

一般认为子粒蛋白质含量与气温年较差、抽穗至成熟期间日平均气温及其日较差呈正相关。特别是在大陆性气候明显的内陆地区，从南向北，随着气温年较差和日较差的增加，子粒蛋白质含量逐渐增加。不同地区年均气温对品质有明显影响，但从抽穗到成熟阶段的气温对蛋白质及加工品质的影响最重要，一般认为，在15～32℃范围内，气温升高，蛋白质含量增加，加工品质改善，超过32℃，则下降。

温度影响小麦生长发育过程中所有的生理机能，决定着物质生产中生理生化反应的速度和方向及其对营养物质的吸收强度，从而影响子粒产量和品质。一般认为，温度影响蛋白质含量的主要原因表现在：

①适当高的温度可促进根系对土壤中氮素的吸收，因氮在植株体内 85%以上最终分配到子粒中，从而提高蛋白质含量，但是温度过高时也会加速根系的衰老，影响氮的吸收。

②影响蛋白酶活性，从而影响蛋白质的合成与降解。

③影响光合作用和碳水化合物的积累，从而导致子粒中氮的稀释与浓缩。

④适当高温可促进灌浆和茎、叶等营养器官的物质运转，而温度过高不但灌浆期缩短，而且加速叶衰老和呼吸，影响含氮物质的

转运，从而降低蛋白质含量。研究还证明，温度对品质的影响不是独立的，而且与品种、水分、光照等因素之间存在较为复杂的关系。

58. 降水与小麦品质有什么关系?

水既是绿色植物进行光合作用、物质生产的原料，又是植物进行一系列复杂生理生化代谢必需的介质。水对小麦植株的正常生长发育、产量高低及品质性状有着极其重要的意义。改变土壤水分的途径，除了灌溉外，主要是自然降水。自然降水的多少和时间分布，不但决定土壤水分的丰缺和地下水位的高低，而且也影响空气湿度和气温的变化，因此是影响小麦品质的重要因素。

降水对品质影响作用的研究结果比较一致，一般认为小麦生育期间降水量与子粒蛋白质呈负相关，特别是自然降水成为小麦生产主要限制因子的地区，这种趋势更为明显。降水影响小麦品质的关键时期主要在抽穗到成熟阶段，其原因是降水多时有利于小麦生长发育，淀粉合成加快，产量提高，从而稀释了子粒含氮量。我国北方地区降水量少于南方地区，而北方地区小麦子粒蛋白质含量一般高于南方。

59. 光照与小麦品质有什么关系?

光照对子粒品质的影响较为复杂，因为一个地区的光照度、日照时数及其长短日照往往与气温、降水等自然气候因素相关。

光照度一般与小麦子粒蛋白质含量呈负相关。英国科学家的研究表明，在灌浆期8周内的第3～6周或第4～7周，光辐射强度与子粒含氮量呈负相关。而当光照不足时，光合速率降低，光合产量下降，以致子粒中碳水化合物积累减少，子粒灌浆不充分，但子粒中氮积累增加，致使蛋白质含量也增加。

长日照处理的小麦蛋白质含量明显高于短日照处理。有研究认为我国北方13省（自治区、直辖市）小麦全生育期平均日照总时数高于南方12省（自治区、直辖市），前者比后者小麦蛋白质含量也明显提高，也说明长日照对小麦子粒蛋白质形成和积累是有利的。

60. 土壤条件与小麦品质有什么关系?

小麦植根于土壤，土壤中水、肥、热直接影响根系的生长发育及其活力，进而影响地上部植株生长及产量和品质。土壤条件对小麦品质的影响几乎与气候因素同样重要。一般认为，土壤类型、土壤质地和土壤肥力等因子均对子粒品质产生较大的影响。例如有人将加拿大17个作物区分为3个土壤带，利用数学模拟计算出棕壤带种植的小麦蛋白质含量最高，随着土壤从棕壤向黑土带过渡，蛋白质含量也逐渐降低。

土壤质地影响子粒品质，子粒蛋白质含量随土壤质地的不同而变化。有人对河南60个试验点的小麦（品种相同）蛋白质含量与土壤质地种类进行统计分析表明，随土壤质地由沙→沙壤→中壤及重壤的变化，小麦子粒蛋白质含量由10.4%上升到14.91%，但如果质地继续变黏，蛋白质含量则趋于下降。对于面筋、沉降值等加工品质指标的分析也证明，随土壤由沙向黏变化，加工品质指标随之提高。

土壤综合肥力直接影响小麦的品质，很多研究证明，随土壤肥力由低向高变化，子粒品质也随之提高，特别是有机质和氮、磷、钾等矿质元素处在较低或中等水平时，这种相关尤为显著，当土壤肥力达到并超过一定程度时，二者相关较小。王光瑞等（1984）对我国北方冬麦片、黄淮北片和黄淮南片两种肥力条件下区试品种的品质分析表明，高肥组不仅产量高，而且蛋白质含量及沉降值、面团形成时间、稳定时间等指标均优于中肥组，说明提高肥力有利于改善小麦的品质（表7）。

表7　土壤肥力水平对冬小麦产量和品质的影响

区试组	产量（千克/亩）	容重（克/立方厘米）	蛋白质含量（%）	湿面筋含量（%）	沉降值（毫升）	面团稳定时间（分钟）
北方水地高肥	325	780	14.5	35.1	30.9	4.68

（续）

区试组	产量（千克/亩）	容重（克/立方厘米）	蛋白质含量（%）	湿面筋含量（%）	沉降值（毫升）	面团稳定时间（分钟）
北方水地中肥	289	794	13.8	34.8	31.5	3.73
黄淮北片水地高肥	411	788	14.2	32.5	26.1	3.73
黄淮北片水地中肥	358	789	13.2	30.8	25.9	3.14
黄淮南片水地高肥	421	770	11.1	26.8	22.4	3.67
黄淮南片水地中肥	371	789	12.1	26.2	20.8	3.53

61. 对小麦品质影响最主要的栽培措施有哪些？

有研究认为施肥、灌水、播种期、播种量、种植方式、播种茬口、化学调控等多种措施都对小麦品质有不同程度的影响。但是在影响小麦品质的诸多人为因素中，对改善小麦品质有明显效果的措施主要是施肥和灌水，而肥料中又以氮肥运筹效果最突出。

62. 什么是小麦千粒重和容重？栽培措施对它们有什么影响？

小麦的千粒重是指 1 000 粒小麦的重量，用克表示。千粒重是小麦产量的三要素之一，也是子粒品质的重要指标之一，容重是小麦子粒大小、形状、整齐度、腹沟深浅、胚乳质地、出粉率等性状和特征的综合反映，是 1 升小麦子粒的重量。我国商品小麦收购的分等定级主要是按容重进行。一级小麦要求容重达到 790 克/升以上，容重每下降 20 克，小麦降 1 个等级，优质小麦对容重的要求较低，要求在 770 克/升以上。

合理的栽培措施对千粒重和容重有重要影响，一般在小麦子粒灌浆期有适当的肥水供应，其千粒重和容重均可相应有所提高。在管理措施上，应于拔节期重施肥水，促进穗多粒重，抽穗开花期适当肥水促进，保证子粒灌浆需要，同时注意养根护叶，防止后期早衰。还要注意防止病虫害破坏叶片，如锈病、白粉病等破坏绿色组织，黏虫咬食叶片，都会影响光合作用，进而影响子粒灌浆。穗蚜可直接吸食子粒中浆液，造成子粒不饱满，千粒重降低，容重减轻，因此加强生长后期尤其是子粒灌浆期的管理，对提高千粒重和容重是十分重要的。

63. 什么叫氮肥运筹？包括哪些内容？

氮肥运筹就是不同的施氮方法、施氮时期、施氮数量、底施和追施的比例等多种方式对小麦进行施肥处理。氮肥运筹主要包括土壤施氮、叶面施氮两大内容。土壤施氮又包括底施氮肥、追施氮肥、不同追肥时期处理、不同追肥数量处理、不同施肥次数处理、不同土壤条件下的施肥处理、不同灌溉条件下的施肥处理等多种方式。叶面施氮包括不同喷氮时期、不同喷氮浓度、不同喷氮次数等多种处理。

64. 土壤施氮方式下不同施氮量对小麦蛋白质含量有哪些影响？

不同施氮量对子粒蛋白质含量有很大的影响。在一定范围内，小麦子粒蛋白质含量随施氮量的增加而提高。在底肥相同的条件下，在同一时期追肥，每亩追施纯氮量在10千克以下时，每增加2千克纯氮，均使子粒蛋白质含量显著提高，一般追施纯氮量超过12千克时，子粒蛋白质含量增加的幅度变小。在适当的时期合理增加追施氮肥可使子粒蛋白质含量提高1～2个百分点。

65. 小麦蛋白质包括哪些组分？不同施氮量对蛋白质组分有哪些影响？

小麦蛋白质有4种组分，主要包括清蛋白、球蛋白、醇溶蛋白和谷蛋白。4种蛋白组分的提取方法不同，它们对氮肥的反应有差异，其功能也不尽相同。不同蛋白组分在总蛋白中所占比例也有很大差异，强筋小麦中优9507品种，清蛋白占总蛋白含量的16.16%，球蛋白占12.74%，醇溶蛋白占23.17%，谷蛋白占47.32%。但不同品种或不同栽培条件下，这种比例关系会略有变化。谷蛋白在任何品种和任何条件下都占有最大的比例。一般情况下，4种蛋白组分均有随施氮量增加而提高的趋势，但提高的幅度有较大差异。在4种蛋白组分中，清蛋白对氮肥反应不敏感，醇溶蛋白次之，而球蛋白和谷蛋白对氮肥反应灵敏，不同的施氮量可以有效影响球蛋白和谷蛋白的含量，最终显著影响总蛋白含量，一般来说，谷蛋白含量和总蛋白含量呈显著的正相关，也就是说谷蛋白含量高时，总蛋白含量相应也较高。

66. 小麦子粒中有哪些氨基酸？不同施氮量对氨基酸组分有哪些影响？

一般来说，小麦子粒中有17种以上氨基酸，包括天门冬氨酸、脯氨酸、丝氨酸、谷氨酸、甘氨酸、丙氨酸、精氨酸、组氨酸、酪氨酸、蛋氨酸、异亮氨酸、亮氨酸、苯丙氨酸、赖氨酸、缬氨酸、苏氨酸、色氨酸等，其中后8种为人体自身不能合成的必需氨基酸，其余为非必需氨基酸。大量试验分析表明，小麦蛋白质中的氨基酸含量很不平衡，极差可达数十倍，其中以谷氨酸含量最多，而必需氨基酸中的赖氨酸含量很少但又非常重要，被称之为第一限制性氨基酸。一般认为必需氨基酸含量的多少是小麦营养品质的重要指标。

很多试验结果表明，不同施氮量处理不仅影响子粒蛋白质及其组分的含量，同样也明显影响到蛋白质中氨基酸组成，特别是对必需氨基酸含量有显著影响。在每亩追施纯氮0～12千克范围内，子粒中各种必需氨基酸含量均随施氮量的增加而提高。其中每增加1千克纯氮，赖氨酸、苏氨酸、异亮氨酸、亮氨酸、苯丙氨酸的相对含量分别提高2.20％、3.30％、4.10％、3.99％和4.78％，并且与蛋白质含量呈正相关。说明施氮对提高子粒蛋白质中必需氨基酸含量有明显效果。此外，施氮对多数非必需氨基酸含量也有正向调节效应。

67. 什么叫小麦面筋？不同施氮量对面筋含量有什么影响？

用小麦面粉制成的面团在水中揉洗，淀粉和麸皮微粒呈悬浮态分离出来，其他部分溶于水，剩余有弹性和黏滞性的胶状物质称为面筋。小麦面筋的主要成分是醇溶蛋白和谷蛋白，二者约占面筋总量的80%左右，此外还含有少量的淀粉、脂肪和糖类等。一般湿面筋含2/3的水，干物质占1/3。小麦面粉之所以能加工成种类繁多的食品，就在于它存在特有的面筋，这是许多作物所没有的。人们根据小麦面筋含量的多少进行品质分级，以加工不同类型的专用食品。

合理增施氮肥可以有效地提高干面筋和湿面筋含量。有试验表明，每亩施氮量在0～12千克范围内，普通中筋小麦的干面筋和湿面筋含量随施氮量的增加而呈递增趋势，其中干面筋含量从7.64%增加到13.23%，相对提高了73.2%；湿面筋含量从19.72%增加到32.09%，因此增施氮肥对提高面筋含量有十分明显的效果。

68. 什么叫面粉吸水率？不同施氮量对吸水率有什么影响？

吸水率是指面粉揉制成软硬合适（有一定的指标要求）的面团所需加水量占小麦面粉的比例，用百分率表示。面粉的吸水量大小与其加工品质密切相关。一般情况下高蛋白含量的面粉比低蛋白含量的面粉吸水率高，但是不同品种的反应并不一致，有些高蛋白品种的吸水率并不高，这与蛋白质的质量有关。一般认为吸水率高的面粉烘焙品质较好。一些发达国家在面粉质量标准中将面粉吸水率作为必须检测的指标。

强筋小麦随着施氮量的增加面粉的吸水率逐渐提高，通过适当增施氮肥，可以使面粉吸水率提高1.4个百分点，效果明显；随着吸水率的提高，其他相应的加工品质也有所改善。

69. 什么叫沉降值？不同施氮量对沉降值有什么影响？

沉降值是指单位重量的面粉在弱酸溶液中，在一定时间内蛋白质吸水膨胀所形成的悬浮沉淀数量的多少，以毫升表示。沉降值是反映烘焙品质的一个重要指标，并与其他品质性状如子粒蛋白质含量、面筋含量和面包体积等密切相关，与面粉混合指数和出粉率的关系也极为密切。一般沉降值越大，小麦面粉的品质越好。在一定范围内，增加施氮量可以有效地提高沉降值，进而影响其他品质指标。

70. 不同施氮量对面包体积有什么影响？

面包体积是最直观的品质指标，不同的面粉烘焙出来的面包体积有很大差异，实验室内常以 100 克面粉烘焙的面包体积为标准，单位为立方厘米。一般来说，具有良好加工品质的优质小麦面粉所烘焙的面包，不仅其内部和外表质地都很优良，而且具有较大的体积，商品价值也高（图 18）。

施氮量多少对面包体积有重要影响。在一定范围内，适当增加施氮量可使面包体积增加。

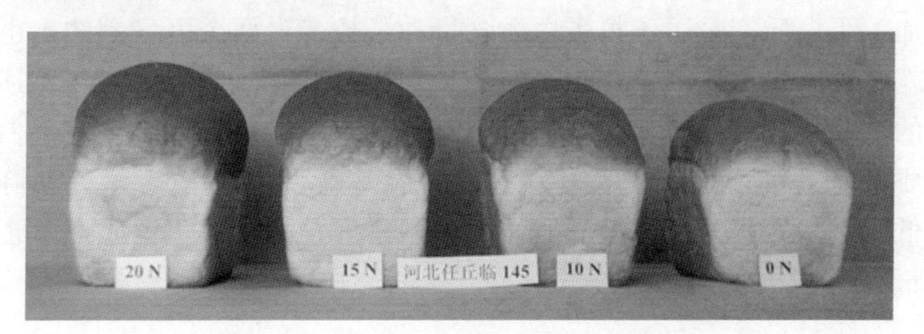

图 18　同一品种不同施氮量处理后的面包体积比较

71. 什么是面包评分？不同施氮量对面包评分有什么影响？

面包评分是根据面包体积、面包表皮色泽、面包形状、面包心颜色、面包切面平滑度、面包瓤弹性、面包瓤纹理结构、口感等多项指标而决定的。世界各国的评分标准虽很不一致，但均以体积为主。我国的面包评分标准为：总分 100 分，其中体积满分为 35 分，表皮色泽满分 5 分，表皮质地与面包形状 5 分，面包心色泽 5 分，平滑度 10 分，弹柔性 10 分，纹理结构 25 分，口感 5 分。一般优质面包评分应在 80 分以上。在适当的范围内，增加施氮量可以提高面包的评分。

72. 土壤施氮方式下不同施氮时期对小麦品质有哪些影响?

土壤施氮方式在相同施氮量的条件下，不同施氮时期对小麦的主要品质指标都有重要影响，如对子粒蛋白质含量、面筋含量、沉降值、面团稳定时间、面包体积等重要指标都有明显的调节作用。一般认为适当氮肥后移均可改善上述品质指标。

73. 不同施氮时期对子粒蛋白质含量有什么影响?

不同时期追施相同氮肥，对子粒蛋白质含量的影响也不尽相同。一般情况下，随追氮时期的后移，子粒蛋白质含量有逐渐提高的趋势。有试验在返青、起身、拔节、孕穗、扬花、灌浆6个时期分别进行相同数量的施氮处理，其子粒蛋白质含量逐渐增加。蛋白质产量受子粒蛋白质含量和子粒产量两个因素制约，也就是说，蛋白质产量等于子粒产量和蛋白质含量的乘积。在上述的试验中，在拔节—孕穗期追肥时达到高峰，以后追肥虽使蛋白质含量继续增加，但是子粒产量下降，导致蛋白质产量逐渐降低。一般在拔节期追施氮肥增产效果最好，故子粒蛋白质产量也最高。

74. 不同灌水条件下氮肥后移对子粒蛋白质含量有哪些影响?

在不同浇水条件下，追肥总量相同时，无论在春季浇2水、3水还是4水，施氮时期后移都可使子粒蛋白质含量有所提高，其他品质指标也有所改善。这是由于适当后期施氮，小麦植株仍有较强的吸收氮素的能力，此时吸收的氮能更直接地输送到子粒中去合成蛋白质，因而使子粒蛋白质含量明显提高。

75. 不同施氮时期对面筋含量有哪些影响?

一般来说，面筋含量与蛋白质含量呈正相关，对蛋白质含量有影响的因素对面筋含量也有影响。在很多试验中，在相同施氮量和相同灌水条件下，在一定范围内随施氮时期推迟，小麦面粉的干面筋和湿面筋含量都有逐渐增加的趋势，其中干面筋含量可以提高1～2个百分点，湿面筋含量可以提高3～6个百分点，可见适当推迟施氮时期，对提高面筋含量效果明显。

76. 不同灌水条件下氮肥后移对面筋含量和沉降值有哪些影响？

在笔者的试验中，在不同浇水条件下，追肥总量相同时，分别进行追氮时期的处理，结果表明无论在春季浇2水、3水还是4水，施氮时期后移都使强筋小麦面筋含量和沉降值有所提高；在浇2水条件下，湿面筋含量提高0.5个百分点；在浇3水条件下，湿面筋含量提高1.7个百分点；在浇4水条件下，湿面筋含量提高2.5个百分点。沉降值分别提高了1.7～1.8毫升。

77. 什么是面团稳定时间？氮肥后移对稳定时间和面包体积有什么影响？

面团的稳定时间是用特定的粉质仪测定的，用分钟来表示，可以精确到0.5分钟。稳定时间反映面团的耐揉性，稳定时间越长，面团耐揉性越好，面筋强度越大，面包烘焙品质越好。稳定时间太长的面粉不适合制作糕点、饼干等食品，太短不适合加工优质面包。

试验结果表明适当推迟施用氮肥的时期，可以有效延长稳定时间，一般可以延长1～4分钟。同时可以相应扩大面包的体积，一般可以增加10～20立方厘米。可见氮肥后移对延长面团稳定时间和增加面包体积的效果很好。

78. 不同底肥和追肥比例处理对小麦品质有哪些影响？

在全生育期施氮总量相同时，不同底施和追施比例的处理对小麦子粒蛋白质含量有明显影响。在普通中筋小麦和强筋小麦的试验中，增加追施氮肥的比例可以使子粒蛋白质含量增加

1.5～2.0个百分点。表明在施氮量相同的条件下，适当加大追肥的比例有明显提高子粒蛋白质含量的作用，而且表现为在拔节期追施尿素比追施其他种类氮肥对提高子粒蛋白质含量更为有利。

79. 在不同水分条件下施用氮肥对小麦品质有什么作用?

在不同水分条件下施用氮肥对小麦子粒产量和品质的作用有较大的差别。水分和肥料以及水肥的相互作用对小麦产量和品质都有较大的影响。一般在湿润和干旱两种条件下，增施肥料对提高子粒产量和蛋白质含量都有正向作用，但是在湿润条件下增施肥料对提高子粒产量的作用比在干旱条件下更大，而在干旱条件下增施肥料对提高子粒蛋白质含量的作用更大些。

在不同施肥量条件下，水分对子粒蛋白质含量的影响有一定差别。比如在高、中肥条件下，干旱处理的子粒蛋白质含量比湿润处理分别提高2.29个百分点和2.37个百分点，差异均极显著。但是在低肥条件下，干旱处理的子粒蛋白质含量比湿润处理仅提高0.1个百分点，差异甚小。表明水分只有在施肥量较高时，才能明显影响子粒蛋白质含量，在缺少肥料的条件下，水分对蛋白质含量影响甚微。

由于子粒蛋白质产量受子粒产量和蛋白质含量两项指标制约，而且子粒产量受肥水的影响比蛋白质含量大，只要肥水管理得当就可以增加产量，相应地提高蛋白质产量。因此，增加肥料和土壤水分都可以有效提高子粒产量和蛋白质产量，二者随水肥的变化是一致的。

一般认为在小麦生育期水分不足，产量下降，而子粒蛋白质含量却随之增加，但最终蛋白质产量仍然不高。而灌溉小麦，产量可大幅度增加，蛋白质含量却不增加或有所降低，最终蛋白质产量仍可大幅度增加。一般南方因多雨，比干旱的北方小麦品质差，水浇地小麦常比旱地小麦品质差。水分与营养元素特别是氮素共同对小麦品质起作用。在干旱地区，如果土壤肥力很差，尤其是氮素营养不足，产量下降，品质也不会好，而在旱肥地产量和品质都会有所提高。在水浇地上充足合理的氮素供应既可使产量提高，又可使品质不下降或有所提高。

总之，水分对小麦品质的影响是复杂的。一般情况下灌水增加子粒产量和蛋白质产量，而由于增加了子粒产量对蛋白质的稀释作用，使蛋白质含量有所下降。干旱在多数情况下会使蛋白质含量有所提高，却使子粒产量和蛋白质产量降低。在肥料充足的条件下或在干旱年份，适当灌水可以使产量和品质同步提高，具有同步效应。在较干旱时，肥料充足可使蛋白质含量提高，肥料不足时干旱或湿润都使蛋白质含量降低。

80. 什么是产量与品质的同步效应？怎样使产量和品质同步提高？

通过施肥和灌水，使产量和品质都增加或减少的效果，就是产量与品质的同步效应。增施氮肥可以提高子粒蛋白质和氨基酸含量，但也不是越多越好，其合理的施氮量常因品种、土壤肥力及其他栽培条件的差异而有很大不同。在一定的施氮量范围内，子粒产量和品质随施氮量增加而提高，这一施氮量范围称为产量和品质同步增长区；超过这个范围继续增施氮肥，出现子粒产量下降，而子粒蛋白质含量仍有增长，称为产量和品质异步徘徊区；再继续增施氮肥，产量和品质都有所降低，则称为产量和品质同步下降区。

在小麦拔节期以前（包括拔节期）追施氮肥，既可提高产量，又可增加子粒蛋白质含量，即产量和品质同步增长；在拔节期以后追肥，则主要是增加子粒蛋白质含量，对产量影响小于拔节期追肥，而且越往后期对产量的影响越小。可见为提高品质而追施氮肥，应注意适宜的施氮量和施氮时期，同时还应考虑子粒产量和蛋白质产量的协调问题。

81. 小麦叶面喷氮有什么作用？

小麦从苗期到蜡熟前都能吸收叶面喷施的氮素营养，但不同生育期所吸收的氮素对小麦有不同的影响。一般认为，小麦生长前期叶面喷氮有利分蘖，提高成穗率，增加穗数和穗粒数，从而提高产量，而在生长后期叶面喷氮则明显增加粒重，同时提高了子粒蛋白质含量，并能改善加工品质。

82. 不同时期喷氮对子粒蛋白质和赖氨酸含量有哪些作用?

从挑旗期开始分不同时期进行叶面喷氮，结果表明，各时期叶面喷氮均有提高子粒蛋白质含量的作用，各品种子粒蛋白质含量在子粒发育过程中的变化趋势仍以半仁期含量较高，以后逐渐下降，乳熟末期以后则又上升。因此，合理地进行叶面喷氮可以有效提高子粒蛋白质含量，但不改变各品种固有的蛋白质含量变化趋势。

在小麦生长后期的不同时期进行叶面喷氮，其提高子粒蛋白质含量的效果不尽相同。喷氮以后，在子粒发育的各个时期进行测定，其蛋白质含量均有所提高。在子粒完熟期测定，各喷氮处理间子粒蛋白质含量的高低顺序是乳熟中期、乳熟末期、半仁期、抽穗期、糊熟期、挑旗期及对照。其中以半仁期至乳熟末期喷氮的效果较好。表明在小麦生长后期喷氮较早期喷氮对提高子粒蛋白质含量更为有利，但也不是越晚越好。因为在乳熟期以后，叶片逐渐衰老，功能叶片也逐渐减少，吸收能力减弱，从而导致叶面喷氮效果降低。一般情况下，在灌浆前期进行叶面喷氮可使子粒蛋白质含量提高 0.5～1.5 个百分点。

从孕穗期到灌浆期叶面喷氮，都可使赖氨酸含量明显提高，其幅度为 0.03～0.08 个百分点，但灌浆期喷氮比孕穗期喷氮的效果好，这与对子粒蛋白质含量的影响效果相似。

83. 叶面喷氮用哪种肥料最好?

叶面喷氮用尿素和硫酸铵都可以，但很多试验表明在喷施总氮量相同的情况下，喷施尿素溶液比硫酸铵溶液对提高子粒蛋白质含量的作用更大。比如在有的试验中，喷施尿素溶液使子粒蛋白质含量提高 1.2～2.6 个百分点，喷施硫酸铵溶液使蛋白质含量提高 0.7～2.3 个百分点。同时，对赖氨酸含量的影响也表现为喷施尿素的效果更好。

84. 不同喷氮数量、次数和浓度对子粒蛋白质含量有什么影响?

在氮肥溶液浓度和喷施时期相同的情况下，对同一品种进行叶面喷施不同数量的氮素溶液，在一定范围内，其子粒蛋白质含量随喷氮数量的增加而提高，二者呈显著正相关。但是若就提高蛋白质含量和经济效益权衡考虑，则喷氮数量不宜过多，因每千克纯氮所提高的子粒蛋白质含量有随喷氮数量的增加而减少的趋势。

在喷肥的数量、次数、时期等条件相同时，不同的喷氮浓度处理均比对照显著地提高了子粒蛋白质含量，但各喷氮浓度处理间差异不显著。试验和实践表明，叶面喷氮的浓度一般以 2%为宜，浓度过大容易造成叶尖枯萎（烧叶）。

在实际应用中，喷氮浓度和数量不宜过大，应以不烧伤叶片为宜。一般可掌握在每亩用 0.5～1 千克尿素，对水25～50 千克均匀喷洒。

85. 不同土壤肥力条件下叶面喷氮效果有什么差异?

在土壤中磷、钾含量相同的条件下，子粒蛋白质含量随土壤中氮含量的增加而提高。叶面喷氮处理的子粒蛋白质含量比不喷氮的处理有极显著的提高。随着土壤含氮量的降低，叶面喷氮对增加子粒蛋白质含量的效果逐渐提高。

86. 不同水分状况下叶面喷氮效果有什么差别?

小麦生长期间的水分状况与产量、品质有密切关系。产量均随水分增多而提高，子粒蛋白质含量则因水分增加而有降低的趋势。在同样水分条件下，产量和品质均为“土壤施氮＋叶面施氮”的处理优于“土壤施氮”。在土壤水分适宜时，叶片吸收氮素的能力更强，所以在土壤湿润的条件下进行叶面喷氮效果更好。

87. 叶面喷氮对蛋白质组分和氨基酸含量有哪些影响?

叶面喷氮对球蛋白和谷蛋白的影响较大。生长后期叶面喷氮可明显提高球蛋白、谷蛋白和总蛋白的含量。

叶面施氮可以改变小麦子粒中氨基酸组分的含量。在小麦生长后期进行不同时期叶面喷氮处理对子粒中必需和非必需氨基酸含量及 17 种氨基酸总量都有不同程度的增加。其中以小麦子粒半仁至乳熟末期喷氮，其子粒中必需氨基酸含量提高较多；而乳熟中期喷氮，氨基酸总量（TA）、必需氨基酸（EA）和非必需氨基酸（NEA）的含量都增加最多。叶面喷氮可以使氨基酸总量提高 7%左右，非必需氨基酸提高 5%，而必需氨基酸提高的百分率最大，为 12%。

88. 叶面喷氮对小麦磨粉品质、面筋和沉降值有哪些调节效应?

小麦的磨粉品质也属于加工品质的范畴。磨粉品质包括出粉率、子粒硬度、面粉白度等主要指标，叶面喷氮的小麦出粉率较高，比对照提高 1.6 个百分点。从子粒硬度和面粉白度来看，叶面施氮处理也有提高磨粉品质的趋势。

小麦生育后期叶面喷氮能起到改善加工品质的作用，叶面喷氮可以极显著地提高湿面筋和干面筋含量，而且沉降值也有所提高。

89. 叶面喷氮对面团的理化特性有什么影响?

叶面喷氮对改善面团理化性状非常有效。叶面喷氮能显著提高面粉的吸水率，吸水率高的面粉做面包时加水多，既能提高单位重量面粉的出品率，也可做出质量优良的面包，而且面粉的吸水率与其他品质指标也有密切关系。叶面喷氮对面团形成时间、稳定时间和评价值都有显著的正向效应。

90. 对于不同类型的小麦从提高品质的角度如何进行氮肥运筹？

氮肥是对小麦品质影响最大的因素，合理施用氮肥可以有效地改善营养品质和加工品质。对于优质强筋和优质中筋小麦，以增加蛋白质和面筋含量，改善加工品质为目标的施氮技术，应在适宜群体的条件下，提高氮肥的投入水平，适当增加中后期肥料投入比例。一般在每亩 450～500 千克产量水平下，施纯氮 14～18 千克，底肥和追肥比例控制在 5∶5，追肥时期适当后移，分 2 次使用，第一次追拔节肥，在倒 2 叶露尖（雌雄蕊分化—药隔期）前后，施用量占一生总施氮量的 40%～45%；第二次追肥在开花期，施用量占一生总施氮量的 5%～10%。在基础肥力较高、每亩总施氮量 14～16 千克条件下，底肥和追肥比例以 4∶6 为宜。灌浆期可适当进行叶面喷氮，用 2%的尿素溶液均匀喷洒，注意在晴天下午 4 时以后喷洒为宜，以免酌伤叶片。

优质弱筋专用小麦肥料施用方法：在确保一定产量的前提下，严格控制氮肥的施用量，严格控制后期的肥料施用量。一般全生育期每亩施纯氮量 12～14 千克，底肥和追肥的比例为 7∶3，追肥在拔节前期施用，追肥量占全生育期施肥量的 30%，后期不再追肥。

91. 黄淮海小麦主要产区又可分为哪几个小麦产业带？

黄淮海地区为我国优势小麦产区，在这一产区中，又可根据不同生态条件划分为 3 个不同品质类型的小麦产业带。一是强筋优质专用小麦产业带，它以河北省中北部（包括京津地区）冬麦区为主。该产业带大致在北纬 38°～40°之间。该地区常年降水 500～600 毫米，其中小麦生育期间降水 150～200 毫米，抽穗—成熟期降水 50 毫米左右，尤其小麦生育后期干旱少雨，有利于子粒蛋白质积累和强筋力面筋的形成。二是强筋、中筋优质专用小麦产业带，它以河北省南部、河南省北部和山东省为主。该产业带大致在北纬 34.5°～38°之间。该地区常年降水500～800 毫米，其中小麦全生育期降水 200～250 毫米，抽穗—成熟期降水 50～70 毫米。该产业带土层深厚、土壤肥沃的地区可发展优质强筋小麦，其他地区发展优质中筋小麦。三是弱筋优质专用小麦产业带，以河南省南部和安徽省、江苏省的淮河流域为主。该产业带大致在北纬 32°～34.5°之间。该地区常年降水 600～1 000 毫米，其中小麦生育期降水 250～400 毫米，抽穗—成熟期降水 70～150 毫米。尤其在淮河流域小麦生育后期降水较多，不利于强筋力面筋的形成，而有利于生产弱筋优质专用小麦。该产业带兼顾弱筋和中筋小麦。

92. 在强筋优质专用小麦产业带有哪些保优调肥技术?

首先是基肥运筹，包括有机肥和化肥两种。有机肥养分全、肥效长，增施有机肥能够全面提高和改善土壤肥力和理化性状。鉴于当前土壤有机质含量普遍较低的状况，增施有机肥尤为重要，是提高有益微生物活性、促进作物矿物营养代谢和水分吸收利用的重要措施，也是改善品质、提高产量的基础。耕地前每亩施用优质有机肥 3 000～5 000 千克或优质腐熟圈肥 1 000 千克。实行保护性耕作栽培，大力推广秸秆还田，配合施用无机肥料，达到培肥地力和改良土壤的目的。

基施化肥的种类和数量要在测土基础上根据土壤养分情况确定，原则是磷、钾肥全部做基肥施入，氮肥基施数量以全生育期氮肥总施用量的 40%～50%为宜。一般地块参考基肥施用数量为：每亩施纯氮 7～9 千克，五氧化二磷 8～10 千克，氧化钾7～9 千克，硫酸锌 1～1.5 千克。在施入了大量优质有机肥的情况下，尽可能少用氮素化肥做基肥，以减轻地下水污染。当耕层土壤养分较低时，则应适当增加所缺乏营养元素的投入量；对土壤中含量丰富的元素，则可不施或降低施用数量，实现营养平衡，为小麦生长发育创造条件。

第二是追肥运筹。首先是重施拔节肥。具体运筹为拔节初期仍以控为主，春季肥水管理应适当推迟，以避免形成过大群体或植株偏高，而使穗、粒性状变劣。拔节期为春季肥水管理的重要时期，在小麦春生 5 叶至旗叶露尖前后（穗分化期在雌雄蕊分化—药隔形成期），重施肥水，促穗增粒。一般可掌握在小麦计划总施氮量的40%～50%，具体可根据土壤肥力、底肥情况和苗情而定。推荐施肥量为每亩施尿素15～20千克（纯氮6.9～9.2千克）。其次轻补开花灌浆肥。开花灌浆初期，可随灌水每亩追施尿素3～5千克，以促进灌浆和提高子粒蛋白质含量。

第三为叶面追肥。叶面喷肥不仅可以弥补根系吸收作用的不足，及时满足小麦生长发育所需的养分，而且可以改善田间小气候，减少干热风的危害，增强叶片功能，延缓衰老，提高灌浆速率，增加粒重，提高小麦产量，同时可以明显改善小麦子粒品质，提高粒重，延长面团稳定时间。叶面追肥的最佳施用期为小麦抽穗期至子粒灌浆期，叶面施肥提倡使用磷酸二氢钾或尿素溶液，每亩用1千克对水40～50千克均匀喷洒。同时注意最好在晴天下午4时以后喷洒，以免烧伤叶片，有利于叶片吸收营养。

93. 在强筋、中筋优质专用小麦产业带有哪些保优调肥技术？

基肥运筹中有机肥的施用应在耕地前每亩施用优质有机肥3 000～5 000千克或优质腐熟圈肥1 000千克。实行保护性耕作栽培，大力推广秸秆还田。

基施化肥的种类和数量要在测土基础上根据土壤养分情况确定，原则上磷、钾肥全部做基肥施入，氮肥基施数量以全生育期氮肥总施用量的40%～50%为宜。一般地块推荐基肥施用数量为：每亩施纯氮6～9千克，五氧化二磷8～10千克，氧化钾7～9千克，硫酸锌1～1.5千克。优质强筋小麦可掌握在施肥量的上限。

拔节初期仍以控为主，春季肥水后移，以避免形成过大群体或植株偏高，而使穗、粒性状变劣。拔节期为春季肥水管理的重要时期，在小麦春生5叶至旗叶露尖前后（穗分化期在雌雄蕊分化—药隔形成期），重施肥水，促穗增粒。一般可掌握在小麦计划总施氮量的40%～50%，具体可根据土壤肥力、底肥情况和苗情而定。推荐施肥量为每亩施尿素15～20千克（纯氮6.9～9.2千克，强筋小麦可采用上限）。

开花灌浆初期，每亩可随灌水追施尿素2～3千克，以促进灌浆和提高子粒蛋白质含量。优质强筋小麦可采用推荐施肥量的高限，优质中筋小麦可采用推荐施肥量的下限，各地还需根据地力和苗情灵活掌握。

叶面施肥提倡使用磷酸二氢钾或尿素溶液，每亩用1千克对水40～50千克均匀喷洒。

94. 在弱筋优质专用小麦产业带有哪些保优调肥技术?

弱筋优质专用小麦产业带主要为稻茬麦或套播麦，多采用少（免）耕作业，可采用优质有机肥作基肥或覆盖肥。

基施化肥的种类和数量要在测土基础上根据土壤养分情况确定，原则上磷、钾肥全部做基肥施入，氮肥基施数量以全生育期氮肥总施用量的70%为宜（基肥和追肥比例为7∶3)。一般地块推荐基肥施用数量为每亩施纯氮8.4～9.8千克，五氧化二磷7～8千克，氧化钾7～8千克。

优质弱筋小麦追肥的突出特点是不能过晚，一般在起身—拔节初期进行追肥，追肥可掌握在小麦计划总施氮量的30%左右。推荐施肥量为每亩施尿素7.8～9.1千克（折合纯氮3.6～4.2千克)，严格控制后期追肥。

此外，在不同小麦产业带的生产中，均需注意合理灌水和病虫草害综合防治，以及适时收获，防止穗发芽，并注意单收、单打、单贮，防止机械混杂，保证其优质专用品质。

三、小麦高产优质实用栽培技术

95. 什么是小麦叶龄指标促控法?

小麦叶龄指标促控法是张锦熙等人多年研究的成果（曾获国家科技进步二等奖），并通过全国多省、自治区、直辖市示范推广，取得显著增产效果。该技术从小麦生长发育规律研究入手，深入剖析了小麦植株各器官的建成及其相互间的关系，自然环境条件和栽培管理措施对小麦生长发育、形态特征、生理特征、物质生产和产量形成的影响，以小麦器官同伸规律为理论基础，以叶龄余数作为鉴定穗分化和器官建成进程，以及运筹促控措施的外部形态指标，以不同叶龄肥水的综合效应和三种株型模式为依据，以双马鞍形（W）和单马鞍形（V）两套促控方法（图 19、图 20）为基本措施的规范化实用栽培技术。

(1) 双马鞍形促控法　此法又称三促二控法，适用于中下等肥力水平或土壤结构性差、保肥保水力弱、群体小、麦苗长势不壮的麦田。关键措施是：一促冬前壮苗。根据土壤肥力基础和产量指标，按照平衡施肥的原理，测土配方施足底肥，包括有机肥和化肥，确定适当播期和播量，选择适用良种保证整地和播种质量，足墒下种，争取麦苗齐、全、匀、壮，并有适当群体。各地情况不一，但都应力争实现冬前壮苗，并适当浇好越冬水，确保小麦安全越冬。一控是在越冬至返青初期，控制肥水实行蹲苗。一般是在春生 1 叶露尖前，不浇水不追肥，冬季及早春进行中耕镇压，保墒提高地温，防止冻害。二促返青早发稳长，促蘖增穗。在春生 1～2

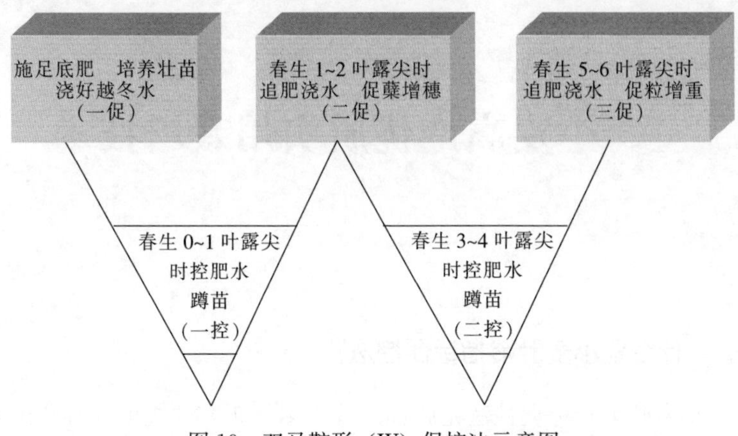

图19　双马鞍形（W）促控法示意图

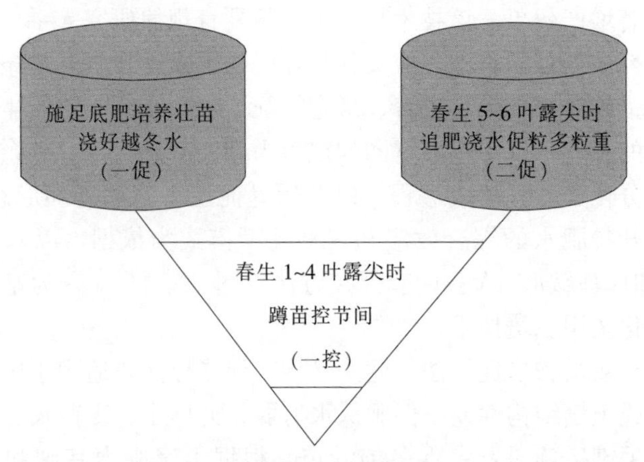

图20　单马鞍形（V）促控法示意图

叶露尖时浇水追肥，促进分蘖，保证适宜群体，以增加成穗数，浇水后适当中耕，促苗早发快长。二控是在春生3～4叶露尖时，控制肥水，再次蹲苗，控制基部节间过长，健株壮秆，防止倒伏。三促穗大粒多粒重，在春生5～6叶露尖时，追肥浇水，巩固大蘖成穗，促进小麦发育，形成壮秆大穗，增加穗粒数，争取穗粒重。同时注意及时防治病虫草害，确保植株正常生长，实现稳产高产。

（2）单马鞍形促控法 此法又称二促一控法，适用于中等以上肥力水平、群体合理、长势健壮的麦田。关键措施是：一促冬前壮苗。根据不同的土壤肥力基础和产量目标，确定相应的施肥水平，适当增施有机肥和化肥，要求整地精细，底墒充足，播种适期适量，保证质量，力争蘖足苗壮。不同生态区的壮苗标准不同，但都应在达到当地壮苗标准时实行此管理方法，并适时浇好冬水，保苗安全越冬。一控是在返青至春生4叶露尖时控制肥水，蹲苗控长，稳住群体，控叶蹲节，防止倒伏。主要管理措施以中耕松土为主，群体过大的麦田可适当镇压，或在起身期采取化学调控手段，适当喷施矮壮素、多效唑、壮丰安等植物生长延缓剂，以缩短节间长度，降低株高，壮秆防倒。二促穗大粒多粒重。在春生5～6叶露尖时肥水促进，巩固大蘖成穗，增加粒数和粒重。其他管理同常规措施。

96. 什么是小麦沟播集中施肥技术？

小麦沟播集中施肥技术是张锦熙等人针对我国北方广大中低产麦区的旱、薄、盐碱地多，产量低而不稳的实际情况，在总结借鉴国内外传统经验的基础上，研究小麦沟播集中施肥的生态效应，对小麦生长发育、产量结构的影响和增产效应，经多年研究提出的一项综合实用技术，并相应研制了侧深位施肥沟播机，促进了该技术的示范推广。小麦沟播集中施肥技术增产的关键是由于改善了小麦的生育条件，旱地小麦深开沟浅覆土可借墒播种，把表层干土翻到埂上，种子播在墒情较好的底层沟内，有利出苗，并可促进根系生长。盐碱地采用沟播可躲盐巧种，使表层含盐高的土壤翻到埂上，提高出苗率。易遭冻害地区的小麦，沟播可降低分蘖节在土壤中的位置，平抑地温，减轻冻害死苗，各类型的土壤由于采用沟播，均能使相应的土壤含水量增加，有利小麦出苗和生长。冬季由于沟播田埂起伏可减轻寒风侵袭，防止或减轻冻害，遇雪可增加沟内积雪，有利小麦安全越冬。春季遇雨能减少地面径流，防止地表冲刷，并能使沟内积纳雨水，增加土壤墒情，有利小麦生长发育。侧深位集中施肥可以防止肥料烧苗，提高肥效。该技术在晋、冀、鲁、豫、陕、京、津等省、直辖市示范推广，取得显著增产效果。表明小麦沟播集中施肥技术是一项经济有效的抗逆、增产、稳产措施。

小麦沟播集中施肥技术具体要求是：沟宽40厘米，每沟播2行，平均行距20厘米。肥料施在种子侧下方5厘米。使用小麦沟播机可使开沟、播种、施肥、覆土、镇压多项作业一次完成（图21）。

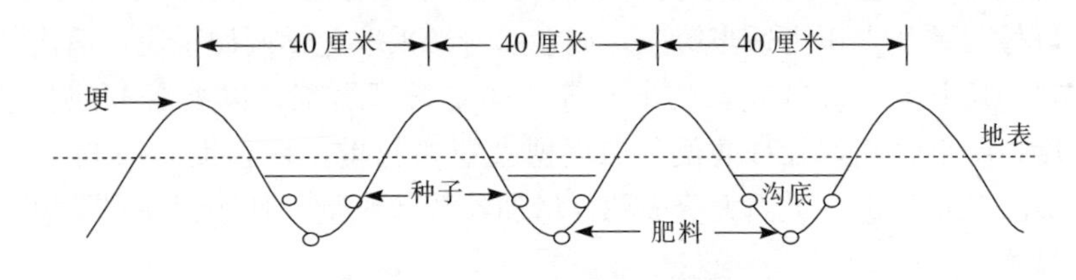

图21　小麦沟播集中施肥示意图

97. 什么是小麦全生育期地膜覆盖穴播栽培技术?

该技术是甘肃省农业科学院粮食作物研究所开发的抗旱节水增产技术，并相应研制了小麦机械覆膜播种机，加速了该技术的推广应用，目前该技术将传统的条播—盖膜—揭膜改为盖膜穴播用机械一次完成，全生育期不再揭膜，从而使节水、抗旱、增产效果更为明显，成为我国北方干旱半干旱地区以及雨养农业或灌溉水资源缺乏地区实现小麦抗逆稳产的实用栽培技术。具体操作：机械起埂覆膜，埂高15～20厘米，有浇水条件的埂面1.4米，穴播7～8行，行距20厘米，穴距11厘米左右，每穴播种12粒左右，每亩播种40万粒左右，旱地埂面0.8米，穴播4～5行，穴距11厘米，每穴播种10粒左右，每亩播种35万粒左右（图22）。埂面宽度和播种行数还可根据当地情况自行调整，每穴粒数也可根据土壤肥力情况和品种分蘖力进行调节，土壤肥力好、品种分蘖多的可适当减少每穴粒数。河北省农业技术推广总站在引进该技术时，对覆膜穴播机进行改进，在膜侧沟内条播 1 行小麦，更合理地利用了穴间，取得较好的增产效果。

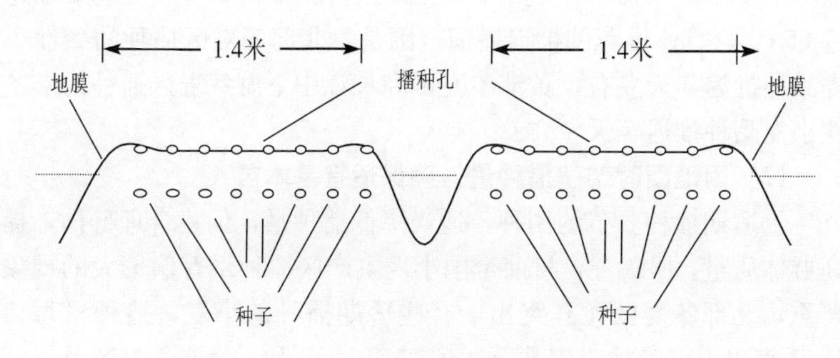

图 22　地膜覆盖穴播示意图

98. 什么是冬小麦高产高效应变栽培技术?

根据多年试验研究和小麦生产实践，结合近年来全球气候变暖的实际情况，研究提出冬小麦以“二调二省”为核心内容的高产高效应变栽培技术。

二调：调整播期，调整播种量

(1) 因地制宜，调整播期　近几年来冬小麦播种后到越冬前气温持续偏高，冬前积温比常年同期高 100℃左右。过高的冬前积温，对于不同播期和不同生态区的小麦产生的影响不尽相同。对于黄淮冬麦区及长江下游冬麦区播种偏早的小麦可能形成麦苗过旺。据 2006 年调查，部分早播麦田冬前苗高达 50 厘米以上，少数麦田出现冬前拔节现象，穗分化进程过快，个别麦苗越冬前达到小花分化期。北部冬麦区部分播种过早的麦田出现冬前群体过大现象，个别麦田冬前总茎数达到每亩 150 万以上。

由于温度高，少数早播麦田生长量过大，冬前出现封垄，部分地块出现苗倒伏。生长过旺的麦田，麦苗素质差，抗寒能力明显降低，翌年早春遇冻害或突然发生的低温天气，造成大量死苗、死茎或小穗发育不全，给小麦生产造成严重损失，少数麦田可能造成毁种绝收。

根据全球变暖的大气候条件和我国小麦主产区连续暖冬的实际情况，各地的小麦播种期应在传统的适播期范围推迟1周左右，以确保小麦冬前（播种至越冬）积温控制在550～600℃，最高不超过650℃。具体推荐的推迟播期范围是：北部冬麦区播种的冬性小麦品种推迟5天左右，黄淮冬麦区和长江中下游冬麦区播种的半冬性小麦品种推迟7天左右。

（2）因地因时调整播种量，确保适宜基本苗

①适期播种要节约用种，适当降低播种量，创建合理群体，提高群体质量。据调查，目前全国小麦主产区播种量普遍偏大的现象严重，北部冬麦区尤其突出，有些适期播种的小麦，播种量每亩15千克以上，晚播小麦甚至达到25千克以上。黄淮冬麦区及长江下游麦区有些适期播种的小麦，播种量达到10千克以上。播种量偏大的直接后果一是浪费种子，增加成本；二是造成群体过大，个体发育不良，田间郁闭，容易发生病虫害，后期光合作用不良，茎秆细弱，容易倒伏，造成减产。

因此，建议在现有播种量的基础上，黄淮及长江下游冬麦区每亩降低播种量1～3千克，北部冬麦区每亩播种量降低2～4千克，以控制合理群体，发挥个体优势，提高群体质量，充分利用小麦优势蘖成穗。

小麦的播种量应以基本苗为标准来确定，具体应根据小麦的千粒重、发芽率、田间出苗率等因素计算。一般要求黄淮冬麦区南部的半冬性品种基本苗控制在每亩10万～12万，分蘖力较低的弱春性或春性品种可适当增加；中部（以半冬性品种为主）可控制在每亩12万左右；北部（半冬性品种）可控制在每亩12万～15万；北部冬麦区的南部高产田（半冬性—冬性品种）可控制在每亩12万～18万，中部高产田（冬性品种）控制在每亩15万～20万，北部高产田（冬性品种）控制在每亩20万～25万。

②过晚播种要适当增加播种量。过晚播种指冬前积温低于500℃，冬前总叶片少于5叶的情况下，要根据实际播期、品种分蘖特性等因素，在适宜播种量的基础上，冬前积温每减少15℃，

每亩增加1万基本苗，以确保有足够的成穗群体。

二省：省水，省肥

（1）省水：推迟春季灌水时期，重点节省返青水 应根据土壤墒情和冬前降水情况，确定是否灌越冬水。墒情好、播种晚的麦田，节省越冬水。根据小麦生长发育规律和需水关键时期的需要，提倡推迟春季灌水时期，节省返青水。据调查，现在有些麦田春季浇水偏早，既浪费水，又对小麦生长不利。早春小麦生长的主要限制因素是温度，对于已灌底墒水和越冬水、土壤墒情较好的麦田，早春管理的主要目标是提高地温，促苗早发，控苗壮长。将春季第一次肥水管理推迟到拔节期（春生5叶露尖前后）进行。

（2）省肥：合理运筹施肥，降低施用量 根据小麦生长发育的需要和高产优质的要求合理用肥是当前应注意的重要问题之一。目前小麦主产区的有机肥用量普遍偏少或基本没有，小麦生产主要靠化肥。“肥大水勤，不用问人”的传统观念依然存在，不少地区小麦生产中化肥用量过多，有些人简单地认为施肥越多产量越高。

笔者在农村调查时发现有的麦田每亩施氮素25～30千克，缺乏合理施肥的知识，造成严重浪费。底肥和追肥比例不协调的现象也普遍存在，不少中强筋小麦底施氮肥占全生育期施氮肥总量的70%以上，造成小麦苗期肥料过剩，后期肥力不足。因此，建议各类中高产麦田一般在现有施肥基础上每亩减少氮素施用量1～3千克，推荐施肥量为中强筋中高产田小麦全生育期每亩施氮素14～16千克，高产麦田16～18千克，五氧化二磷和氧化钾各6～8千克。底施氮肥和追施的比例为5∶5或4∶6，追肥时期掌握在拔节期。磷、钾肥可全部底施。弱筋中高产麦田小麦全生育期每亩施氮素12～15千克，底、追比例为7∶3，五氧化二磷和氧化钾各5～7千克。磷、钾肥可全部底施，也可以留1/3做追肥。

本技术体系中还要注意“三防”，即适时防病虫、防草害、防倒伏。

99. 什么是小麦优势蘖利用超高产栽培技术?

该技术是国家“九五”重中之重科技攻关项目“小麦超高产形态生理指标与配套技术体系研究”的成果之一（2000年获河南省科技进步二等奖，2005年获全国农牧渔业丰收奖二等奖），由中国农业科学院作物科学研究所等单位经多年试验研究，并借鉴前人的研究成果，优化集成组装的以小麦优势蘖利用为核心的“三优二促一控一稳”超高产栽培技术。

三优：

(1) 优良超高产品种选用　根据在豫、鲁、冀、苏等高产麦区多年多点试验及生产实践，确定超高产小麦的应用品种指标为具有超高产潜力（产量潜力在每亩600千克以上）、矮秆（株高在80厘米左右）、抗逆（抗病，抗倒）和产量结构协调（每亩成穗40万～50万，穗粒数33～36粒，千粒重40～50克）。

(2) 优势蘖组的合理利用　根据超高产小麦主茎和分蘖的生长发育形态生理指标和产量形成功能的差异，提出优势蘖组的概念和指标，即在利用多穗型品种进行超高产栽培中，主要利用主茎和1级分蘖的1、2、3蘖成穗，在每亩基本苗12万左右时，单株成穗4个左右，即充分利用优势蘖的苗蘖穗结构。

(3) 优化群体动态结构和群体质量　根据对超高产小麦群体结构和群体质量的研究，提出优化群体动态结构指标为：每亩基本苗10万～12万，冬前总茎数70万～80万，春季最高总茎数90万～110万，成穗数40万～50万。优化群体质量主要指标为：最高叶面积系数7～8，开花期有效叶面积率在90%以上，高效叶面积率70%～75%，开花至成熟期每亩干物质积累量在500千克左右，收获期每亩群体总干物质在1 350千克以上，花后干物质积累量占子粒产量的比例在80%左右。

二促：

(1) 一促冬前壮苗　根据多年多点对超高产麦田土壤养分测定分析，提出应培肥地力，使之有机质含量达到1.2%～1.5%，全氮含量在0.1%左右，速效氮、磷、钾含量分别达到90毫克/千克、25毫克/千克、120毫克/千克左右，锌、硼有效态含量分别在2毫克/千克、0.5毫克/千克左右。根据超高产小麦对多种营养元素吸收利用的特点，提出在上述地力指标的基础上，施足底肥，每亩施纯氮8～10千克，五氧化二磷9～11千克，氧化钾8～10千克，锌、硼肥各1千克左右，实现冬前一促，保证冬前壮苗和底肥春用。

(2) 二促穗大、粒多、粒重 第二促即在拔节后期（雌雄蕊分化至药隔期）重施肥水促进穗大、粒多、粒重。一般每亩施纯氮8～9千克。其施肥策略是根据超高产小麦形态生理指标确定氮肥的合理运筹，即为促进冬前分蘖和保证早春壮长，底施氮肥应占计划总施氮量的40%～50%，雌雄蕊分化期是小麦生长发育需氮高峰和管理的关键期，随灌水施入计划总施氮量的40%～50%，扬花期施入计划总施氮量的5%左右。

一控：根据超高产小麦的吸氮特点和生长发育特性及超高产栽培的要求，在返青至起身期严格控制肥、水，控制旺长，控制无效分蘖，调节合理群体动态结构，使植株健壮，基节缩短，防止倒伏。

一稳：根据超高产小麦生育中后期生长发育特点，后期管理以稳为主，适当施好开花肥、水，一般可每亩追施2千克左右氮素，或结合一喷三防进行叶面喷肥，促粒大粒饱，提高粒重，同时做好防病治虫，保证生育后期稳健生长，防止叶片早衰，确保正常成熟。

在这一体系中还体现了节水栽培的内容，即播前保证足墒下种，具体操作视墒情决定是否浇底墒水。冬前看天气及墒情和苗情决定是否浇冻水，节省返青水，推迟春水，浇好拔节水和开花水，全生育期重点浇好3水，即底墒水或越冬水、拔节水和开花灌浆水，比过去的一般高产田节约1～2水。

100. 什么是小麦精播高产栽培技术?

冬小麦精播高产栽培技术是余松烈等人研究完成的重大科技成

果（1992年获国家科技进步二等奖）。由于该技术较好地解决了小麦中产变高产过程中高产与倒伏的矛盾，突破了冬小麦单产每亩400千克左右徘徊不前的局面，使单产提高到500千克以上，因此对我国黄淮及类似生态区的小麦生产具有普遍的指导意义和应用价值。

所谓精播高产栽培技术，是以降低基本苗、培育壮苗、充分依靠分蘖成穗构成合理群体为核心的一整套高产、稳产、低消耗的栽培技术体系。该技术的突出特点是：个体健壮、群体动态结构合理、中后期绿色器官衰老缓慢、光合效率高、肥水消耗少。其基本内容是：在麦田肥水条件较好的基础上，选择增产潜力大，分蘖、成穗率均较高的良种，适时早播，逐步降低基本苗至每亩6万～12万(生产中一般采用7万～10万)；通过提高整地及播种质量，培育壮苗；通过扩大行距和促控相结合的肥水等技术措施，保证群体始终沿着合理的方向发展，以改善拔节后群体内光照和通风条件，充分发挥个体的增产潜力，使植株根系发达、个体健壮、穗大粒多、高产不倒。

其栽培技术要点是：

（1）培肥地力 实行精播高产栽培，必须以较高的土壤肥力和良好的土、肥、水条件为基础。实践证明，凡是小麦生产水平达到每亩产量350千克以上的地块，耕层土壤养分含量一般达到下列指标：有机质1.22%±0.14%、全氮0.08%±0.008%，水解氮47.5±14毫克/千克，速效磷29.8±14.9毫克/千克，速效钾91±25毫克/千克。这样的地块实行精播，均可获得每亩500～600千克小麦产量。

（2）选用良种 试验证明，不同品种实行精播的配套技术与增产效果是不相同的。选用单株生产力高、抗倒伏、大穗大粒、株型紧凑、光合能力强、经济系数高、早熟、落黄好、抗病、抗逆性好的良种，有利于精播高产栽培。

（3）培育壮苗 培育壮苗，建立合理群体动态结构是精播栽培技术的基本环节。培育壮苗，促进个体健壮，除控制基本苗数外，还要采用一系列措施：

①施足底肥。底肥以农家肥为主，化肥为辅，重施磷肥，氮、磷、钾肥配合，分层施肥，以不断培肥地力，满足小麦各生育时期对养分的需要。在一般情况下，每亩施优质有机肥2 000～3 000千克，纯氮7～8千克、五氧化二磷7～8千克和氧化钾5～6千克作底肥。当土壤0～20厘米土层内速效磷含量在5毫克/千克或10毫克/千克以下时，植株对当季施用的磷肥利用率较高。底施磷肥和拔节以前追施磷肥，增产效果显著。但在同样施磷量条件下，追施效果不如底施效果，晚追不如早追。在土壤缺磷，没有底施磷肥或施磷肥不足的情况下，应尽早追施磷肥，最好在冬前追施，或返青期追施，并以氮、磷混合追施，氮、磷比例以1∶（1～1.5）为宜。对缺乏锌、钼、锰、硼等微量元素的土壤，应根据缺素情况，在底肥中适当添加微肥。

②提高整地质量。适当加深耕层，破除犁底层，加深活土层。整地要求地面平整、明暗坷垃少而小，土壤上松下实，促进根系发育。

③坚持足墒播种，提高播种质量。在保墒或造墒的基础上，选用粒大饱满、生活力强、发芽率高的良种。实行机播，要求下种均匀，深浅一致，适当浅播，播种深度3～5厘米，行距23～30厘米，等行距或大小行播种，确保播种质量。

④适期播种。在适期播种范围内，争取早播。一般适宜的播种期应定在日平均气温16～18℃，要求从播种到越冬开始，有0℃以上积温580～700℃为宜。

⑤播种量适宜。播种量应该是以保证实现一定数量的每亩基本苗数、冬前分蘖数、年后最大分蘖数以及穗数为原则。精播的播种量要求实现的基本苗数为每亩6万～12万。

（4）合理的群体结构 精播的合理群体结构动态指标是：每亩基本苗6万～12万，冬前总分蘖数50万～60万，年后最大总分蘖数（包括主茎）60万～70万，最大不超过80万，成穗40万左右，不超过45万，多穗型品种可达50万左右。叶面积系数冬前1左右，起身期2.5～3，挑旗期6～7，开花、灌浆期4～5。

欲创建一个合理的群体结构，除上述培育壮苗措施之外，还应采取以下措施：

①及时间苗、疏苗、移栽补苗。基本苗较多、播种质量较差的，麦苗分布不够均匀，疙瘩苗较多，必须十分重视在植株开始分蘖前后进行间苗、疏苗、匀苗，以培育壮苗。这是一项重要的增产措施。

②控制多余分蘖。为了防止群体过大，必须调节群体，控制多余的有效分蘖和无效分蘖，促进个体健壮，根系发达。精播麦田，当冬前总分蘖数达到预期指标后，即可进行深耘锄。耘后耧平、压实或浇水，防止透风冻害。也可使用壮丰安等进行化控。

返青后如群体过大、冬前没有进行过深耘锄的，亦可进行深耘锄，以控制过多分蘖增生，促进个体健壮。深耘锄对植株根系有断老根、长新根、深扎根、促进根系发育的作用，对植株地上部有先控后促的作用。控制新生分蘖形成和中小蘖生长，促使早日衰亡，防止群体过大，改善群体内光照条件，有利大蘖生长发育，提高成穗率，促进穗大粒多，增产显著。

③重施起身或拔节肥水。精播麦田，一般冬前、返青不追肥，而重施起身肥或拔节肥。麦田群体适中或偏小的重施起身肥水，群体偏大重施拔节肥水。追肥以氮肥为主，每亩施尿素20千克左右，开沟追施。如缺磷、缺钾，也要配合追施磷、钾肥。这次肥水能促进分蘖成穗，提高成穗率，促进穗大粒多，是一次关键的肥水。

早春返青期间主要是划锄，以松土、保墒、提高地温，不浇返青水，于起身或拔节期追肥后浇水，浇水后要及时划锄保墒。要重视挑旗水，浇好扬花和灌浆水。研究证明，在精播条件下，从挑旗到扬花，1米深土层保持田间持水量的70%～75%，子粒形成期间60%～70%，灌浆期50%～60%，成熟期间降到40%～50%，这是精播高产栽培小麦拔节以后高效低耗水分管理的指标。在上述指标范围内，气温高、日照充足、大气湿度小，应取高限，反之，则取低限。

（5）预防和消灭病虫及杂草危害 在精播高产栽培条件下，小麦植株个体比较健壮，有一定程度的抗病能力，但仍须十分注意防治工作，认真贯彻“预防为主，综合防治”的方针，对各地常年易发病虫害，做好病虫测报，及时准确地进行防治，保证小麦生育期间无病、虫、草害发生。

根据我国目前的生产现状，某些地区由于条件（如土壤肥力、肥水条件、技术水平）的限制，还不能实行精播的，可采用“半精播”栽培技术。主要是适当提高基本苗，每亩13万～16万，其他可参考精播栽培技术，在管理上要特别重视防止群体过大，既要保证单位面积穗数，又要促进个体健壮。要十分重视培养地力，改善生产条件，逐步创造条件实行精播。

101. 什么是小麦独秆栽培技术?

为了解决晚播小麦晚熟低产的问题，山东烟台市福山区农业技术推广站和烟台市农业技术推广站经过多年的试验研究，于20世纪80年代初期总结出一套较完整的冬小麦晚播丰产简化栽培技术，即独秆栽培法。实践证明，此项技术是晚播冬小麦创高产的一条重要途径，较好地解决了实行一年两作光热资源相对不足地区小麦、玉米等一年两作双高产的矛盾。

独秆栽培法是在播种期、播种量和肥水管理等方面与传统栽培法不同的一种丰产栽培途径。它的主要内容是在冬前积温550℃左右时（山东省为10月中下旬）播种，较大幅度地增加基本苗，底肥重施磷、轻施氮，春季严格蹲苗，拔节后肥水齐攻，以协调群体与个体的关系，发挥主茎成穗和总穗数多的优势，获得高产。

独秆栽培法虽然简化了小麦栽培管理，但不是简单粗放种植，而是要求在具有水浇条件的中等以上土壤肥力的基础上抓好精细整地，施足基肥，适期播种，足墒下种，保证密度，全面提高播种质量。应突出掌握以下几点：

（1）播种期 不同的栽培方法有其不同的适宜播种期。根据试验和生产实践经验，独秆麦在日平均气温12～16℃（冬前积温

250～550℃）播种都可以获得较高的产量。

（2）播种密度　独秆栽培小麦靠种子保苗，靠苗保穗，它要求基本苗相当于或略低于该栽培法适宜的成穗数。据多年试验和生产实践证明，如烟农15多穗型品种适宜的成穗数每亩为60万～65万（常规栽培为50万～55万），其适宜的基本苗为55万～60万；而鲁麦7号中穗型品种，适宜的成穗数为45万～50万，其适宜的基本苗为40万～45万。

播种量和播种期应适当配合，一般在冬前积温550℃左右时播种，基本苗和成穗数的比例为0.8∶1；冬前积温350～480℃时，苗穗比为0.9∶1；冬前积温350℃以下时，苗穗比为1∶1。

（3）施肥　独秆栽培技术的施肥方法与常规栽培技术有很大不同，其特点：要求底肥增施有机肥料，一般每亩施有机肥3 000千克以上，重施磷肥，一般施五氧化二磷7～10.5千克；全生育期的施氮量，中产田一般施纯氮每亩12千克左右，高产麦田施14千克左右；土壤含氮量高的地块可不施氮素化肥作底肥，含氮量一般的以总施氮量的30%作底肥；翌年春季严格进行蹲苗，至拔节到挑旗期（一般以旗叶露尖效果最好）进行分类追肥；一般土壤肥力高、苗情好的可到旗叶露尖时再追肥；对土壤肥力较差、缺肥重的可在拔节期（即第一节间露出地面1.5厘米左右）进行追肥。

（4）浇水　控制浇水的时间和浇水次数是独秆栽培成败的关键。独秆麦因播种晚，冬前生长量小，对土壤水分消耗少，所以在足墒播种的条件下，一般不浇冬水和返青水。至于起身水，只要0～20厘米土壤含水量不低于田间持水量的60%，春后第一水可坚持到拔节至旗叶露尖时结合追肥浇水，在开花至灌浆期浇第二水，一般全生育期浇二至三水即可满足小麦对水分的需要。如遇特别干旱年份可酌情增加浇水次数。

102. 什么是晚茬麦栽培技术？

我国种植晚茬小麦有着悠久的历史，但产量很低。随着耕作制度的改革和复种指数的提高，晚茬小麦面积逐年扩大。这些晚播的小麦由于种得晚，冬前积温不足，造成苗小、苗弱，根系发育差，成穗少，产量低而不稳。

根据晚茬麦冬前积温少、根少、叶少、叶小、苗小、苗弱、春季发育进程快等特点，要保证晚茬麦高产稳产，在措施上必须坚持以增施肥料、选用适于晚播早熟的小麦良种和加大播种量为重点的综合栽培技术。重点抓好以下五项措施（即“四补一促”栽培技术）：

(1) 增施肥料，以肥补晚 由于晚茬麦冬前苗小、苗弱、根少，没有分蘖或分蘖很少以及春季起身后生长发育速度快，幼穗分化时间短等特点，必须对晚播小麦加大施肥量，以补充土壤中有效态养分的不足，促进小麦多分蘖，多成穗，成大穗，夺高产。

晚茬麦的施肥方法要坚持以基肥为主，以有机肥为主，化肥为辅的施肥原则。根据土壤肥力和产量要求，做到因土施肥，合理搭配。一般亩产250～300千克的麦田，每亩基施有机肥3 000千克，尿素15千克，过磷酸钙50千克为宜，种肥尿素2.5千克或硫酸铵5千克；亩产350～400千克的晚茬麦，可每亩基施有机肥3 500～4 000千克，尿素20千克，过磷酸钙40～50千克，种肥尿素2.5千克或硫酸铵5千克，要注意肥、种分用，防止烧种。

(2) 选用良种，以种补晚 实践证明，晚茬麦种植早熟半冬性、偏春性和春性品种阶段发育进程较快，营养生长时间较短，容易形成大穗，灌浆强度较大，达到粒多、粒重、早熟、丰产，这与晚茬麦的生育特点基本吻合。

(3) 加大播种量，以密补晚 晚茬麦由于播种晚，冬前积温不足，难以分蘖，春生蘖虽然成穗率高，但单株分蘖显著减少，用常规播种量必然造成穗数不足，影响单产提高。因此，加大播种量，依靠主茎成穗是晚茬麦增产的关键。播期越迟，播量越大。

(4) 提高整地播种质量，以好补晚

①早腾茬，抢时早播。晚茬麦冬前早春苗小、苗弱的主要原因是积温不足，因此早腾茬、抢时间是争取有效积温、夺取高产的一

项十分重要的措施。在不影响秋季作物产量的情况下，尽力做到早腾茬、早整地、早播种，加快播种进度，减少积温的损失，争取小麦带蘖越冬。为使前茬作物早腾茬，对晚收作物可采取麦田套种或大苗套栽的办法，以促进早熟早收，为小麦早播种奠定基础。

②精细整地，足墒下种。精细整地不但能给小麦创造一个适宜的生长发育环境，而且还可以消灭杂草，预防小麦黄矮病和丛矮病等。前茬作物收获后，应抓紧时间深耕细耙，精细整平，对墒情不足的地块要整畦灌水，造足底墒，使土壤沉实，严防土壤透风失墒，力争小麦一播全苗。如时间过晚，也可采取浅耕灭茬播种或者串沟播种，以利于早出苗、早发育。

足墒下种是小麦全苗、匀苗、壮苗的关键环节，保全苗安全越冬对晚茬麦尤为重要。在播种晚、湿度低的条件下，种子发芽率低，出苗慢，如有缺苗断垄，补种也很困难，只有足墒播种才能获得足苗足穗、稳产高产的主动权。晚茬麦播种适宜的土壤湿度为田间持水量的70%～80%。如果低于70%就会出苗不齐，缺苗断垄，影响小麦产量。为确保足墒下种，最好在前茬作物收获前带茬浇水，并及时中耕保墒，也可在前茬收后抓紧造墒，及时耕耙保墒播种。如果为了抢时早播也可播后浇蒙头水，待适墒时及时松土保墒，助苗出土。

③宽幅播种，适当浅播。采用复播技术可以加宽播幅，使种子分布均匀，减少疙瘩苗和缺苗断垄，有利于个体发育。重复播种的方法是用播种机或耧往返播两次，第一次播种子量的60%～70%，第二次播种子量的30%～40%。在足墒的前提下，适当浅播，可以充分利用前期积温，减少种子养分消耗，以促进晚茬麦早出苗，多发根，早生长，早分蘖。一般播种深度以3～4厘米为宜。

④浸种催芽。为使晚茬麦早出苗，播种前用20～30℃的温水浸种5～6小时后，捞出晾干播种，也可提早出苗2～3天。

(5) 科学管理，促壮苗，多成穗

①镇压划锄，促苗健壮生长。根据晚茬麦的生育特点，返青期促小麦早发快长的关键是温度，镇压划锄不仅可以增湿保墒，而且

可以防盐保苗，从而促进根系发育，培育壮苗，增加分蘖。

②狠抓起身期肥水管理。小麦起身后，营养生长和生殖生长并进，生长迅猛，对肥水的要求极为敏感，水肥充足有利于促分蘖，多成穗，成大穗，增加穗粒重。追肥数量，一般麦田可结合浇水每亩追施尿素 15～20 千克或碳酸氢铵 25～40 千克；基肥施磷不足的，每亩可补施过磷酸钙 15～20 千克；对地力较高、基肥充足、苗旺的麦田，可推迟到拔节后期追肥、浇水。晚茬麦由于生长势弱，春季浇水不宜过早，以免因浇水降低地温影响生长，一般以 5 厘米地温稳定在 5℃时开始浇水为宜。

③浇好孕穗灌浆水。小麦孕穗期是需水临界期，浇水对保花增粒有显著作用。这一时期应视土壤墒情适时浇水，以保证土壤含水量为田间持水量的 75%左右，并适量补追孕穗肥，每亩施尿素 5 千克左右。晚茬麦由于各生育期相对推迟，抽穗开花比适期播种的小麦晚 3～4 天，推迟了灌浆时间，缩短了灌浆期，但灌浆强度增大，因此应及时浇好灌浆水，以延长灌浆时间，提高千粒重，保证获得高产。

103. 什么是稻茬麦适期播种栽培技术？

稻茬麦是南方小麦的主要麦作方式。稻茬适期播种小麦具有以下优点：一是成穗率高，结实率高，一般茎蘖成穗率可达 50%左右，每穗分化小穗多，退化少，结实小穗多。二是子粒充实度高，花后干物质积累高，供子粒灌浆的有机营养充足，子粒的充实度高，粒重高。三是粒叶比高，粒叶比是小麦后期群体质量的重要指标，高的粒叶比表明单位面积所建立和负载的库容量大，即单位叶面积的有效生长量多，是源库充分协调的结果。四是穗粒重在高水平下协调，可使有效穗数、穗粒数、千粒重三者充分协调。

稻茬麦适期播种主要调控技术如下：

（1）品种选用 宜选用大穗大粒、综合性状好、高产优质的品种。

（2）适期早播 在一定范围内，随着播期的提前，冬前有效积温增高，低位分蘖的发生率和成穗率提高，单株成穗数也越多。此外，还能增加主茎总叶片数，延长灌浆时间，提高千粒重。但不能过早播种，否则容易在冬、春遇低温受冻。

(3) 降低基本苗　适当降低基本苗，每亩8万～12万为宜。同时，适当扩大行距，由20厘米扩大到25～30厘米，可提高播种均匀度，减少缺苗断垄，并可改善中后期通风透光条件，提高灌浆期群体质量，提高产量。

(4) 高效施肥　氮肥运筹的比例为基肥∶分蘖肥∶拔节肥为5∶1∶4，磷肥全部作基肥，钾肥分两次等量施用，分别作基肥和返青拔节肥。氮、磷、钾肥用量按1∶（0.6～0.8）∶（0.6～0.8）的比例。

(5) 高标准建立麦田一套沟　由于南方（稻区）小麦一生中降雨多，且中后期雨水偏多，容易发生渍害，是小麦优质、高产栽培的关键制约因子。高标准搞好麦田一套沟（内沟、田外围沟、总排水沟），是实现优质、高产的主要措施，真正做到能排能降，雨住田干，旱涝保收。

(6) 化学调控

①播种期，采用多效唑拌种，能矮化植株，促进分蘖，增深叶色，显著提高抗寒性。每千克种子用15%的多效唑1克，不宜超过2克。由于其副作用，播种宜提早2～3天，播种量适当提高5%～10%。

②中期喷施植物生长延缓剂防倒伏，喷药的时间宜在倒5叶末至倒4叶初。

③后期喷施生化制剂增粒增重。在开花灌浆期，根外喷施富含磷、钾、锌等的生化制剂，可促进养分平衡，延缓叶片衰老，提高灌浆速率，增粒增重。

(7) 综合防治病、虫、草害　稻茬杂草种类多、数量多，且发生早、生长量大，应使用高效、长效除草剂，尽早防除，一次用药，一次根除。纹枯病、白粉病、赤霉病是稻茬小麦的三大病害，对产量和品质的影响很大。对于纹枯病，采取拌种和春季早防、多防，药剂为纹霉净、井冈霉素，有的地区用粉锈宁（三唑酮）防治效果也比较理想。防白粉病要提早，尤其在群体较大或多雨潮湿的季节，药剂为粉锈宁（三唑酮）。防治赤霉病在开花期喷施多菌灵至少2次，分别在开花初期和第一次用药后7～10天。同时，注意田间蚜虫、吸浆虫等虫情，应及时防治，减少损失。

104. 什么是小窝密植栽培技术?

小窝密植栽培技术是在传统窝播麦基础上进行的一系列改革，即改宽窝距为密窝距，窝行距从23厘米×26厘米缩小到10厘米×20厘米，每亩从1万窝左右提高到3万多窝，改每穴苗数集中为合理分布，每窝从十几苗减少到4～7苗，改泥土盖种为精细粪肥盖种。实践证明，小窝密植每亩一般可增产5%～13%。

小窝密植的技术要点如下：

（1）合理确定基本苗数和穴（丛）数 小窝密植的适宜基本苗数，高产条件下每亩以10万～15万穴（丛）为宜。气温较低、降雨较少、日照时数较多、穗容量高的地区，以每亩3万穴左右（行距20～22厘米，穴距10～12厘米）为宜，反之，以2万～2.5万穴（行距22～24厘米，穴距10～12厘米）为宜。

（2）应在土壤干湿度适宜时开穴（沟） 穴（沟）的深度以3～4厘米为宜。田湿稍浅，田干稍深，盖种厚度以2厘米左右为宜。

（3）施肥 底肥中氮素化肥可混在人畜粪水中施于穴内，也可单施；过磷酸钙等磷肥可混在整细了的堆厩肥中盖种。拔节孕穗肥视苗情而定。

105. 什么是“小壮高”栽培技术?

“小壮高”栽培技术，即“小群体、壮个体、高积累”高产栽培技术的简称。采用这种技术，通过压缩群体起点，为个体创造优越的生长条件，为群体进一步挖掘生产潜力，使个体与群体的生育动态合理，分蘖穗的比例提高到60%以上，显著改善群体质量，有效增加抽穗—成熟期的生物产量，提高群体的经济产量和生产力。

"小壮高"栽培技术要点如下：

(1) 根据生产水平确定密度与播种的合理组合 小群体，即根据生产条件改善的程度适当降低群体起点，并不是越稀越好。稀植程度还受到播期的制约。播期比当地适播期提前，可适当稀播。综合生产水平高（地力好，精细播，施肥多），可适当稀播（每亩4万～6万）；生产水平不高，应适当增加密度。

(2) 精细播种实现精苗 精苗是优化个体与群体动态结构的起点和基础。精苗应具有以下标准：

①精确达到计划苗数。

②空间分布合理，行间行内分布均匀。

③播后6～8天出苗。

④幼苗健壮。

(3) 采用"施足基肥，攻施穗肥"促两头施肥法 基肥，氮占一生总施氮量的60%～70%，磷占100%，钾占50%左右，促进有效分蘖发生，达到早发壮苗。追肥，根据苗情，在苗期—返青期对生长弱的地段，补肥促平衡。在拔节孕穗阶段重施肥料，约占总施氮量的20%～30%，同时在拔节初期施氯化钾每亩10千克左右。

106. 什么是稻田套播小麦栽培技术?

稻田套播麦（简称稻套麦、套播麦），是指在前作迟熟水稻收获前将小麦种子裸露套播于稻田内，并与水稻短期共生（存），立苗后收获水稻，进行配套管理的种麦方式，又称稻田寄种麦，是免耕小麦的方式之一。

稻田套播麦的生产优势集中在五个方面：

①资源利用优势。既有利于稻作延长自然资源利用期和产量形成期，发展优质、高产的晚熟水稻生长，又有利于麦作充分利用冬前资源（温、光、水等），促进麦类生育进程与季节保持优化同步而获得高产。

②季节主动优势。稻套麦不受茬口播期、土壤水分等播种条件的限制，晚茬不晚种，确保小麦适期早播，有利于早苗足苗。

③抗灾稳产优势。通过稻田后期的水管理，解决小麦播种出苗期因天气干旱造成土壤墒情不足而出苗难的问题。又可以通过稻田原有的沟系，解决秋播连阴雨导致烂耕烂种、烂籽僵苗的问题，从而克服了不利天气带来的恶劣影响，提高出苗质量，奠定产量基础，确保小麦大面积生产平衡稳产、增产。

④简化（轻型）栽培优势。与常规麦相比，稻套麦工效提高3倍以上，且节省土地、播种等机械与能源的投入，大幅度简化（轻化）麦作农艺流程与作业，减轻劳动强度，特别是“五机”配套作业（机喷种、机开沟、机压麦、机植保、机收脱），省工省力幅度更大。同时种麦与收稻分开，有利于农事错开秋忙季节，合理安排与利用劳力。

⑤规模经营优势。

正是由于其具有以上五大优势，在一些稻区基本实施了稻套麦种植方式。

稻田套播麦的主要栽培技术要点：

（1）播种

①种子处理。播前用多效唑浸种，每千克种子拌1～1.5克15%粉剂（或100～150毫克/千克稀释液浸种），可起到矮化增蘖、控旺促壮作用，有效防止麦苗在稻棵中寡照条件下窜高、叶片披长、苗体黄弱的现象。

②适期套播。适期套播是稻套麦高产的关键措施之一。过早套播共生期长，易导致麦苗细长不壮；过迟套播则难以齐苗。套播期应选择在当地的最佳播期内，在确保套播麦齐苗的前提下，与水稻的共生期越短越好，最适在7～10天，不宜超过15天（1叶1心）。在生产上，稻田套播麦要依水稻成熟期综合兼顾适播期与共生期的长短。

③适量匀播。稻套麦基本苗一般应比常规麦增加10%～30%，并考虑地力、品种特性、共生期长短等。同时，播种时一定要保证

匀度，保证田边、畦边等边角地带足苗。

(2) 立苗

①旱涝保全苗。“旱年”可采取以下应变措施：一是割稻前灌跑马水，并预先浸种至露白，待稻田呈湿润状态时立即撒种；二是灌水后保持水层，把麦种撒下田，12 小时后把田内水放干；三是收稻后如天气晴好、气温高，必须再灌一次跑马水，而且一定要及时。“湿年”如遇连阴雨，一要开好稻田排水沟，做到雨止田干；二要适当缩短共生期；三要抢收稻子，并及时割稻离田，防止烂芽死苗。

②套肥套药争全苗。在割稻后麦苗已处于 2 叶期，如遇天气干旱肥料难以施下，即使施下去利用率也不高，肥效也差，因此在收稻前必须套肥，一般每亩施尿素 10 千克、复合肥 15 千克。另外，稻套麦杂草发生早，收稻后再用药，草龄已大，防治效果差，在播前 1～2 天或播种时用除草剂拌细土在稻叶无露水时均匀撒于田间。部分不能用药的田，在稻子离田后 1 周左右用药防除。

③及早覆盖促壮苗。一般宜在收稻后齐苗期进行有机肥覆盖，3 叶 1 心前开沟覆泥。开沟一定要在墒情适宜、沟土细碎且可均匀撒开时进行。沟宽 2 米为宜，畦面覆土厚度 2 厘米左右。

(3) 管理

①高效施肥。增磷补钾，合理施氮。首先确保“胎里富”；其次及早追施壮蘖肥，做到基肥不足苗肥补；第三重施拔节孕穗肥。上述三次氮肥的施用比例为（3～4）：（2～3）：4。

②三沟配套，抗旱防湿降渍。

③及时防治病虫草害。

(4) 抗逆

①防冻。冻后及早增施速效恢复肥。

②防衰。稻套麦根系分布浅，后期易早衰，除了保证覆土的厚度和增加后期的肥料外，结合防治病虫，叶面喷施化学肥料或化学制剂。

③防倒。稻套麦如果播种技术不过关，易导致群体偏大，再加

上根系分布浅，后期易发生倒伏。防倒措施：一是增加覆土的厚度；二是药剂拌种或于麦苗倒 5 叶末至倒 4 叶初喷施多效唑；三是对旺长的田块及时进行机压麦。

107. 什么是小麦垄作栽培技术?

垄作栽培技术是将原本平整的土壤用机械起垄开沟，把土壤表面变为垄沟相间的波浪形，垄体宽 40～45 厘米，高 17～20 厘米，沟宽 35～40 厘米（上口），垄体中线到下一个垄体中线80～85 厘米，在垄上种 3 行小麦，行距 15 厘米（图 23）。小麦收获前沟内可套种玉米。小麦垄作栽培有以下优点：

图 23　小麦垄作栽培（王法宏　提供）

①改变了灌溉方式。由传统平作的大水漫灌改为垄沟内小水渗灌。据山东省农业科学院在青州试点调查结果，平作的麦田平均每亩每次灌溉需用水 60 立方米，1 立方米水可生产 1～1.2 千克小麦，而垄作栽培只需要 36 立方米，每立方米水可生产 1.8～2 千克

小麦，水分利用率可提高40%左右，垄作栽培比平作节水30%~40%，而且小水渗灌避免了土壤板结，增加了土壤的通透性，为小麦根系生长和微生物活动创造了条件，使次生根发生较多，根系比较发达，分蘖也比较多，而且比较粗壮。

②改进了施肥方法。由传统的表面撒施肥改为垄沟内集中施肥，相对增加了施肥深度，可达到15~18厘米，提高化肥利用率10%~15%。

③通风透光，充分发挥边行优势。由于每个垄体只种3行小麦，充分发挥了小麦的边行优势，促进小麦的个体发育，使小麦基部粗壮，茎秆健壮，抗倒和抗病能力增强。垄作栽培有利于田间通风透光，改善小麦冠层小气候条件，尤其在生长中后期这种效果更为明显，可促进植株光合作用和子粒灌浆，使穗粒数增加，千粒重提高。

④便于套作玉米，提高全年产量。垄作为麦田套种玉米创造了有利条件，小麦种在垄上，玉米种在垄底，既改善了玉米生长条件，又便于玉米中后期田间管理，有利于提高单位面积全年产量。

小麦垄作栽培需要配备垄作播种机，通过农机与农艺相结合措施，才能更好地发挥小麦垄作栽培技术的优越性。

108. 主产麦区优质高产栽培技术规程是什么？

合理的栽培措施可使不同品种不同程度地提高产量和改善品质，而同一品种，即使是优质品种，在不同地区、不同生态环境、不同肥力土壤条件及不同栽培措施下，其产量和品质指标均有很大差异。因此，优化栽培技术对改善小麦的营养品质和加工品质以及提高产量都有重要作用。

（1）高标准种好优质小麦

①施足底肥，创造优质栽培的地力基础。充足的底肥对小麦苗期生长至关重要，对小麦全生育期的养分供应都有作用。底肥中应增施有机肥，有机肥可改善土壤结构，有利于小麦根系生长，并可提高土壤保肥保水能力，同时要注意平衡施肥，根据土壤养分情况

适当进行氮、磷、钾化肥及其他必需营养元素肥料配合施用，并应注意经济用肥，以充分发挥肥效。对于中高产指标的麦田，推荐底肥的施肥量为每亩施纯氮 8～9 千克，五氧化二磷10～12 千克，氧化钾 8～10 千克（根据所施化肥品种的有效含量折算），并适当施用锌肥和硼肥。根据条件可分层施肥，即表层施用计划施用量的 1/2，然后翻耕，再表施另外 1/2，浅耙。也可随有机肥表层一次施入，然后翻耕入土，打好优质栽培的肥力基础。

②精细整地，改善优质栽培的土壤条件。首先要进行深耕，彻底改变只旋不耕、耕层过浅的现象，提倡耕后深松，打破犁底层，加深耕作层，改善土壤通气性，增强土壤保水保肥性能，促进土壤微生物活动和土壤养分转化。有利于根系向纵深发展，促进植株对水分和养分的吸收。因此，应提倡深耕深松，确保耕深在 20 厘米以上，耕后精细整地，在减轻农民劳动强度的同时，提倡使用配套机械作业，耕、松、耙、平、作畦一条龙。耕后播前要保证土地平整，土壤疏松细碎干净（无较大作物根茎）、足墒、渠系配套。在秋季干旱年份，耕前要浇水造墒，适墒时再耕地整地，以保证播前整地质量，创造优质栽培土壤环境。小麦前茬为玉米的田块，玉米收获后秸秆就地粉碎还田，对增加土壤有机质、改善土壤结构十分有利，有条件的地区应大力推广应用，但要注意秸秆还田的地块要及时进行镇压，以保证种床沉实，有利出全苗和幼苗生长。

③选用优质高产品种，发挥品种的产量潜力和品质优势。优质高产抗逆品种是小麦获得优质高产的内在条件和基础。创造了播种条件，还必须选用优质良种，才能充分发挥内因的作用。近年来国内已经出现一些优质高产良种，多数品质较好，有些优质品种适应性及丰产性还有待进一步改良。针对选用的优质高产品种的特点，还要良种良法配套，才能充分发挥优势、克服缺点，实现优质高产稳产。

④因地制宜，适时播种，合理密植，提高播种质量。各地冬小麦播种时期有很大差异，但都有一个适宜播种期，一般应掌握在日平均气温 17℃左右播种，合理密植的目标是要合理调整麦田群体

和个体的关系，使之能充分利用光能和地力，实现苗壮、穗足、穗大，获得高产。播种密度还要根据品种的分蘖成穗特性而定，一般分蘖成穗率低的大穗型品种可适当增加播量，多穗型品种应充分利用优势蘖组成穗。在生产实践中，适期播种每亩基本苗可以掌握在12万左右，充分利用主茎和1级分蘖的1、2、3蘖成穗。播种密度还要根据播种时期、土壤肥力进行调整，早播适当减少播量，晚播适当增加播量，一般若晚于适播期时，晚播一天每亩增加1万基本苗；土壤肥力较差时也可适当增加播种量。

种子质量对于出苗有重要影响，因此播前应晒种，用清选机清选，也可以用人工筛选，去除秕子、病粒、碎粒及杂质等。用粒大籽饱的种子播种。播前还应进行药剂拌种，或播经过包衣的种子，以防治地下害虫。播种之前还应进行种子发芽试验，以了解其发芽势和发芽率，根据种子发芽情况确定播种量。

提高播种技术是保证播种质量的关键环节，要做到下籽均匀，深浅一致，才能出苗整齐。小麦播种的适宜深度一般为3～5厘米。过浅，会使种子落干，影响出苗，且易使分蘖节入土较浅，越冬时易受冻害；过深，出苗迟，出土过程消耗种子养分多，苗弱，分蘖晚，分蘖少，次生根少，生长不良。同时，注意播种行距适当，覆土良好，适当镇压，使种子与土壤紧密接触，以有利于种子吸水发芽。

(2) 加强冬前及越冬期管理

①及早查苗、补苗（补种），消灭断垄，保证全苗。小麦出苗后，应及时查苗，发现缺苗断垄应及早补齐，在1叶期到2叶期发现缺苗时可以补种，3叶期以后发现缺苗可以疏密补稀，补苗后压实土壤，及时浇水，力保成活，尤其埂边、地头要注意疏苗、补苗，消灭疙瘩苗，补齐漏播地。保证全田苗匀苗齐。

②及时除草治虫。冬前应注意防除麦田杂草，尤其在黄淮冬麦区，由于气温较高，麦田杂草生长较快，应及时进行人工或化学除草，以防止杂草与麦苗争夺营养，保证麦苗正常生长，并可消灭一些害虫的寄主，减少害虫发生。在田边杂草较多时，容易发生灰飞

虱和叶蝉危害麦叶，并传播病害，发现麦叶有害虫咬食的白斑，应及时喷药，以减轻危害和传毒。

③及时浇好越冬水。可根据土壤墒情决定是否需要浇越冬水。一般播种前浇足底墒水，越冬时土墒良好；冬前有较多降水时，可不浇越冬水。否则应及时浇好越冬水，以改善土壤水分条件，平抑地温变化，有利于麦苗越冬长根，保暖防冻，安全越冬。浇越冬水也为明春麦苗生长创造了有利条件，有利于春季麦田管理。冬灌要适时，一般在“昼消夜冻”时进行，即平均温度在0～3℃时为宜。冬灌后要适时中耕松土，避免土壤板结。

④冬季镇压，保墒提温。浇过水的麦田冬季要适时镇压，可以防止或减轻麦田龟裂，减轻寒风飕根造成的冻害死苗，还可保墒保温。冬季镇压是保证小麦安全越冬的有效措施。

(3) 抓好春季管理

①早春管理以中耕松土为主，保温提墒，促苗早发。早春小麦返青前后，小麦生长的主要限制因素是气温较低，此时不要急于浇水，过早浇水会使地温降低，不利小麦生长，而应以中耕松土为主进行管理，以提高地温，减少墒情损失，促苗早发稳长。

②推迟春水，蹲苗壮长。对于一般中等肥力的麦田，总茎数每亩低于80万时，可以在返青后蹲苗20天左右，待小麦春生2叶露尖前后，再浇水追肥。而对于土壤肥力较高、麦苗茁壮、总茎数大于80万的麦田，可在返青后蹲苗40～50天，待小麦春生5叶或旗叶露尖前后再浇水追肥。这样可使基部节间缩短，有利于防止倒伏。

③化控降秆防倒。对于植株较高的品种，可在小麦起身期适当进行化学调控。目前常用的植株生长延缓剂有很多种，无论使用何种药剂，均应按照说明严格掌握剂量和喷药时期，并要注意喷洒均匀，防止药害。一般在起身期合理施用植物生长延缓剂可降低株高5～10厘米，并使其茎秆粗壮，有利于防止倒伏。

④重施拔节肥水，促穗增粒。拔节期是小麦生长需水需肥的关键时期，此期重施肥水对促进小麦分蘖成穗和增加穗粒数十分有

效，一般可掌握在小麦计划总施氮量的40%～50%。具体用量可根据土壤肥力、底肥情况和苗情而定，推荐施肥量为每亩施尿素15～20千克；具体时期掌握在春生5叶或旗叶露尖前后。

⑤轻补开花肥水，促粒增重。开花灌浆期小麦仍需较多的肥料供应，此期结合浇水适当施少量尿素有利于提高粒重和品质，一般可掌握每亩施尿素3～5千克。

⑥及时防治病虫草害。防治病虫草害对获取小麦丰收十分重要。各地麦区发生较普遍的是白粉病，在植株密度较大、肥水充足、阴天寡日、光照不足条件下易发生此病，一般在拔节后期至抽穗期发病，发现病情应及时防治。抽穗至灌浆期是蚜虫危害的重要时期，此期要注意观察蚜虫发生情况，一般在百株蚜虫量超过500头时即可喷药防治。纹枯病近年在黄淮冬麦区发生较重，亦应给予重视，早春发现病情，及时喷药防治。

（4）做好后期管理，确保丰产优质

①做好一喷三防。在抽穗至子粒灌浆的生长后期，在叶面喷施杀菌剂、杀虫剂、植物生长调节剂、叶面肥等混配液，通过叶面喷施达到防病、防虫、防早衰的目的，实现增粒增重的效果。特别要注意严格控制病虫草害，努力减轻损失。

②田间去杂，保证种子和优质商品粮纯度和质量。种植优质小麦应建立种子田，麦收之前严格进行田间去杂去劣，以保证种子纯度。优质商品粮生产田要防止非优质专用小麦混杂，以保证产品质量。

③预防干热风、烂场雨，确保丰产丰收。干热风在小麦主产区时有发生，特别是黄淮冬麦区、北部冬麦区及新疆冬春麦区，历年都有不同程度的干热风危害，需及早采取预防措施。小麦适时收获时期为蜡熟末期，此时穗下节间呈金黄色，子粒已全部转黄，内部呈蜡质状，含水量25%左右。过早收获，灌浆不充分，子粒不饱满，产量低；过晚收获，粒重降低，且易落粒，若遇雨，易出现穗发芽，降低品质。收获时一定要防止机械混杂，收优质专用小麦之前，一定要认真清理收割机，晾晒过程中也要防止混杂，单收、单

晒、单入库，以保证优质专用小麦的营养品质、加工品质和商业品质。麦收期间注意天气变化，及时收获，躲避烂场雨，确保丰产丰收。

109. 什么是小麦化学调控技术?

小麦化学调控技术是指运用植物生长调节剂促进或控制小麦生理代谢功能和生长发育进程的技术。通过合理的化学调控，使小麦的生长发育朝着人们预期的目标发生变化，从而提高小麦产量或改善品质。这种调控作用主要体现在三个方面：一是增强小麦优质、高产性状的表达，充分发挥良种的潜力，如增加有效分蘖，促进根系生长，降低株高，矮化茎秆，延缓叶片衰老，增加叶绿素含量，提高光合作用，促进子粒灌浆，提高结实率和粒重，促进早熟等。二是塑造合理的株型和群体结构，协调器官间生长关系。三是增强小麦的抗逆能力，如有效增强作物的抗寒、抗旱和抗病性等。目前生产上应用的植物生长调节剂主要有三种类型：一是植物激素类似物，二是植物生长延缓剂，三是植物生长抑制剂。在小麦生产中应用最多的是植物生长延缓剂，主要是降低株高，防止倒伏。

110. 什么是小麦立体匀播技术?

小麦立体匀播就是使小麦种子均匀合理地分布在土壤中的立体空间内，出苗后无行无垄，均匀分布。立体匀播是基于小麦生长发育特性，充分发挥小麦个体均匀健壮和群体充足合理的协调机制，关键技术是使小麦株距均匀，改常规条播小麦田间分布的“一维行距”为立体匀播的“二维株距”，使小麦在合理群体范围内单株独立占有地下和地上相对均匀的营养空间，均衡占有农田土地资源和自然光热资源，使常规条播麦苗集中的一条“线”变为麦苗相对分布均匀的一个“面”，促使麦苗单株充分健壮发育，地下形成相对强大的根系，地上形成相对健壮的优势蘖，根多苗壮，从而建立高质量的群体结构，促使形成产量因素的穗、粒、重协调发展，实现高产高效。

这一过程可采用小麦立体匀播机实现。该机械由肥料箱、排肥管、排肥调节器组成的施肥系统，带有组合旋刀防缠绕的旋耕器，种子箱、排种孔、匀种板、排种调节器组成的排种匀播系统，使种子和土壤紧密结合的第一次镇压的镇压滚筒，利用已旋耕过的碎土通过传送带从上往下覆土的精细覆土系统，覆土后进行第二次镇压的镇压器等主要部件组成，集施肥、旋耕、播种、第一次镇压、覆土、第二次镇压于一体，六道工序一次作业完成。该机械自带肥料箱，可根据土壤基础肥力、产量目标确定施肥种类和数量，施肥量可以通过调节器进行调节，施肥后可以通过自带的旋耕器立即旋耕，使肥料与土壤充分混合，均匀分布在土壤耕层的立体空间中；在旋耕后的土壤中通过排种板均匀撒种，再通过镇压滚筒进行镇压，确保种子与土壤紧密结合，并在踏实的同一土层中；然后通过传送系统在种子上面均匀等深精细覆土，覆土后再进行第二次镇压，完成全部工序。可以使麦苗均匀分布，单株营养均衡，根系发达，建成优势蘖群体，根多蘖足苗壮；多项工序联合作业，省工节本。

111. 小麦立体匀播技术有什么理论依据？

小麦立体匀播技术是以小麦生物学特性为前提，创造适合小麦植株充分生长发育的条件，使小麦生长要素与生产要素相互协调，实现个体健壮、群体合理、高产高效。根据小麦生长发育特性提出农艺技术要求，根据农艺技术要求研制适宜播种机型，体现了农机农艺融合，农机为农艺服务，农艺为生产服务的宗旨。由于小麦单株分布均匀，创造了单株营养均衡的条件，苗期个体营养竞争小，单株发育健壮，有利于优势蘖形成和发育，培育冬前壮苗，以便充分发挥优势蘖的产量形成功能。小麦立体匀播充分利用土地，减少了传统条播造成的行垄之间的裸地面积，同时避免了断垄缺苗，使每株麦苗都充分占有相对均衡有效的土地面积和空间，增加了苗期地表覆盖度，相应减少了土壤水分蒸发，并可使单株相对均匀接受光照，从而促进了个体和群体光合作用，有利于优势蘖生长发育，相对常规条播容易增加单位面积穗数，进而提高产量。小麦立体匀播使每株小麦都占有相对均衡的土壤空间，有利于根系生长发育，实现根多根壮，根系发达，有利于更好地吸收利用土壤水分和养料，提高生长后期抵抗倒伏风险的能力。立体匀播把常规条播的边行优势升华为单株优势，使小麦个体发育在群体增加的条件下充分发挥穗、粒、重的优势，实现增产增收。

112. 小麦立体匀播有哪些技术优势和关键环节?

(1) 小麦立体匀播技术优势

①缩短农耗，适期播种。应用立体匀播技术，在前茬玉米联合收割机收获后可以直接播种，减少了单独秸秆粉碎、旋耕整地的时间，缩短了玉米收获后小麦播种接茬的农耗时间，为小麦适期播种、争取较多光热资源、培育冬前壮苗创造了条件。

②抑制失墒，促进出苗。小麦播种时土壤墒情对小麦出苗至关重要。一般常规条播需要在前茬作物收获后进行施肥、旋耕整地，然后再播种，中间过程会造成一定的土壤失墒，播种与旋耕间隔时间越长，土壤水分蒸发越多，失墒越严重，给小麦出苗造成不利影响。立体匀播机采用联合作业，减少了单独施肥、单独旋耕的工序，不仅节省了时间，更重要的是保护了土壤墒情，为小麦足墒播种、出苗整齐创造了条件。

③精细覆土，等深种植。立体匀播使小麦种子相对均匀地分布在同一土层，利用经过旋耕过的碎土，并由上往下精细覆土（形成土“瀑布”），深浅一致，使种、肥、土立体均匀分布，为每一颗种子提供尽量均衡的立体生长环境。

④两次镇压，踏实土壤。经过播种后第一次镇压，使种子与土壤紧密结合，有利于种子吸胀，再经过覆土后第二次镇压，进一步踏实土壤，不仅能防止漏风，还可以减少水分蒸发，促进早出苗、出全苗。

⑤减少裸地，以苗抑草。小麦立体匀播可以充分利用土地，地表相对均匀覆盖，消灭了传统条播的行间裸地。利用苗草不同步自然现象，使麦苗优先占满营养空间，相应抑制杂草生长，避免养分、水分浪费，促使麦苗健壮生长，实现“以苗抑草”的效果，可以有效减少农药使用量。

⑥均匀分布，避免拥挤。立体匀播使麦苗分布相对均匀，比较均衡地占有农田资源，避免了传统条播时行内植株拥挤现象，促使个体发育健壮，根多蘖足，在相同群体条件下，抗倒伏能力增强。

⑦营养均衡，优化群体。立体匀播将传统条播下小麦田间分布的一维行距变为二维株距，将麦苗集中的一条“线”变为单株匀布的一个“面”，把一维的“麦行营养空间”升华为二维的“单株营养空间”，使每株小麦的营养空间相对均衡，进而促进小麦个体得以充分发展，建立合理的群体结构。

⑧省工节本，增产增效。小麦立体匀播技术实行了多项工序联合作业，减少了单独施肥、单独旋耕、单独镇压等工序，减少了农耗时间，降低了作业成本，实现了省工、省时、节本、增效。

小麦“七分种三分管”，就是强调了小麦播种技术的重要性，小麦种好了，出苗整齐，分布均匀，创造了单株营养面积和空间均衡的条件，苗期个体营养竞争小，地上部分蘖足，地下部根系发达，单株发育健壮，群体分布均匀，容易形成壮苗，有利于培育优势蘖，促进优势蘖成穗，增加单位面积穗数，充分发挥优势蘖的产量形成功能，为小麦丰收奠定良好的基础。

（2）小麦立体匀播技术主要关键环节

①品种选择。北部冬麦区选择适合当地生产的，并通过国家或省级品种审定委员会审定的抗寒、高产、稳产、多抗、广适的冬性品种；黄淮冬麦区选择适合当地生产的，并通过国家或省级品种审定委员会审定的高产、稳产、多抗、广适的半冬性品种；新疆冬春麦区的冬小麦种植区选择适合当地生产的，并通过国家或省级品种审定委员会审定的高产、稳产、多抗、广适的冬性或半冬性品种，

春麦种植区选择适合当地生产的，并通过国家或省级品种审定委员会审定的高产、稳产、多抗、广适的春性春播品种；北部春麦区、东北春麦区和西北春麦区应分别选择适合当地生产的，并通过国家或省级品种审定委员会审定的高产、稳产、多抗、广适的春性春播品种。

②种子处理。选用经过提纯复壮的种子田生产的种子，并做好种子发芽率和田间出苗率测定。播种前用高效低毒农药拌种或专用种衣剂包衣，防治病虫害。

③适期播种。当日均温降至17℃左右时播种，或依据历年小麦播后至越冬前日平均气温大于0℃活动积温达到600℃±50℃为适宜播期。注意不要太早播种，形成冬前旺苗，降低抗旱能力，避免冻害死苗。春播春小麦一般当春季气温在5～7℃时为适宜播种期。

④适墒播种。0～20厘米土层内土壤相对含水量达到70%～80%时为播种的适宜墒情。若在最适播期内土壤相对含水量低于60%，应提前灌水造墒，确保适墒播种。

⑤灌越冬水。仅限于有灌溉条件的冬小麦。根据冬前降水情况和土壤墒情确定是否需要灌越冬水，若需要灌越冬水，一般当气温下降到0～3℃、夜冻昼消时灌水，保苗安全越冬。

⑥重施拔节肥。拔节期是小麦需水需肥的关键时期，此期及时灌水可以促进优势蘖成穗，减少小花败育，促进后期子粒灌浆，实现增加穗数、粒数和千粒重。一般在拔节期结合灌水推荐每亩追施纯氮7～8千克。

⑦防治病虫草害。根据不同地区不同地块杂草发生的类型（禾本科杂草、阔叶型杂草、混生杂草），选用对路的除草剂，适时进行机械（或人工）化学除草，也可用无人机喷药。各不同麦区根据当地实际监测情况，分别重点防治纹枯病、条锈病、白粉病、赤霉病、吸浆虫、蚜虫等病虫害。喷药时要遵守农药安全使用规则，防止小麦植株药害，注意人身防护，防止人畜中毒。

⑧一喷三防。小麦生育后期选用适宜杀虫剂、杀菌剂和磷酸二

氢钾，各计各量，现配现用，机械喷洒，防病、防虫、防早衰（干热风）。

⑨机械收获。麦收期间注意躲避烂场雨，防止穗发芽，于子粒蜡熟末期采用联合收割机及时收获，颗粒归仓，实现丰产丰收。

四、麦田常见病虫草害防治技术

113. 小麦锈病有什么特点？怎样防治？

小麦锈病俗称黄疸病，根据发病部位和病斑形状又分为条锈、叶锈和秆锈三种。小麦锈病在全国主要麦区均有不同程度发生，轻者麦粒不饱满，重者植株枯死，不能抽穗，历史上曾给小麦生产造成重大损失，一般发病越早损失越重。

(1) 症状识别 "条锈成行叶锈乱，秆锈是个短褐斑"，反映了三种锈病的典型特征。条锈主要发生在叶片上，叶鞘、茎秆和穗部也可发病，初期在病部出现褪绿斑点，以后形成黄色粉疱，即夏孢子堆，呈长椭圆形，与叶脉平行排列成条状；后期长出黑色、狭长形、埋伏于表皮下的条状疱斑，即冬孢子堆。叶锈病初期出现褪绿斑，后出现红褐色粉疱（夏孢子堆），在叶片上不规则散生，后期在叶背面和茎秆上长出黑色椭圆形、埋于表皮下的冬孢子堆。秆锈危害部位以茎秆和叶鞘为主，也可危害叶片及穗部。夏孢子堆较大，长椭圆形至狭长形，红褐色，不规则散生，常合成大斑；后期病部长出黑色、长椭圆形至狭长形、散生、突破表皮、呈粉疱状的冬孢子堆。

(2) 发病规律 病菌（主要以夏孢子和菌丝体）在小麦和禾本科杂草上越夏和越冬。越夏病菌可使秋苗发病。春季，越冬病菌直接侵害小麦或靠气流从远方传来病菌，使小麦发病；发病轻重与品种有密切关系，易感病的品种发病较重。春季气温偏高和多雨年份，植株密度较大，以及越冬病菌量或外来病菌较多时，易发生锈病流行。

(3) 防治措施 一是选用抗（耐、避）病品种。二是药剂拌种。用粉锈宁按种子重量0.03%的有效成分拌种，或12.5%特谱唑按种子量0.12%的有效成分拌种。三是叶面喷药。发病初期每亩用20%粉锈宁乳油30～50毫升或12.5%特谱唑15～30克，对水均匀喷雾。

114. 小麦白粉病有什么特点？怎样防治？

小麦白粉病在全国各类麦区均有发生，尤其在高产麦区。由于植株生长量大、密度高，在田间湿度大时，白粉病更易发生。目前在小麦产量有较大提高的同时，白粉病已上升为小麦的主要病害。发病后，光合作用受影响，造成穗粒数减少，粒重降低，特别严重时可造成小麦绝产。

(1) 症状识别 发病初期叶片出现白色霉点，逐渐扩大成圆形或椭圆形病斑，上面长出白粉状霉层（分生孢子），后变成灰白色至淡褐色，后期在霉层中散生黑色小粒（子囊壳），最后病叶逐渐变黄褐色而枯死。

(2) 发病规律 病菌（子囊壳）在被害残株上越冬。春天放出大量病菌（子囊孢子）侵害麦苗，之后在被害植株上大量繁殖病菌（分生孢子），借风传播再次侵害健株。小麦白粉病在0～25℃条件下均能发展，在此范围内随温度升高发展速度快；湿度大有利于孢子萌发和侵入；植株群体大，阴天寡照，氮肥过多时有利于病害发生发展。

(3) 防治措施 一是选用抗病品种。二是适当控制群体、合理肥水促控、健株栽培、提高植株抗病力。三是药剂防治。用粉锈宁按种子量0.03%的有效成分拌种，可有效控制苗期白粉病，并可兼治锈病、纹枯病和黑穗病等病害；也可每亩用粉锈宁有效成分7～10克，对水喷雾。

115. 小麦纹枯病有什么特点？怎样防治？

小麦纹枯病在我国冬麦区普遍发生，主要引起穗粒数减少，千粒重降低，还可引起倒伏或形成白穗等，严重影响产量。

（1）病状识别 叶鞘上病斑为中间灰白色、边缘浅褐色的云纹斑，病斑扩大连片形成花秆。茎秆上病斑呈梭形、纵裂，病斑扩大连片形成烂茎，不能抽穗，或形成枯白穗，结实少，子粒秕瘦。

（2）发病规律 病菌以菌核在土壤中或菌丝在土壤中的病残体上存活，成为初侵染源。小麦群体过大、肥水施用过多，特别是氮肥过多、田间湿度大时，病害容易发生蔓延。

（3）防治措施 一是选用抗病性较好的品种。二是控制适当群体，合理肥水促控，适当增施有机肥和磷钾肥，促进植株健壮，提高抗病力，并及时除草。三是药剂拌种。用50%利克菌以种子重量的0.3%，或20%粉锈宁以种子重量的0.15%，或33%纹霉净以种子重量0.2%的药量拌种。四是药剂喷雾。每亩用50%井冈霉素100～150克，或20%粉锈宁40～50毫升，或50%扑海因300倍液均匀喷雾，防治2次可控制病害，拌种结合早春药剂喷雾防治效果更好。

116. 小麦赤霉病有什么特点？怎样防治？

小麦赤霉病俗称烂麦穗头，在全国各类麦区均可发生，但一般在南方麦区发生较重，北方较轻。一般流行年份可造成严重减产，且病麦对人畜有毒，严重影响面粉品质和食用价值。

（1）症状识别 此病苗期到穗期都有发生，可引起苗枯、基腐、穗腐和秆腐等症状，其中以穗腐危害最大。穗腐：小麦在抽穗扬花期受病菌侵染，先在个别小穗上发病，后沿主穗轴向上、下扩展至邻近小穗，病部出现水渍状淡褐色病斑，逐渐扩大成枯黄色病斑，后生成粉红色霉层（分生孢子），后期出现黑色颗粒（子囊壳）。秆腐：初期在旗叶的叶鞘基部变成棕褐色，后扩展到节部，上面出现红色霉层，病株易折断。苗枯：幼苗受害后芽鞘与根变褐枯死。基腐：从幼苗出土到成熟均可发生，初期茎基部变褐变软腐，以后凹缩，最后麦株枯萎死亡。

（2）发病规律 小麦赤霉病菌在土表的秸秆残茬上越冬。春季形成子囊壳，产生子囊孢子，经气流传播至小麦植株。病害发生受天气影响很大，在有大量菌源存在条件下，小麦抽穗至扬花期遇到天气闷热、连续阴雨或潮湿多雾，容易造成病害流行。

（3）防治措施　一是选用抗病品种。二是药剂防治。主要药剂有多·酮（多菌灵和三唑酮配剂）、戊唑醇、氰烯菌酯等。在小麦齐穗期选用上述药剂对水均匀喷洒于小麦穗部，一般在第一次用药一周后，再喷药一次。

117. 小麦颖枯病有什么特点？怎样防治？

小麦颖枯病在全国各麦区都有发生，主要危害麦穗和叶片，叶鞘和茎秆也会发病。受害后子粒不饱满，千粒重降低，影响产量。颖枯病一般在矮秆品种上更容易发生。

（1）症状识别　小麦颖枯病症状主要表现在麦穗上，有时在叶片、叶鞘和茎秆上也可见到。发病初期，颖壳尖端出现褐色病斑，后变成枯白色、边缘褐色病斑扩展至整个颖壳，之后在病斑上产生黑色小粒（分生孢子器），重者不能结实。叶片发病后，初期出现淡褐色小斑点，后扩大成椭圆形至不规则形斑块，病部中央灰白色，其上密布黑色小粒（分生孢子器），病斑多时，叶片卷曲枯死。叶鞘发病时变为黄褐色，致使叶片早枯。茎节受害则呈现褐色病斑，其上也产生黑色小粒，严重时茎秆呈暗色枯死。

（2）发病规律　以病菌（分生孢子器及菌丝体）附着在病株残体上或种子表面越冬、越夏。秋季或春季，在适宜的环境条件下，放出大量病菌侵入植株后形成病斑，以后病菌在病株上又大量繁殖，靠风雨传播，引起田间再侵染。小麦颖枯病易在田间高温、多湿条件下发生蔓延。

（3）防治措施　一是选用抗（耐、避）病品种。二是加强栽培管理，及时除草，合理运筹水肥，促进植株健壮，提高抗病能力。三是药剂拌种。用15%粉锈宁以种子重量0.2%，或12.5%特谱唑以种子重量0.12%～0.3%的药量拌种。四是喷雾防治。每亩用25%敌力脱100克，或15%粉锈宁60～100克，或多菌灵有效成分 50～75 克，对水于扬花期喷雾。

118. 麦类病毒病有什么特点？怎样防治？

麦类病毒病包括黄矮病、丛矮病、红矮病和黑条矮缩病等。其中黄矮病和丛矮病发生较为广泛；红矮病主要分布于西北、内蒙古和四川等地；黑条矮缩病主要分布于长江下游麦区。病毒病可造成严重减产，一般感病越早，产量损失越大。

(1) 症状识别 麦类病毒病的共同特点是病株严重矮缩。

①黄矮病：主要症状表现为叶片变黄和植株矮化。秋苗和返青后植株均可发病。秋苗感病后，植株明显矮化，分蘖减少，根系变浅，病叶叶尖逐渐褪绿变黄，不能越冬或越冬后不能抽穗结实。返青后感病植株稍有矮化，上部叶尖开始发黄，并向叶片基部扩展呈黄绿相间的病斑。后逐渐枯黄，穗期感病仅叶尖发黄，造成穗小、千粒重降低。

②丛矮病：病株严重矮化，分蘖无限增多，叶片多出现黄绿相间的条纹。秋苗发病多不能越冬而死亡，或勉强越冬而生长纤弱，不能抽穗。发病晚的叶色浓绿，心叶有条纹，植株矮化，茎秆粗壮，多数不抽穗或穗而不实，即使能结实也是穗小粒少，秕瘦，粒重降低。

③红矮病：病株开始叶色深绿、色调不匀，叶片甚至叶鞘变为紫红色或黄色。最后全株呈红色或黄色，叶片黄化枯死，病株矮化，少数能抽穗但不实或粒秕。重病株心叶卷缩不能抽出，拔节前即死亡。

④黑条矮缩病：苗期病叶深绿、叶质僵硬、分蘖增多、丛生、严重矮化，不能抽穗。拔节后发病植株稍矮，抽穗迟，穗小、粒秕、粒重降低。

(2) 发病规律 黄矮病是由麦二叉蚜和麦长管蚜传毒引起，其发生流行与蚜虫种群消长关系密切。一般冬暖而干燥有利于蚜虫增殖扩散。

丛矮病由灰飞虱传毒引起，其传毒能力很强，1～2 龄若虫易传毒，并可终生传毒，但不经卵传播。秋季小麦出苗后，灰飞虱从杂草或其他寄主迁入麦田危害传毒。

红矮病由条纹叶蝉等昆虫传毒引起。叶蝉在病株上吸食获毒后可终生传毒，并经卵传播。秋季小麦出苗后，叶蝉成虫从杂草或其他越夏寄主迁入麦田危害传毒，一般早播麦田叶蝉量多，发病重，冬季温暖干燥时利于发病。

黑条矮缩病由灰飞虱和白背飞虱传毒引起。病毒在寄主及带毒昆虫体内越冬越夏，带毒昆虫吸食健株引起发病，获毒昆虫不经卵传毒。秋季小麦出苗后，飞虱由寄主迁入麦田危害、传毒。有利于飞虱繁殖迁移的气候条件也易造成此病发生。

(3）防治措施 一是选用抗耐病品种。二是药剂拌种。用50%辛硫磷乳油按种子重量的0.3%进行拌种，堆闷3～5小时后播种，也可用种子重量0.3%的48%毒死蜱乳油拌种，并可兼治地下害虫和叶螨。三是药剂喷雾。每亩用40%乐果乳油50克，加水适量均匀喷雾防治传毒害虫，可减轻病毒病发生和蔓延。

119. 麦类黑穗病有什么特点？怎样防治？

麦类黑穗病主要有腥黑穗病和散黑穗病，在我国各类麦区均有发生。主要危害麦穗和子粒，可造成严重减产。

(1）症状识别 腥黑穗病病株一般较矮，分蘖增多，病穗较短而直立，初为灰绿色，后变为灰白色，颖壳外张露出病粒，病粒短而肥，外包一层灰褐色膜，内充满黑粉。由于病菌的冬孢子内含三甲胺，故带有鱼腥味，腥黑穗病因此而得名。

散黑穗病病株抽穗略早，其小穗全部为病菌破坏，子房、种皮和颖片均变为黑粉，初期病穗外包一层灰色薄膜，病穗抽出后不久膜即破裂，黑粉（厚垣孢子）随后飞散，仅剩穗轴。

(2）发病规律 黑穗病是由真菌引起的病害，其形成的黑粉即为病菌的冬孢子，条件适宜时冬孢子萌发形成孢子侵染小麦。

腥黑穗病属幼苗侵染型，其病菌（黑粉）在脱粒时飞散，可黏附于种子表面或落入田间土壤，小麦播种发芽时，冬孢子从叶鞘侵入麦苗，随植株生长，最终在穗部造成危害，一年只侵染一次；小麦芽鞘出土后只有通过伤口才能侵入，一般地下害虫危害重的地块发生较重。

散黑穗病属花器侵染型，带菌种子是传播此病的唯一途径。病害发生与空气湿度关系很大。扬花期若空气湿度大、阴雨多，对病菌冬孢子萌发和侵入有利。一般当年种子带菌率高，次年发病就重。

(3) 防治措施 一是选用抗病品种。二是建立无病种子田。三是药剂拌种。可用粉锈宁按种子重量的0.3%有效成分拌种，或用12.5%特谱唑按种子量的0.3%～0.5%拌种，也可用50%苯来特按种子量的0.1%～0.2%拌种，对防治两种病害均有效。

120. 小麦全蚀病有什么特点？怎样防治？

小麦全蚀病广泛分布于世界各主要小麦产区，是一种毁灭性病害。在我国华北、西北均有发生。近年来病害蔓延到长江流域，在局部造成严重危害。一般发病麦田减产10%～20%，重者可达50%以上，甚至绝收。除危害小麦外，还能危害杂草和其他麦类作物，以及玉米、谷子等禾本科作物。

(1) 症状识别 小麦全蚀病在整个生育期均可发生，主要危害植株根部和茎基部。幼苗期轻病株地上部没有明显症状；重病株略矮，根变黑，严重时造成成片枯死；拔节期病株叶片自下而上发黄，根变黑、茎基部及叶鞘内侧产生灰褐色菌丝层；抽穗灌浆期病株出现早枯的穗，根全变黑腐烂，茎基部叶鞘内侧布满黑褐色菌丝层，形成典型“黑脚”症状，潮湿条件下，在菌丝层上形成黑色的子囊壳。由于基部受害，受害株略矮化，叶变黄，分蘖少，重者枯死或形成白穗。

(2) 发病规律 小麦全蚀病菌寄主很广。该病的初次侵染源主要是带菌的土壤、种子和粪肥。土壤温度在12～18℃时，适于侵染。播种越早，发病越重。小麦全蚀病在田间有自然衰退现象，一般地块连续发病数年，病情加重至高峰后，会衰退下降，即所谓“病害搬家”。

(3) 防治措施 一是选用抗病品种及合理轮作。二是药剂拌种。用20%粉锈宁乳油按种子量0.03%～0.05%有效成分拌种，或用20%立克秀和50%多菌灵按种子量0.2%混合拌种，不仅可防治全蚀病，还可兼治小麦纹枯病和根腐病。三是药剂喷雾。用20%粉锈宁乳油对水，于早春返青拔节期，对重病田进行喷雾防治。

121. 小麦根腐病有什么特点？怎样防治？

小麦根腐病俗称白穗病。全国各类麦区均有不同程度的发生，在东北春麦区以苗腐、叶枯和穗腐为主，西北麦区主要危害根部和茎基部，近年来有加重发生的趋势。据调查，在大田病穗率达到5%时，产量损失可达3%以上；病穗率达15%时，产量损失10%以上。

(1) 症状识别 小麦叶、茎、根、穗、粒均可受害，但以根茎部受害为主。在茎秆基部、叶鞘形成黑褐色条斑或梭形斑，根部产生褐色或黑色病斑，引起不同程度的茎腐或根腐。进而造成死苗、死茎或死穗。叶片病斑初为梭形小褐斑，后扩大成椭圆形或较长的不规则形，病斑可相互连成大块枯死斑，严重时造成整个叶片枯死。穗部受害时，初在颖壳上形成不规则病斑，穗轴和小穗枝梗变成黑褐色，进而造成死穗或子粒秕瘦。种子受害时，病粒胚尖或全胚呈黑褐色。根腐病也可以发生在胚乳的腹背或腹沟部位，病斑梭形，边缘褐色，中间白色，形成花斑粒。

(2) 发病规律 小麦根腐病是一种比较严格的土壤寄居菌引起的，其病菌在土壤中适应范围比较狭窄，病残体的菌丝体是小麦根腐病的主要初侵染源。本病在整个生育期都可发生，但以苗期侵染为主。病菌可以从幼苗种子根、胚芽、胚芽鞘、节间侵入组织内部，侵染越早发病越重。禾谷类作物的连作及一年两熟地区小麦、玉米复种或间作套种，有利于病菌的积累和传递，土壤pH高、有机质少、肥力低下的土壤以及冬、春低温和后期干热风等不良因素都会加重病害的发生。

(3) 防治措施 一是选用抗病和抗逆性强的品种，并合理轮作，适当倒茬，破坏病菌的传递链。二是培肥地力，加强管理，培育壮苗，增强小麦的抗病能力。三是化学防治。药剂拌种用6%立克秀悬浮种衣剂进行种子处理；大田喷药可用20%粉锈宁乳剂或15%粉锈宁可湿性粉剂，按药品使用说明进行喷雾防治，还可兼治纹枯病和白粉病。

122. 小麦霜霉病有什么特点？怎样防治？

小麦霜霉病是一种分布较广的土传病害，在我国北部冬麦区、黄淮冬麦区、长江中下游冬麦区、西北麦区等地均有发生，一般田块发病率在5%以下，重病田可达40%以上。一般麦田发病率5%时，产量损失2%左右；发病率20%，产量损失10%左右。

(1) 症状识别 小麦全生育期均可发病，使整个植株表现症状。春小麦苗期、冬小麦返青后开始出现症状，病株矮小，叶色淡绿，心叶黄白色、较细，有时扭曲，叶肉部分较黄，呈条纹状。在低温潮湿条件下，病叶可见白色小点（病菌孢子囊），孢子囊多而密时，形成较厚的灰白霜层。部分病株在拔节前枯死，未死病株拔节后明显矮化，叶部可见条纹。旗叶宽大肥厚，叶面扭曲不平，旗叶和穗畸形，子粒秕瘦。

(2) 发病规律 在淹水的情况下，病菌自幼苗侵入。病残组织中的卵孢子是病害的初侵染源，它们可在土壤中越冬，也可夹杂在种子中越冬和传播。野燕麦、披碱草等杂草上的菌源也是初侵染源之一。淹水有利于卵孢子萌发和侵入，麦田中低洼淹水处发病重，淹水时间越长发病越重。小麦重茬也有利于发病。

(3) 防治措施 一是选用抗病品种。不同品种对霜霉病抗性有明显差异，因此要淘汰感病品种，选用抗病性强的优良品种。二是种子处理。用35%阿普隆100～150克拌种子50千克，或15%甲霜灵75克拌种子50千克，拌后立即播种。三是加强管理，适当轮作。平整土地，适量灌水，避免苗期田间淹水；与非禾本科植物轮作，及时清除田间杂草及病残组织，减少初侵染源。

123. 小麦粒线虫病有什么特点？怎样防治？

小麦粒线虫病在全国各麦区都有发生，除危害小麦外，还能侵害黑麦、燕麦等。

（1）形态特征 成虫肉眼可见，虫体线形，两端尖，头部较钝圆。雌虫肥大卷曲，大小为3～5毫米×0.1～0.5毫米；雄虫较小，不卷曲，大小为1.9～2.5毫米×0.07～0.1毫米。产卵于绿色虫瘿内，散生，长椭圆形。1龄幼虫盘曲在卵壳内，2龄幼虫针状，头部钝圆，尾部细尖。

（2）危害症状 小麦受害后，全生育期均能表现症状。苗期受害分蘖增多，植株矮小，叶片皱缩，茎秆弯曲，节间缩短，心叶抽出困难导致变形，甚至枯死。受害植株麦穗短小，颜色深绿，难以黄熟。穗期表现病穗颖壳开张，可见虫瘿，初为深绿，后变褐色呈坚硬小粒，顶端有小沟，虫瘿比健粒粗短，若加一滴水，可见有线虫游出。

（3）发生规律 虫瘿内的幼虫抵抗不良环境的能力极强，混杂在种子中的虫瘿是远距离传播的主要来源。当虫瘿与小麦种子同时播入土壤后，虫瘿吸水变软，幼虫钻出虫瘿，小麦出苗后，幼虫侵入小麦组织，随幼苗生长向上爬行危害叶片、幼穗，在种子内营寄生生活。

（4）防治措施 一是选用无病种子，加强检疫，防止带有虫瘿的种子远距离传播。清除麦种中的虫瘿，可用清水选，将麦种倒入清水中迅速搅动，捞出上浮的虫瘿，整个操作应在10分钟内完成，以防止虫瘿吸水下沉。也可用20%盐水选，具体步骤同清水，清除虫瘿效果更好。二是药剂处理种子，用相应药剂按种子量的0.2%拌种，每100千克种子用药200克，对水20千克，均匀拌种后闷种4小时，即可播种。

124. 小麦叶枯病有什么特点？怎样防治？

小麦叶枯病是世界性病害，由多种病原菌引起。在我国主产麦区均有发生。小麦受害后，子粒灌浆不饱满，粒重下降，造成减产。

（1）症状识别 主要危害小麦叶片和叶鞘，有时也危害穗部和茎秆。小麦拔节至抽穗期危害最重，受害叶片最初出现卵圆形浅绿色病斑，逐渐扩展连接成不规则黄色病斑。病斑继续发展，可使叶片变成枯白色。病斑上散生黑色小粒，即病菌的分生孢子器。一般下部叶片先发病，逐渐向上发展。

（2）发病规律 在冬麦区，病菌在小麦残体或种子上越夏，秋季侵入幼苗，以菌丝体在病株上越冬，来年春季病菌产生分生孢子传播危害。春麦区，病菌在小麦残体上越冬，来年春季产生分生孢子传播危害。小麦残体和带菌种子是病害的主要初侵染源，低温多湿有利于此病的分生和扩展。

（3）防治措施 一是选用抗病、耐病品种。二是药剂拌种，用6%的立克秀悬浮种衣剂按种子量的0.03%～0.05%（有效成分）或三唑酮按种子量的0.015%～0.02%（有效成分）拌种，或用50%多菌灵可湿性粉剂0.1千克，对水5千克，拌种50千克，然后闷种6小时，可兼治腥黑穗病。三是田间喷药，重病区于小麦分蘖前期用多菌灵或百菌清喷雾防治，每隔7～10天喷一次，连喷2次，可有效控制叶枯病的危害。

125. 小麦秆黑粉病有什么特点？怎样防治？

小麦秆黑粉病俗称乌麦、黑疸、黑铁条等。在全国各类麦区都有发生，但北方较南方发生多。

（1）症状识别 小麦苗期即可发病，拔节后症状逐渐明显。发病部位主要在茎秆、叶鞘和叶片上，初期呈现浅灰色凸起条纹病斑，以后逐渐破裂，散出黑粉（病菌厚垣孢子）。病株较健株矮小，病叶卷曲，分蘖增多，一般不能抽穗即枯死，少数能抽穗的也多不能结实或子粒秕瘦。

（2）发病规律 以土壤传播为主，小麦收获前病株上的厚垣孢子落入土中，收获后部分病株遗留田间，翻入土中，病菌孢子在干燥地区的土中可存活3～5年，带病的种子也可传播。小麦播种后，病菌在幼苗出土前从叶鞘侵入生长点，进而侵入叶片、叶鞘和茎秆。该病发生程度与小麦发芽期土壤温度有关，一般土温平均在14℃以下或21℃以上都不适于病菌侵染。以20℃最适于侵染。病菌只侵染未出土的小麦幼芽，播种时墒情差、播种过深等不利于小麦出苗的情况都可能加重病害发生。

(3) 防治措施 一是选用抗病品种。二是进行药剂拌种，用内吸剂拌种对秆黑粉病防治有效（参见麦类黑穗病防治措施）。三是轮作倒茬。

126. 麦类麦角病有什么特点？怎样防治？

麦角病在我国分布广泛，尤其以黑龙江、河北、新疆和内蒙古等地发生较多。主要危害黑麦，也危害小麦和大麦。

(1) 症状识别 病菌主要危害花部，花器受侵染后先产生黄色蜜状黏液，其后逐渐膨大变硬，形成紫黑色长角状菌核，称为麦角，突出穗外。麦角的大小与寄主植物有关，一般长1～3厘米，直径0.8厘米左右。

(2) 发病规律 病菌菌核在土壤中越冬，一般只能存活1年，春季菌核萌发出土，产生大量子囊孢子，借风、雨、昆虫等传播到寄主植物花部，不断侵染小花，开花期越长，侵染越多。春季地面湿润时，有利于菌核发芽，寄主植物开花期间遇雨有利于病菌传播和侵染。

(3) 防治措施 一是选用不带菌核的种子。二是清除杂草和自生麦苗，减少菌源。三是秋季深耕，将菌核深埋土中，使其不易发芽或发芽后不易出土。四是与非禾本科作物倒茬轮作。

127. 麦蚜有什么特点？怎样防治？

麦蚜在全世界都有分布，可危害多种禾本科作物。从小麦苗期到乳熟期都可危害，刺吸小麦汁液，造成严重减产，麦蚜还可传播小麦黄矮病病毒。麦蚜可分为麦长管蚜（在全国主要麦区均有发生）、麦二叉蚜（主要分布在北方冬麦区）、禾缢管蚜（主要分布在华北、东北、华南、西南各麦区）和麦无网长管蚜（主要分布在河北、河南、宁夏、云南等地）四种，是小麦的主要害虫。

（1）形态特征

①麦长管蚜：成蚜椭圆形，体长1.6～2.1毫米，无翅雌蚜和有翅雌蚜体淡绿色、绿色或橘黄色，腹部背面有2列深褐色小斑，腹管长圆筒形，长0.48毫米，触角比体长，又有“长须蚜”之称。

②麦二叉蚜：成蚜椭圆形或卵圆形，体长1.5～1.8毫米，无翅雌蚜和有翅雌蚜体均为淡绿色或绿色，腹部中央有一深绿色纵纹，腹管圆筒形，长0.25毫米，触角比体短，有翅雌蚜的前翅中脉分为二叉，故称“二叉蚜”。

③禾缢管蚜：成蚜卵圆形，体长1.4～1.6毫米，腹部深绿色，腹管短圆筒形，长0.24毫米，触角比体短，约为体长的2/3，有翅雌蚜的前翅中脉分支2次，分叉较小。

④麦无网长管蚜：成蚜长椭圆形，体长2.0～2.4毫米，腹部白绿色或淡赤色，腹管长圆形，长0.42毫米，翅脉中脉分支2次，分叉大，触角为体长的3/4。

（2）发生规律　麦蚜在温暖地区可全年孤雌生殖，不发生有性蚜世代，表现为不全周期型；在北方则为全生活周期型。从北到南一年可发生10～30代。小麦出苗后，麦蚜即可迁入麦田危害，到小麦灌浆期是麦田蚜虫数量最多、危害和损失最重的时期。蜡熟期产生大量有翅蚜飞离麦田，秋播麦苗出土后又迁入麦田危害。

（3）防治措施

①防治标准：在小麦扬花灌浆初期百株蚜量超过500头、天敌与麦蚜比在1∶150以下时，应及时喷药防治。

②药剂防治：每亩用90％万灵粉10克，或2.5％敌杀死乳油10毫升，对水50千克，均匀喷雾。

128. 小麦吸浆虫有什么特点？怎样防治？

小麦吸浆虫分为麦红吸浆虫和麦黄吸浆虫两种。麦红吸浆虫主要分布在黄淮流域以及长江、汉水和嘉陵江沿岸麦区；麦黄吸浆虫主要发生在甘、青、宁、川、黔等省、自治区高寒、冷凉地带。小麦吸浆虫是一种毁灭性害虫，可造成小麦严重减产。

（1）形态特征　麦红吸浆虫成虫体橘红色、密被细毛，体长2～2.5毫米，触角基部两节橙黄色，细长，14节，念珠状，各节具两圈刚毛；足细长，前翅卵圆形，透明，翅脉4条，后翅为平衡棒，腹部9节。幼虫长2.5～3毫米，长椭圆形，无足，蛆状。麦黄吸浆虫成虫体鲜黄色，其他特征与麦红吸浆虫相似。

（2）发生规律　两种吸浆虫多数一年一代，也有一年多代，以幼虫在土中做茧越夏、越冬，翌春由深土层向表土移动，遇高湿则化蛹羽化，抽穗期为羽化高峰期。羽化后，成虫当日交配，当日或次日产卵。麦红吸浆虫只产卵在未扬花麦穗或小穗上，扬花后不再产卵。麦黄吸浆虫主要选择在初抽麦穗上产卵。吸浆虫的幼虫由内外颖结合处钻入颖壳，以口器锉破麦粒果皮吸取浆液。小麦接近成熟时即爬到颖壳外或麦芒上，随雨滴、露水弹落入土越夏、越冬。

（3）防治措施　一是选用抗虫品种。二是在重发区实行轮作倒茬。三是药剂防治。在小麦抽穗时，成虫羽化出土或飞到穗上产卵时结合治蚜喷撒甲敌粉，也可用50％辛硫磷乳油或80％敌敌畏乳油2 000倍液，或20％杀灭菊酯乳油4 000倍液喷雾防治。

129. 麦蜘蛛有什么特点？怎样防治？

麦蜘蛛是取食麦类叶、茎的害螨，在我国主要有麦长腿蜘蛛和麦圆蜘蛛两种。麦长腿蜘蛛主要于北纬34°～43°地区危害，即长城以南、黄河以北的麦区，以干旱麦田发生普遍而严重。麦圆蜘蛛主要发生在北纬27°～37°地区，水浇地或低湿阴凉的麦田发生较重。有些地区两种蜘蛛混合发生。

（1）形态特征　麦蜘蛛一生有卵、幼虫、若虫、成虫4个虫态。麦长腿蜘蛛雌成螨体卵圆形，黑褐色，体长0.6毫米，宽0.45毫米，成螨4对足，第一对和第四对足发达。卵呈圆柱形。幼螨3对足，初为鲜红色，取食后呈黑褐色。若螨4对足，体色、体形与成螨相似。

麦圆蜘蛛成螨卵圆形，深红褐色，背有一红斑，有4对足，第一对足最长；卵椭圆形，初为红色，渐变淡红色；幼虫有足3对；若虫有足4对，与成虫相似。

(2) 发生规律 麦长腿蜘蛛在长城以南的黄淮流域一年发生3～4代，在山西北部一年发生2代，均以成螨和卵在麦田土块下、土缝中越冬。翌年3月越冬成螨开始活动，4月中下旬为第一代危害盛期，以滞育卵越夏。成、若螨有群聚性和弱的负趋光性，在叶背危害。麦长腿蜘蛛以孤雌生殖为主，也可部分进行两性生殖。

麦圆蜘蛛一年发生2～3代，以成螨和卵在麦株、土缝或杂草上越冬。越冬成螨休眠而不滞育，气温升高时即开始活动，危害麦苗。3月下旬种群密度迅速增加，形成第一个高峰。主要危害小麦叶片，其次危害叶鞘和嫩穗。麦圆蜘蛛为孤雌生殖，低洼潮湿麦田发生严重。

(3) 防治措施

①倒茬轮作，及时清理田间地头杂草，可减轻麦蜘蛛危害。

②药剂拌种：用48%毒死蜱乳油拌种。

③药剂喷雾：用20%哒螨灵可湿性粉剂对水喷雾，对两种麦蜘蛛均有较好防治效果。在发生初期，每亩用250克石硫悬浮剂对水均匀喷雾，效果也很好，还可兼治白粉病。

④撒施毒土：用3%毒死蜱颗粒剂或毒土，顺垄撒施。

130. 麦叶蜂有什么特点？怎样防治？

麦叶蜂俗称小黏虫，发生普遍，广泛分布于华北、东北、华东等地，常与黏虫混合发生。近年来，一些高产麦田随水肥条件改善和群体增加，麦叶蜂发生危害有上升趋势。麦叶蜂主要危害麦类，幼虫取食小麦或大麦叶片，严重时可将麦叶吃光。

(1) 形态特征 成虫体长8～9毫米，雌蜂较大，雄蜂较小，体黑色而微有蓝色，前胸背板、中胸背板前盾片、翅基片赤褐色，翅膜质、透明，头部有网状花纹，复眼大，雌蜂腹末有锯齿状产卵器。卵肾形、淡黄色，长1.8毫米。幼虫5龄，体长17.1～18.8毫米，圆筒形，头褐色，胸腹部绿色，背面带暗蓝色。蛹长9～9.8毫米，初化蛹时为黄白色，羽化前棕黑色。

(2) 发生规律 麦叶蜂一年一代，以蛹在土中越冬。翌年3月羽化为成虫，产卵于叶背主脉两侧的组织中。4月上旬至5月上旬幼虫危害叶片。5月中旬老熟幼虫入土做土室，滞育越夏，到10月中旬蜕皮化蛹越冬。成虫和幼虫均具假死性。冬季温暖、土壤墒情好时，越冬蛹成活率高，麦叶蜂则发生危害重。

(3) 防治措施

人工捕杀：利用成虫和幼虫的假死性，傍晚时用捕虫网或簸箕捕杀。

药剂防治：在幼虫孵化盛期，当麦田每平方米有幼虫50头时，用90%敌百虫1 500倍液，或2.5%敌杀死乳油4 000倍液，均匀喷雾防治。也可用2.5%敌百虫粉，每亩1.5～2.5千克，喷粉防治。

131. 麦秆蝇有什么特点？怎样防治？

麦秆蝇是我国小麦的重要害虫之一，除危害小麦外，也可危害大麦和黑麦等。主要分布在冀、豫、鲁、晋、陕、甘、宁、青、新及内蒙古等省、自治区，以幼虫蛀秆危害，造成减产。

(1) 形态特征 雌成虫体长3.7～4.5毫米，体黄绿色，复眼黑色，触角黄色，胸部背面有3条深色纵纹，幼虫体细长，呈淡黄绿至黄绿色，口钩黑色。

(2) 发生规律 在冬麦区一年发生4代，春麦区一年发生2代。第一代幼虫是主要危害代，幼虫蛀茎危害，在分蘖拔节期造成枯心苗，在孕穗期造成烂穗，在抽穗初期则造成白穗。在冬麦区以幼虫在小麦秋苗上越冬，在春麦区以幼虫在野生寄主上越冬。

(3) 防治措施 一是选用抗（避）虫品种。二是药剂防治。用50%辛硫磷乳油2 000倍液喷雾，或用80%敌敌畏与40%乐果乳剂1∶1混合配制成2 000倍液喷雾，对成虫和幼虫均有很好的防治效果。

132. 叶蝉有什么特点？怎样防治？

叶蝉俗名浮尘子，在我国各作物上主要有大青叶蝉、黑尾叶蝉、白翅叶蝉、棉叶蝉等十多种，可以危害水稻、玉米、小麦等禾本科作物及大豆、棉花、马铃薯等作物，主要以成、若虫刺吸植株汁液，可使叶片枯卷、褪色、畸形，甚至全叶枯死。另外，该类虫还是病毒病的主要传播媒介。

（1）形态特征 成虫体长数毫米，形似蝉，体色有绿、白、黄褐等。头顶圆弧形，翅为半透明，革质，颜色、斑纹各异，成虫喜跳跃、飞翔，卵产于叶片背面或叶鞘组织上；若虫多5龄，体褐色、灰白色、黄绿色等，3龄以后出现翅芽，跳跃性好。该虫多群集危害，受惊后可斜向爬行或跳跃飞开。成虫有趋光性。

（2）发生规律 每年发生十数代不等，世代重叠严重，可以卵、成虫在植物皮缝、杂草及土缝中越冬。次年气温回升后，便开始活动，适宜气温为20～30℃，北方多在5～6月开始活动。气温高、天气阴湿有利于其发生危害，但大雨则可冲刷杀死大量虫口。因此，天气闷热时，要注意该虫的发展动态，预防灾情发生。由于其世代重叠，故危害高峰主要与天气有关。该虫可以进行迁飞，是病毒病的又一传播媒介，可以传播多种病毒，因此，对它的防治是防治病毒病的前提。叶蝉在北方到10月大秋作物收获后便转移到冬麦等作物危害一段时间后，进入越冬状态。

（3）防治措施

①选用抗虫、抗病品种。

②诱杀成虫：用黑光灯诱杀成虫，然后集中销毁。

③药剂防治：于若虫低龄，或成、若虫群集时喷洒药剂防治，可用2.5%敌百虫粉、2%叶蝉散粉剂或5%西维因粉剂，每亩用2～2.2千克，喷粉即可；也可用25%喹硫磷或50%马拉硫磷等药剂均匀喷雾（要喷到害虫体上），主要集中于叶背面。

133. 小麦潜叶蝇有什么特点？怎样防治？

小麦潜叶蝇在华北部分麦田经常发生危害，被害株率一般在10%～20%。潜入叶中的幼虫取食叶肉，仅存表皮，造成小麦减产。

(1) 形态特征　成虫体长约3毫米，体黑色有光泽，前缘脉仅一次断裂，翅的径脉第一支刚刚到达横脉的位置。幼虫蛆状，体长3～3.5毫米，体表光滑，乳白色到淡黄色。

(2) 发生规律　每年发生两代，10月中旬初见幼虫，11月中旬为第一代幼虫盛期。11月下旬入土化蛹，翌年2月底3月初羽化，4月中旬为第二代幼虫高峰期，也是田间危害盛期。5月初落土化蛹。4月10日前幼虫主要危害下部叶片，4月下旬主要危害上部叶片，成虫有趋光性。

(3) 防治措施　一是诱杀成虫，利用成虫的趋光性，在成虫羽化初期开始用黑光灯诱杀。二是药剂防治，在开始发生期，每亩用40%乐果乳油50毫升，对水50千克均匀喷雾防治。

134. 麦蝽有什么特点？怎样防治？

麦蝽又名臭斑斑。主要分布于西北各省、自治区，河北、山西、江苏、浙江、吉林等省也有分布。麦蝽以口器刺吸叶片汁液，使受害麦苗出现枯心，或叶片上出现白斑、扭曲，枯萎。小麦生长后期被害可造成白穗或秕粒。

(1) 形态特征　成虫体长9～11毫米，黄色或黄褐色，前胸背板有1条白色纵纹，背部密生黑色点刻，小盾板发达。卵为鼓状，长1毫米，初产时白色，孵化前变灰黑色。若虫共5龄，体长8～9毫米，黑色，复眼红色，腹部节间黄色。

(2) 发生规律　每年一代，以成虫及若虫在杂草（尤其是芨芨草）、落叶或土缝中越冬。4月下旬出蛰活动，先在杂草上取食，5月初迁入麦田，6月上旬产卵，卵期8天左右，6月中旬进入孵化盛期。若虫危害期40天左右，危害后成虫或老熟若虫迁回杂草，9月后陆续越冬。麦蝽白天活动，夜间或盛夏中午躲藏在植株下部或土缝中，以下午1～3时最为活跃。成虫一般下午交尾，其后一天即可产卵，卵多产在植株下部或枯叶背面，每头雌虫可产卵20～30粒。一般茂密麦田发生偏重，灌水后易裂缝的黏土麦田比沙壤土麦田发生重。

(3) 防治措施 一是农业防治，早春麦蝽出蛰前，清除并销毁越冬场所杂草，以减少虫源。二是化学防治，春季芨芨草或其他杂草返青时，越冬虫源多在其上取食，此时防治最为有效。可用90%敌百虫1.5～2克对水60千克喷雾，或80%敌敌畏乳油1 500倍液喷雾防治。

135. 黏虫有什么特点？怎样防治？

黏虫俗称行军虫、五色虫等，在全国大部分省、自治区均有发生。主要危害麦类、玉米、谷子、水稻、高粱、糜子等禾本科作物和甘蔗、芦苇等。大发生时也可危害豆类、白菜、甜菜、麻类和棉花等。黏虫为食叶害虫，1～2龄幼虫仅食叶肉，3龄后蚕食叶片，5～6龄为暴食期，大发生时，幼虫成群结队迁移，常将作物叶片全部吃光，将穗茎咬断，造成严重减产甚至绝收。

(1) 形态特征 成虫体长17～20毫米，翅展36～45毫米，头、胸部灰褐色，腹部暗褐色，前翅中央有淡黄色圆斑及小白点1个，前翅顶角有一黑色斜纹，后翅暗褐色，基部色渐淡，缘毛白色。雄虫体稍小，体色较深。卵半球形，白色或乳黄色。幼虫共6龄，老熟幼虫体长38毫米，体色变化很大，从淡黄绿到黑褐色，密度高时，多为黑色，头红褐色，沿蜕裂线有一近八字形斑纹，体上有5条纵线。蛹长约20毫米，第5～7节背面近缘处有横脊状隆起，上具横列成行的刻点。

(2) 发生规律 从北到南一年发生2～8代，成虫具有迁飞特性。第一代即能造成严重危害，以幼虫和蛹在土中越冬。3、4月危害麦类作物，5、6月化蛹羽化为成虫，6、7月危害小麦、玉米、水稻和牧草，8、9月又化蛹羽化为成虫。成虫昼伏夜出，具强趋光性，繁殖力强，1只雌蛾产卵1 000粒左右，在小麦上多产卵于上部叶片尖端或枯叶及叶鞘内。幼虫亦昼伏夜出危害，暴食作物叶片等组织，有假死及群体迁移习性；黏虫喜好潮湿而怕高温干旱，群体大、长势好的麦田有利于黏虫发生危害。

(3) 防治措施

诱杀成虫：在成虫羽化初期，用糖醋液或黑光灯、杨树枝诱杀成虫。

药剂防治：在幼虫3龄以前，每平方米有幼虫20头以上时，用2.5%敌百虫粉，或5%马拉松粉、3.5%甲敌粉、5%杀螟松粉等，每亩用1.5～2.5千克喷粉防治；也可用90%敌百虫1 000倍液，或50%杀螟松1 000倍液、50%辛硫磷1 000～1 500倍液、2.5%敌杀死3 000倍液喷雾防治。

一般在田间发现病虫害时，要及时均匀喷药防治，时间掌握在上午9时以后，应避开阴雨天气，并应特别注意人身安全。

136. 蝼蛄有什么特点？怎样防治？

蝼蛄俗名“蝲蝲蛄”，几乎危害所有作物、蔬菜等，在我国危害最重的是华北蝼蛄和东方蝼蛄，是咬食作物地下根茎部及种子的多食性地下害虫。蝼蛄经常将植株咬成乱麻状，或在地表活动，钻成隧道，使种子、幼苗根系与土壤脱离不能萌发、生长，进而枯死，从而造成缺苗断垄或植株萎蔫停止发育。

(1) 形态特征

华北蝼蛄：成虫体长36～50毫米，黄褐色（雌大雄小），腹部色较浅，全身被褐色细毛，头暗褐色，前胸背板中央有一暗红斑点，前翅长14～16毫米，覆盖腹部不到一半；后翅长30～35毫米，附于前翅之下。前足为开掘足，后足胫节背面内侧有0～2个刺，多为1个。

东方蝼蛄：成虫体长30～35毫米（雌大雄小），灰褐色，全身生有细毛，头暗褐色，前翅灰褐色，长约12毫米，覆盖腹部达一半；后翅长25～28毫米，超过腹部末端。前足为开掘足，后足胫节背后内侧有3～4个刺。

(2) 发生规律

华北蝼蛄：约3年1代，以成虫、若虫在土内越冬，入土可达70毫米左右。第2年春天开始活动，在地表形成长约10毫米松土隧道，为调查虫口的有利时机，4月是危害高峰期，9月下旬为第2次危害高峰。秋末以若虫越冬。若虫3龄分散危害，如此循环，第3年8月羽化为成虫，进入越冬期。其食性很杂，危害盛期在春秋两季。

东方蝼蛄：多数1～2年1代，以成、若虫在土下30～70毫米处越冬。3月越冬虫开始活动危害，在地面上形成一堆松土堆，即其隧道，4月是危害高峰，地面可出现纵横隧道。其若虫孵化3天即开始分散危害，秋季形成第2个危害高峰，成为对秋播作物的暴食期。可在秋末冬初部分羽化为成虫，之后成、若虫同时入土越冬。

两种蝼蛄均有趋光性、喜湿性，并对新鲜马粪及香甜物质有强趋性。卵产于卵室中，卵室深约5～25毫米。

(3) 防治措施 在免耕等保护性耕作下，由于耕层很少翻动，而为其生存提供了有利环境，增加了其防治难度，因此应以药剂毒杀为主要防治措施，有条件时也可及时灌水进行防治，以减轻危害。

药剂拌种：可用50%辛硫磷，或50%地亚农乳油等，按种子量的0.1%～0.2%药剂和10%～20%的水兑匀，均匀地喷拌在种子上，并闷种4～12小时再播种。

毒土、毒饵毒杀法：用上述药剂按每亩250～300毫升，加水稀释至1 000倍左右，拌细土25～30千克制成毒土，或用辛硫磷等颗粒剂拌土，每隔数米挖一坑，坑内放入毒土再覆盖好。还可用上述药剂按1%药量及10%水，拌炒过的谷子、麦麸、谷糠等，制成毒饵，于苗期撒施田间进行诱杀，并要及时清理死虫。

也可用鲜马粪进行诱捕，然后人工消灭，可保护天敌。

137. 小麦皮蓟马有什么特点？怎样防治？

小麦皮蓟马又名小麦管蓟马。主要分布在新疆麦区。小麦皮蓟马主要危害小麦花器，在灌浆时吸食子粒浆液，造成小麦子粒秕瘦而减产。此外，还可危害麦穗的护颖和外颖，使受害部位皱缩、枯萎。

(1) 形态特征　成虫体长1.5～2毫米，黑褐色。翅2对，边缘有长缨毛，腹部末端延长或管状，称尾管。卵初产白色，后变乳黄色，长椭圆形。若虫无翅，初孵淡黄色，后变橙红色，触角及尾管黑色，蛹分前蛹及伪蛹，均比若虫短，淡红色，四周生有白毛。

(2) 发生规律　一年发生1代，以若虫在麦茬、麦根处越冬，在4月上中旬日平均气温达到8℃时越冬若虫开始活动，5月上中旬进入化蛹盛期，5月下旬开始羽化为成虫，6月上旬为羽化盛期，羽化后成虫危害麦株。成虫危害及产卵时间仅为2～3天。成虫羽化后7～15天开始产卵，卵孵化后，幼虫在6月上中旬小麦灌浆期危害最盛，7月上中旬陆续离开麦穗停止危害。小麦皮蓟马发生程度与前茬、小麦生育期等因素有关。连作或邻作麦田发生重，抽穗期越晚危害越重。

(3) 防治措施　一是栽培措施，合理轮作，适时播种，清除杂草，减少越冬虫源。二是化学防治，于小麦开花期用80%敌敌畏乳油1 000倍液、50%马拉硫磷2 000倍液喷雾防治。

138. 薄球蜗牛有什么特点？怎样防治？

薄球蜗牛是一种雌雄同体、异体受精的软体杂食性动物，能危害小麦、大麦、棉花、豆类及多种十字花科和茄科蔬菜。对小麦主要危害嫩芽、叶片及灌浆期的麦粒。

(1) 形态特征　成贝体长35毫米左右，贝壳直径20～23毫米，灰褐色，共5层半，各层螺旋纹顺时针旋转。

(2) 发生规律　一年发生1～1.5代，成螺或幼螺均能在小麦或蔬菜的根部或草堆、石块、松土下越冬，3～4月开始活动，危害小麦嫩叶，在小麦抽穗灌浆期，夜间爬到麦穗上取食子粒中的浆液。一般在低洼潮湿的麦田发生较重。

(3) 防治措施 每平方米有蜗牛3～5头时，用蜗牛敌500克拌炒香的棉籽饼粉10千克，于傍晚撒施于麦田，每亩撒5千克。也可用90%敌百虫1 500倍液喷雾防治。

139. 瓢虫有什么特点？如何保护？

瓢虫是麦田最常见、种群数量最多的蚜虫天敌，对麦田中后期蚜虫有较大的控制作用。其中以七星瓢虫、异色瓢虫和龟纹瓢虫发生数量最多，控制蚜虫作用最强。

(1) 形态特征

①七星瓢虫：成虫体长5.7～7毫米、宽4.5～6.5毫米，体呈半球形，背橙红色，两鞘翅上有7个黑色斑点。

②龟纹瓢虫：成虫体长3.8～4.7毫米、宽2.9～3.2毫米，黄色至橙黄色，具龟纹状褐色斑纹。鞘翅上的黑斑常有变异，有的扩大相连或缩小而成独立的斑点，有的完全消失。常见有二斑型、四斑型和隐四斑型。

③异色瓢虫：成虫体长5.4～8毫米、宽3.8～5.2毫米，卵圆形，鞘翅近末端中央有一明显隆起的横脊痕。色泽和斑纹变异较大，有浅色型和深色型两种类型。浅色型基本为橙黄色至橘红。根据鞘翅上的黑斑数量的不同，又可分为19斑型、14斑型、无斑变型和二斑变型。深色型基色为黑色。

(2) 发生规律

①七星瓢虫：在黄河流域一年发生3～5代，第一代在麦田取食麦蚜，以成虫在土块下、小麦分蘖即根茎间土缝中越冬，于翌年2月中下旬开始活动，3月开始产卵于叶背面，第一代成虫在4月中旬始现，5月中下旬为盛发期。1～4龄幼虫和成虫单头最大每日食蚜量分别为16.2、37.2、40.0、128.9和128.6头。

②龟纹瓢虫：一年发生7～8代，以成虫群聚在土坑或石块缝

隙中越冬。翌年3月开始活动，幼虫爬行迅速，捕食能力强，一头3龄幼虫日捕食蚜虫可达80头左右。

③异色瓢虫：一年发生6～7代，以成虫在岩洞、石缝内群聚越冬，一窝少则几十头，多则上万头。翌年3月上旬至4月中旬出洞，一部分在麦田活动取食，小麦收获后迁入棉田等其他场所。成虫不耐高温，超过30℃，死亡率很高。一头4龄幼虫日捕食蚜虫100～200头。

(3) 保护利用　一是小麦、油菜间作，利用这些作物上蚜虫发生早、数量大的特点，为瓢虫生存创造条件，可显著增加瓢虫数量。二是春季晚浇水，可减少瓢虫越冬死亡率。三是选用对瓢虫杀伤力小或无伤害的选择性农药，如抗蚜威和灭幼脲等，避免使用杀伤力强的广谱性农药。

140. 草蛉有什么特点？如何保护？

草蛉是麦田中较常见的天敌之一，在全国各地均有分布，可捕食麦蚜、棉蚜和麦蜘蛛等。主要有中华草蛉和大草蛉两种。

(1) 形态特征

①中华草蛉：成虫体长9～10毫米，前翅长13～14毫米，后翅长11～12毫米，体黄绿色。胸和腹部背面两侧淡绿色，中央有黄色纵带，头淡红色，触角比前翅短，灰黄色。翅透明，翅脉黄绿色。卵椭圆形，长0.9毫米，初产绿色，近孵化时褐色。3龄幼虫体长7～8.5毫米、宽2.5毫米，头部除有一对倒八字形褐斑外，还可见到两对淡褐色斑纹。

②大草蛉：成虫体长13～15毫米，前翅长17～18毫米，后翅长15～16毫米，体绿色较暗。头黄绿色，有黑斑2～7个。幼虫黑褐色，3龄幼虫体长9～10毫米、宽3～4毫米，头背面有3个品字形大黑斑。

(2) 发生规律

①中华草蛉：一年发生6代，以成虫在麦田、树林、柴草和屋檐下背风向阳处越冬，翌年2月下旬开始活动。第一代部分草蛉幼

虫在麦田取食麦蚜和红蜘蛛，5月上旬为幼虫发生高峰期。成虫不取食蚜虫。幼虫活动能力强，行动迅速，捕食凶猛，有“蚜狮”之称。在整个幼虫期可捕食蚜虫500～600头。中华草蛉耐高温性好，能在35～37℃温度下正常繁殖。遇饲料缺乏时幼虫有相互残杀的习性。

②大草蛉：以茧在寄主植物的卷叶、树洞内或树皮下越冬，翌年4月中下旬羽化后，在有蚜虫的地方活动。大草蛉不耐高温，气温超过35℃时，卵孵化率很低。

(3) 保护利用 一是正确选用化学农药，避开幼虫、成虫高峰期用药，可以对草蛉起到一定的保护作用。化学农药对草蛉幼虫、成虫有一定的杀伤作用，但对卵和茧影响较小。二是人工增殖，用人工饲养繁殖草蛉，于适当时机在麦田释放，可有效控制幼虫。

141. 蚜茧蜂有什么特点？如何保护？

蚜茧蜂是麦田蚜虫的重要天敌之一。在麦田发生较多的是燕麦蚜茧蜂和烟蚜茧蜂，全国各麦区均有分布，主要寄主是麦长管蚜和其他蚜虫。

(1) 形态特征 燕麦蚜茧蜂雌蜂体褐色，长2.5～3.4毫米，触角15～17节。烟蚜茧蜂体长1.8～2.7毫米，头和触角暗褐色，唇基与口器黄色，胸背面暗褐色，其余部分暗黄色，少数全胸暗黄色。

(2) 发生规律 两种蚜茧蜂均以蛹在菜田枯叶下越冬，在麦田发生2代左右，4月初有成蜂出现，5月中旬达到高峰，一头燕麦蚜茧蜂雌蜂平均寄生蚜虫50余头，最多达到120余头。被蚜茧蜂寄生的蚜虫活动能力逐渐减弱，体色变成灰褐色，被蚜茧蜂寄生的蚜虫取食一段时间后逐渐死亡，死后蚜体逐渐膨大成谷粒状，即僵蚜。

(3) 保护利用 选择化学农药防治蚜虫时，应避开成蜂活动高峰期，蚜茧蜂僵蚜对化学农药有很强的抗药性，在僵蚜时期喷药治蚜有利于保护蚜茧蜂。

142. 食蚜蝇有什么特点？如何保护？

食蚜蝇是麦田蚜虫的重要天敌之一。在麦田发生较多的有黑带食蚜蝇和大灰食蚜蝇两种。黑带食蚜蝇在小麦主要产区均有分布，大灰食蚜蝇主要分布在北京、河北、甘肃、河南、上海、江苏、浙江、湖北、福建等地。

（1）形态特征

①黑带食蚜蝇：成虫体长8～11毫米，棕黄色，雌虫额正中有一黑色纵带，前粗后细。中胸背板黑绿色，第二至四节背板均有黑色横带或斑纹，第五节背板有黑色工字形纹，幼虫呈蛆形。

②大灰食蚜蝇：成虫体长9～10毫米，棕黄色，中突棕色，触角棕黄色或黑褐色。腹部黑色，第二至四背板各有一对大黄斑。老熟幼虫体长12～13毫米，纵贯体背中央有一前窄后宽的黄色纵带。

（2）发生规律

①黑带食蚜蝇：4月中旬在麦田出现，中下旬产卵，以幼虫捕食麦蚜，5月达到发生高峰，以后转入棉田。1～3龄幼虫每日单头捕食蚜虫分别为7.0、30.3、72.3头，一生可捕食麦蚜1 000～1 500头。

②大灰食蚜蝇：成虫4月在小麦上产卵，以幼虫捕食蚜虫，3龄幼虫单头日捕食蚜虫可达70余头，一生捕食蚜虫在1 000头左右。5月以后迁入棉田。

（3）保护利用　应避免使用广谱性杀虫剂，选择对食蚜蝇及其他蚜虫天敌安全的农药，如抗蚜威和灭幼脲等农药，既可消灭蚜虫又可相对保护天敌。

143. 金针虫有什么特点？怎样防治？

金针虫为叩头虫的幼虫，属多食性地下害虫，俗称铁丝虫、姜虫子，成虫俗称叩头虫。我国主要有3种危害最重：沟金针虫、细胸金针虫和褐纹金针虫。金针虫可危害多种作物（禾本科、薯类、豆类及棉麻果菜等），幼虫咬食种子、幼苗、幼根（被害部位呈不规则丝状）、块根、块茎等。沟金针虫在我国分布范围较广，但北方较南方重。

(1) 形态特征

沟金针虫：成虫体长14～18毫米，宽3～5毫米，雌虫较粗壮，雄虫较细长，棕褐色至深褐色，密被细毛，前胸背板半球状隆起，后角尖锐，后翅退化，鞘翅纵列不明显，老熟幼虫长约20～30毫米，身体扁平，多金黄色，体背中央有一细纵沟，臀节背面斜截形，密布粗刻点，末端分叉，内侧有一对齿状突起。

细胸金针虫：成虫体长8～9毫米，宽2.5毫米，暗褐色或黄褐色，密生黄茸毛，前胸背板略呈圆形，后角尖锐略向上翘，鞘翅狭长，每翅有9条纵列点刻。老熟幼虫体长23毫米左右，淡黄色，细长圆筒形，有光泽，臀节圆锥形，背面近基部有一对圆形褐斑，下有4条褐纵线，末端不分叉。

褐纹金针虫：成虫体长9毫米左右，宽3毫米，呈茶褐色，鞘翅上各有9条明显纵列刻点。幼虫体长25毫米左右，茶褐色，末端不分叉，但尖端有3个齿状突起。

三种金针虫的成虫均有叩头习性、假死性及趋光性，且对腐烂植株残体有趋性。

(2) 发生规律

沟金针虫：每3年完成一代，以成虫和幼虫在土中做土室越冬。老熟幼虫8月化蛹，9月羽化，当年在原蛹室内越冬；越冬成虫3月出土，5月产卵于土下3～7厘米处，孵化后即开始危害，9月进入第二次危害高峰，11月开始越冬；越冬幼虫次年3～5月是危害盛期，可危害冬麦及春播作物种子及幼苗，9月为再次危害高峰，危害秋播及大秋作物，幼虫在10厘米土温10～18℃时危害最盛，11月开始越冬。在有机质含量较少的土质疏松的沙土地较严重（土壤湿度约15%～18%），该虫6～8月有越夏现象。

细胸金针虫：多为2年一代，以成虫和幼虫在土中越冬（深约30～40厘米），越冬成虫3月开始出土活动，5月为产卵高峰期，孵出的幼虫随即开始危害作物，6月进入越夏期，9月又开始进入危害盛期，10～11月开始越冬。越冬幼虫3～5月进入危害高峰期，7月为化蛹期，8月羽化后原地越冬。该虫幼虫较耐低温，10厘米深土温7～12℃为危害盛期，超过17℃即停止危害，该虫春季危害早，秋季越冬迟。喜欢在有机质丰富的较湿的黏土地块生活（土壤湿度约20%～25%）。成虫对新鲜枯萎草堆有强烈趋性，故可用此来进行诱杀。此虫也有越夏现象。

褐纹金针虫：约3年完成一代，以幼虫和成虫越冬。越冬成虫在5月开始危害，6月产卵，当年的幼虫即以3龄越冬，9月为第一次危害高峰。越冬幼虫3月即开始危害，9月为第二次危害盛期，第三年的7、8月化蛹、羽化越冬。该虫适于高湿区（土壤湿度约20%～25%），常与细胸金针虫混合发生，主要分布在西北、华北等地。

(3) 防治措施　一是农业措施，可与棉花、油菜等金针虫不太喜欢的作物进行轮作；二是诱杀成虫，用新鲜草堆拌1.5%乐果粉进行诱杀，也可用黑光灯诱杀；三是药剂防治，若每平方米有虫4～5头即应防治，方法参照蛴螬防治方法。

144. 蛴螬有什么特点？怎样防治？

蛴螬俗称地蚕，是多种金龟子的幼虫，在地下害虫中种类最多，危害最重，分布最广。我国的主要危害种类为铜绿丽金龟、大黑鳃金龟、暗黑鳃金龟及黄褐丽金龟，其食性很杂，可危害几乎所有的大田作物、蔬菜、果树等。幼虫主要咬食种子、幼苗、根茎及地下块茎、果实。成虫则危害豆类等作物及果树的叶片、花等组织。

(1) 形态特征

①铜绿丽金龟：成虫体长16～22毫米，宽8～12毫米，背部有铜绿光泽，并密布小刻点，腹面黄褐色，背部有两条纵肋。幼虫共3龄，老熟幼虫体长30～33毫米，体色污白，呈C形，头部前顶每侧6～8根刚毛，排成一列，肛门横裂型，肛腹板刚毛群中有

2 列平行的刺毛列，每列 15～18 根。

②大黑鳃金龟：成虫体长 17～22 毫米，长椭圆形，黑褐色或深黑色，有光泽，鞘翅有 3 条明显纵肋，两翅合缝处也呈纵隆起，体末端较钝圆，幼虫乳白色，共 3 龄，老熟幼虫体长 40 毫米左右，头部橘黄色，前顶刚毛每侧 3 根，体弯曲成 C 形，肛腹板仅有钩状刚毛群，无刺毛列，肛门三裂型。

③暗黑鳃金龟：成虫与大黑鳃金龟色相似，区别在于体无光泽，却密被细毛，鞘翅 4 条纵肋不明显，体末端有棱边，幼虫区别在于头部前顶刚毛每侧 1 根。

④黄褐丽金龟：成虫体长 12～17 毫米，长卵形，背赤褐色或黄褐色，有光泽，鞘翅上具有 3 条不明显纵肋，密生刻点。幼虫体长 25～35 毫米，呈 C 形，乳白色，头部前顶刚毛每侧 5～6 根，排成纵列。

(2) 发生规律 大黑鳃金龟两年发生 1 代，以成虫和幼虫在土中隔年交替越冬。华北地区成虫 4～5 月出土危害，幼虫孵化后危害夏播作物或春播作物根系及块茎、果实，8 月以后危害加重，秋收后还可继续危害冬麦，后潜入深层土越冬。越冬幼虫出土后则危害春播作物种子、幼苗及冬麦苗，5～6 月入土做土室化蛹，7 月为羽化期，而后刚羽化的成虫原地越冬。

铜绿丽金龟、暗黑鳃金龟、黄褐丽金龟均一年发生 1 代，多以 3 龄幼虫在土中越冬，开春上升危害，4～5 月是危害盛期，5 月开始化蛹，6～7 月为羽化盛期，随即大量产卵，8 月进入 3 龄盛期，严重危害各种大秋作物及冬麦，9～10 月开始下移准备越冬。

金龟子多昼伏夜出，有强趋光性及假死性。还对未腐熟的厩肥及腐烂有机物有强趋性，幼虫在土中水平移动少，多因地温上下垂直移动。

(3) 防治措施 主要以化学防治为主。

药剂防治：用 50%辛硫磷乳油按种子重量的 0.2%拌种，或用 25%辛硫磷胶囊剂包衣。也可进行土壤处理，在播种前将辛硫磷均匀喷撒地面，然后翻耕，或将辛硫磷颗粒与种子混播。生长期喷药、喷根，可用2.5%敌百虫粉剂，每亩约2千克喷施能有效防治成虫；还可用毒土撒施于行间，能防治幼虫及成虫（参照蝼蛄防治）。

诱杀成虫：可用黑光灯、未腐熟的厩肥（置于地边）诱杀成虫，能减少虫口及次年虫源。

145. 麦蛾有什么特点？怎样防治？

麦蛾是我国各粮食产区的重要害虫之一，其危害程度仅次于玉米象，可危害所有禾谷类作物子粒，使粮食在储藏期损失20%～40%，比较严重。主要以幼虫蛀食子粒，并有转粒蛀食危害的习性。

（1）形态特征　成虫体长6毫米左右，翅展12～15毫米，体淡褐或黄褐色，形似麦粒或稻谷，有缎状光泽，头顶光滑，其前翅狭长，形似竹叶，翅面散生暗色鳞片构成的不规则小斑点，后翅则呈烟灰色，指状梯形；两翅均有缘毛，但后翅的缘毛较长，约为翅宽的两倍。幼虫体长4～8毫米，全身乳白色，头部为淡黄色。腹足退化，不明显，但每腹足有2～4个趾钩。

（2）发生规律　每年可发生2～7代，甚至更多，经老熟幼虫在粮粒内越冬，室内、田间均可繁殖。成虫羽化后多于粮堆表面产卵，卵产于子粒的腹沟或护颖内侧等缝隙中，多成卵块形式。幼虫孵化后多从子粒胚部或伤口处蛀入危害，仅初孵幼虫能钻入粮堆深处危害，其余93%～98%在粮面以下20厘米内，其中约一半在6厘米深的顶层危害，温度20～30℃、相对湿度高有利于其发生。成虫的飞翔力较强，能飞到田间产卵于即将成熟的稻、麦等子粒上，之后随粮食进入仓内孵化危害。

（3）防治措施　粮食入库前进行暴晒。夏日晴天时将小麦摊在场上，厚3～5厘米，每隔半小时翻动一次，粮温上升到45℃以上时，连续保持4～6小时，将小麦水分降到12.5%以下，趁热入仓，加盖密封。

将干燥的粮食密封，造成缺氧环境，使害虫窒息死亡。也可充入氮气或二氧化碳气等保护性气体。再就是保证粮库通风，降低粮堆温度，可减缓害虫生长繁殖。

药剂熏蒸：用敌敌畏等液体熏蒸剂进行熏蒸，但使用时要严格按照使用说明进行，防止人员中毒、爆炸等恶性事故发生。

田间防治：于当地麦蛾产卵盛期到卵孵化高峰期，每亩可用50%辛硫磷乳油或40%乐果乳油75毫升对水50千克喷雾，以消灭卵和初孵幼虫。

146. 麦穗夜蛾有什么特点？怎样防治？

麦穗夜蛾也叫麦穗虫。主要分布在内蒙古、甘肃、青海等省、自治区。以幼虫危害。初孵幼虫先取食穗部花器和子房，食尽后转移危害，2～3龄后在子粒中潜伏取食，4龄后转移到旗叶吐丝缀连叶缘成筒状，日落后到麦穗取食，天亮前停食，每头幼虫可食害小麦30粒左右。

(1) 形态特征 成虫体长16毫米，翅展42毫米左右，体黑褐色。前翅有明显黑色基剑纹，在中脉下方呈燕飞形，环状纹、肾状纹呈银灰色，边黑色。前翅外缘有7个黑点，密生缘毛；后翅浅黄褐色。卵呈圆形，初产为乳白色，后变灰黄色，卵面有菊花纹。幼虫呈灰褐色，末龄体长33毫米左右，头部有一浅黄色八字纹，背线白色。蛹黄褐色或棕褐色，长18～21.5毫米。

(2) 发生规律 一年发生1代，以老熟幼虫在田间表土下越冬。翌年4月底至5月中旬幼虫在表土做茧化蛹，蛹期45～60天。6月中旬至7月上旬进入羽化盛期，成虫白天隐蔽在小麦植株或草丛下，黄昏时飞出活动，取食小麦花粉。在小穗颖内侧或子房上产卵，卵期约13天，幼虫7龄。幼虫危害期可达60～70天，9月中旬幼虫开始在麦茬根际土壤内越冬。

(3) 防治措施 一是诱杀成虫，利用成虫的趋光性，在6月上旬至7月下旬安装频振式杀虫灯或黑光灯诱杀成虫。二是化学防治，在幼虫4龄前喷洒菊酯类杀虫剂或90%晶体敌百虫1 000～1 500倍液，或50%辛硫磷乳油1 000倍液，每亩喷药液50千克。4龄后幼虫白天潜伏，防治时应注意在日落后喷洒上述杀虫剂。

147. 米象、玉米象、锯谷盗有什么特点？怎样防治？

米象、玉米象极其相似，但危害区域不太一样，米象主要危害北纬27°以南地区，而玉米象则广泛分布于北纬27°以北，在北纬27°以南则两者混合发生。成虫主要危害禾谷类作物谷粒及其产品，也可危害豆类、油菜籽、薯干、干果等。

锯谷盗可危害各种植物性贮藏品，尤以粮食、油料等危害严重，是仓库害虫中数量多、分布最广的害虫，分布于全国各地。

（1）形态特征 米象和玉米象外形相似，通常作为一个物种加以防治。成虫体长3.5～5毫米，呈圆筒形，褐色或深褐色，其头部额区延伸成喙状，在两鞘翅上各有两个黄褐色椭圆形斑纹。幼虫体长4.5～6毫米，背部隆起呈弯曲状，无足，体肥大，且柔软多皱褶。全身乳白色，仅头部淡黄色。玉米象和米象的区别主要在于其生殖器官的差异上。另外，玉米象体形较宽肥，米象较瘦窄；玉米象前胸沿中线的刻点数多于20个，而米象则少于20个；玉米象活动力强，分布广，危害大，且其种族发育历史较短。

锯谷盗成虫体长约2.5～3.5毫米，细长而扁，深褐色，无光泽，背面密被淡黄色细毛。头部长梯形，前端粗窄，表面粗糙，黑色小眼。前胸背板每侧各有6个齿，尤以第1、6齿明显，背面有3条明显的纵隆线，被密毛，鞘翅较长，两侧近于平等；幼虫体长4～4.5毫米，细长筒形，灰白色，腹部各节淡褐色，头扁平。

（2）发生规律 米象、玉米象每年可发生数代不等，玉米象不但能在全年内繁殖，而且能在田间繁殖；而米象不能飞到田间繁殖；玉米象的抗低温能力、耐饥饿力、产卵繁殖力、发育速度均比米象要强。玉米象可在仓内、仓外、田间松土缝中越冬，而米象仅在室内越冬。两者幼虫均可在谷物子粒内越冬；成虫均较活泼，有假死性；卵产于粮食内，幼虫在子粒中蛀食。羽化后，成虫飞出危害。仓内低温（13℃以下）、粮食含水量低于10%不利于其生长发育。

锯谷盗每年可发生2～5代，主要以成虫在仓库附近的石块、树皮下越冬，也有少数在仓内各种缝隙处越冬。该虫性活泼，爬行很快，很少飞翔。由于身扁，故极易钻入包装不严密的仓储物内进行危害。此虫对低温、高温、药剂等均有很高的抗性，很难防治。

(3) 防治方法 参照麦蛾的防治方法。

148. 常见麦田阔叶杂草有哪些？怎样防除？

麦田杂草在我国有200余种，以一年生杂草为主，有少数多年生杂草。麦田杂草主要分为阔叶杂草和禾本科杂草两大类，除人工（或机械）锄草外，主要采用化学除草。

常见的麦田阔叶杂草有马齿苋、猪殃殃、小蓟（刺儿菜）、荠菜、米瓦罐、苣荬菜、葎草（拉拉秧）、苍耳、播娘蒿、酸模、叶蓼、田旋花、反枝苋、凹头苋、打碗花、苦苣菜等，用于麦田防除阔叶杂草的除草剂有2,4-滴丁酯、2甲4氯、苯达松、巨星、百草敌、使它隆、西草净等。

(1) 巨星 在小麦2叶期至拔节期均可施药，以杂草生长旺盛期（3～4叶期）施药防效最好。每亩用75%巨星干悬剂0.9～1.4克，对水30～50千克均匀喷雾，施药10～30天能见效。

(2) 2甲4氯 对麦类作物较为安全，一般分蘖末期以前喷药为适期，每亩用70%2甲4氯钠盐55～85克，或用20%2甲4氯水剂200～300毫升，对水30～50千克均匀喷雾，在无风晴天喷药效果好。

(3) 百草敌 在小麦拔节前喷药，每亩用48%百草敌水剂20～30毫升，对水40千克均匀喷雾，晴天气温高时喷药，药效快，防效高。拔节后禁止使用百草敌，以防产生药害。

(4) 苯达松（排草丹） 在麦田任何时期均可使用，每亩用48%苯达松水剂130～180毫升，对水30千克均匀喷雾，气温高、土壤墒情好时施药效果好。

149. 常见麦田禾本科杂草有哪些？怎样防除？

常见麦田禾本科杂草有野燕麦、看麦娘、稗草、狗尾草、硬草、马唐、牛筋草等。常用麦田防除禾本科杂草的除草剂有骠马、禾草灵、新燕灵、燕麦畏、杀草丹、禾大壮、燕麦敌、青燕灵、野燕枯等。

(1) 骠马 是一种除草活性很高的选择性内吸型茎叶处理剂，对小麦使用安全。在小麦生长期间喷药防治禾本科杂草，每亩用69%骠马乳剂40～60毫升，或10%骠马乳油30～40毫升，对水30千克均匀喷雾，可有效控制禾本科杂草危害。

(2) 禾草灵 在麦田每亩用36%禾草灵乳油130～180毫升，对水30千克叶面喷雾防治禾本科杂草。

(3) 新燕灵 主要用于防除野燕麦。在野燕麦分蘖至第一节出现期，每亩用20%新燕灵乳油250～350毫升，对水30千克，茎叶喷雾防治。

(4) 杀草丹 可在小麦播种后出苗前，每亩用50%杀草丹乳油100～150毫升，加25%绿麦隆120～200克，或用50%杀草丹乳油和48%拉索乳油各100毫升，混合后对水30千克，均匀喷洒地面。也可在禾本科杂草2叶期，每亩用50%杀草丹乳油250毫升，对水30千克喷雾。此外，可适时进行人工或机械锄草。

150. 阔叶杂草和禾本科杂草混生怎样防除?

绿麦隆、异丙隆、利谷隆、扑草净和禾田净等对多数阔叶杂草和部分禾本科杂草有较好防除效果。

(1) 绿麦隆 在小麦播后出苗前，每亩用25%绿麦隆200～300克，对水30千克地表喷雾或拌土撒施。麦田若以硬草和棒头草为主，播后出苗前每亩用25%绿麦隆150克，加48%氟乐灵50克，均匀地面喷雾。

(2) 扑草净 在小麦播后苗前每亩用50%扑草净75～100克，对水30千克地表喷雾。干旱地区施药后浅耙混土1～2厘米，可提高除草效果。

(3) 利谷隆 在小麦播后苗前，每亩用50%利谷隆100～130克，对水30千克均匀喷雾，并浅混土。

151. 化学除草应注意哪些问题?

采用化学除草技术，既要高效杀死杂草，又要保证不伤害小麦，还要考虑不影响下茬作物。

(1) 准确选择药剂 首先要根据当地主要杂草种类选择对应有效的除草剂；其次是根据当地耕作制度选择除草剂；另外，还要不定期地交替轮换使用杀草机制和杀草谱不同的除草剂品种，以避免长期单一使用除草剂致使杂草产生耐药性，或优势杂草被控制了，耐药性杂草逐年增多，由次要杂草上升为主要杂草而造成损失。

(2) 严格掌握用药量和用药时期 一般除草剂都有经过试验后提出的适宜用量和时期，应严格掌握，切不可随意加大药量，或错过有效安全施药期。

(3) 注意施药时的气温 所有除草剂都是气温较高时施药才有利于药效的充分发挥，但在气温30℃以上时施药，有出现药害的可能性。

(4) 保证适宜湿度 土壤湿度是影响药效的重要因素。苗前施药若土层湿度大，易形成严密的药土封杀层，且杂草种子发芽出土快，因此防效高。生长期土壤墒情好，杂草生长旺盛，利于杂草对除草剂的吸收和在体内运转，药效快，防效好。因此，应注意在土壤墒情好时应用化学除草剂。

五、麦田调查记载和测定方法

152. 怎样调查小麦的基本苗数？

调查小麦的基本苗数，可根据小麦的播种方式采取不同的方法。

（1）调查条播麦的基本苗 我国大部分麦田采用条播，对这种麦田，可在小麦全苗后，在麦田中选择有代表性的样点3～5个，每点取并列的2～3行，行长1米，数出样点苗数，先计算平均值，然后计算出每亩基本苗数。

$$每亩基本苗数=\frac{样点平均苗数}{样点面积（平方米）}\times 666.7$$

（2）调查撒播或匀播麦田的基本苗数 对这类麦田，可在小麦全苗后进行调查。具体方法可采用事先做好的铁丝方框，一般可1平方米大小，然后在大田中选代表性的样点3～5个，把铁丝框套上去，分别数出样点铁丝框内的苗数，计算出样点的平均数，再计算出每亩基本苗数。

$$每亩基本苗数=1平方米的苗数\times 666.7$$

153. 小麦主要生育阶段的记载及标准是什么？

（1）播种期 实际播种日期，以月/日表示（以下生育期记载同此）。

（2）出苗期 幼苗出土达2厘米左右，全田有50%的麦苗达到此标准时为出苗期。

(3) 三叶期 全田有50%的麦苗伸出第三片叶的日期。

(4) 分蘖期 全田有50%的植株第一个分蘖露出叶鞘的日期。

(5) 越冬期 当冬前日平均气温稳定下降到0℃时，小麦地上部分基本停止生长，进入越冬期，称为越冬始期，一直延续到早春气温回升到2~3℃时小麦开始返青。从越冬始期到返青期这一段时期都称为越冬期。

(6) 返青期 早春日平均气温回升到2~3℃时，小麦由冬季休眠状态恢复生长的日期。田间有50%植株显绿，新叶长出1厘米。

(7) 拔节期 全田有50%植株主茎第一茎节伸长1.5~2厘米时进入拔节期（拔节始期），可用手指摸茎基部判断或剥开叶片观察。从拔节始期到挑旗期这一阶段都称为拔节期。

(8) 挑旗期 全田有50%以上植株的旗叶展开时的日期。

(9) 抽穗期 全田有50%以上麦穗顶部小穗露出旗叶叶鞘的日期。

(10) 开花期 全田有50%以上麦穗中部小穗开始开花的日期。

(11) 乳熟期 子粒开始灌浆，胚乳呈乳状的日期。

(12) 蜡熟期 茎、叶、穗转黄色，有50%以上的子粒呈蜡质状的日期。

(13) 完熟期 植株枯黄，子粒变硬，不易被指甲划破，这段时期也称为成熟期。

(14) 收获期 实际收获的日期。

(15) 全生育期 从播种至完熟所经历的总日数（也有的从出苗期开始计算生育期）。

154. 怎样调查和测定最高茎数、有效穗数和成穗率？

最高茎数是指小麦分蘖盛期时植株的总茎数（包括主茎和所有分蘖），又可分为冬前最高总茎数和春季最高总茎数。冬前最高总茎数是越冬前调查的总茎数，春季最高总茎数是指在拔节初期、分蘖两极分化前的田间最高总茎数，可参照基本苗的调查方法进行调查。有效穗数是指能结实的穗数，一般单穗在5粒以上为有效穗，调查方法同基本苗，可在蜡熟期前后进行调查。成穗率是有效穗数占最高总茎数的百分率。

155. 怎样调查记载小麦倒伏情况?

小麦抗倒伏能力弱、生长过密或植株较高，生长后期遇大风雨，都可能出现倒伏现象，每次倒伏都应记载倒伏发生的时间、可能造成倒伏的原因，以及倒伏所占面积比例和程度等。倒伏面积（%）按倒伏植株面积占全田（或全区）面积的百分率计算。目前国家小麦品种试验中将倒伏分为5级：①不倒伏。②倒伏轻微，植株倾斜角度小于30°。③中等倒伏，倾斜角度30°～45°。④倒伏较重，倾斜角度45°～60°。⑤倒伏严重，倾斜角度60°以上。

156. 田间观察小麦整齐度的标准是什么?

一般田间观察小麦的整齐度可分为三级：一级用“++”表示整齐，全田麦穗的高度相差不足一个穗子。二级用“+”表示中等整齐，全田多数整齐，少数高度相差一个穗子。三级用“—”表示不整齐，全田穗子高矮参差不齐。

157. 室内考种有哪些内容?

可根据实际需要确定考种内容。一般主要有如下10项内容：

（1）株高 由单株基部量到穗顶（不算芒长）的平均数，以厘米为单位。如在田间测定，则由地表量到穗顶（芒除外），一般需要测量10株以上，然后计算平均数。如果做栽培研究，常把样点取回，按单茎测量株高，然后计算平均值，可依此计算出株高的变异系数，凡变异系数小的整齐度好，反之则整齐度差。

（2）穗长 从基部小穗着生处量到顶部（芒除外），包括不孕小穗在内，以厘米为单位。一般应随机抽取样点，测量全部穗长（包括主茎穗和分蘖穗），然后求平均值。也可依此计算出穗长的变异系数，凡变异系数小的整齐度好，反之整齐度差。

(3) 芒 根据麦芒有无、长短和性状，一般可分为：

无芒：完全无芒或芒极短。

顶芒：穗顶小穗有短芒，长 3～15 毫米。

短芒：全穗各小穗都有芒，芒长在 20 毫米左右。

长芒：全穗各小穗都有芒，芒长在 20 毫米以上。

曲芒：芒勾曲或卷曲。

(4) 穗型 一般可分以下几种类型（图 24）：

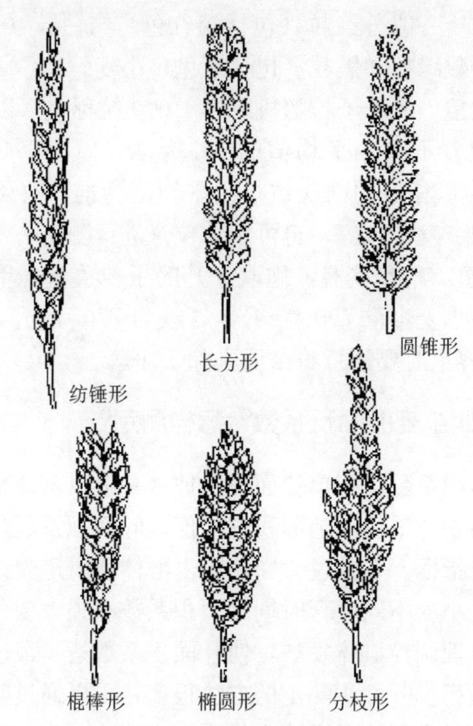

图 24 小麦穗型

（引自金善宝、刘定安主编《中国小麦品种志》）

纺锤形：穗的中部大，两头尖。

长方形：穗上下基本一致，呈长方体。

圆锥形：穗上部小而尖，基部大。

棍棒形：穗上部大，向下渐小。

椭圆形：穗特短，中部宽。

分枝形：穗上有分枝，生产上较少见。

（5）穗色　以穗中部的颖壳颜色为准，分红、白两色。

（6）小穗数　数出每穗的全部小穗数，包括结实小穗和不孕小穗，求平均值。

（7）穗粒数　数出每穗的结实粒数，求平均值。

（8）粒色　一般分红粒（包括淡红色）与白粒（包括淡黄色）两种，也有少数绿粒和黑粒（包括紫色）小麦。

（9）千粒重　风干子粒随机取样1 000粒称重（以克为单位）。以两次重复相差不大于平均值的3%为准，如大于3%需要另取1 000粒称重，以相近的两次重量的平均值为准。数粒时应去除破损粒、虫蚀粒、发霉粒等，也可用数粒仪进行测定。

（10）容重　用容重器，称取1升的子粒重量。单位是克/升。一般一级商品小麦容重790克/升，二级为770克/升，三级为750克/升。测量容重时要注意将杂质去除干净。

158. 什么叫小麦叶面积系数？怎样测定？

小麦叶面积系数是指单位面积土地（一般以亩计）上小麦植株绿色叶片总面积与单位土地面积的比值，叶面积系数是衡量群体结构的一个重要指标。系数过大影响小麦群体通风透光；过小不能充分利用光能。小麦不同生育时期叶面积系数有很大变化，通过栽培管理措施，合理调控群体发展，使叶面积系数达到最适数值，有利于小麦获得高产。叶面积测定的方法很多，可以通过叶面积仪直接测定，还有一般常用的烘干法和长乘宽折算法。

（1）叶面积仪测定法　先测定若干有代表性单位面积样点（一般要求5点以上）上植株的全部叶面积，取其平均值，然后再计算叶面积系数：

叶面积系数＝样点叶面积/样点面积

也可以从田间取有代表性的麦苗样本 50 株，测定其全部绿叶面积，计算单株叶面积，再根据基本苗数，计算叶面积系数：

叶面积系数＝单株叶面积×每亩基本苗数/666.7

(2) 烘干法 取若干有代表性单位面积样点（一般要求 5 点以上）上的植株，分别在每个部位叶片中部取一定长度（一般为 3～5 厘米）的长方形小叶块，将小叶块拼成长方形（标准叶），量其长、宽，求得叶面积（S1），然后烘至恒重称其重量（g1）。将剩余的叶片烘至恒重，称其重量（g2），取各测定样点的平均值，即可计算出叶面积系数：

样点叶面积＝标准叶的叶面积（S1）×（g1＋g2）/g1

叶面积系数＝样点叶面积/样点面积

也可以从田间取有代表性的麦苗样本 50 株，先从样本中取5～7 株，同上取标准叶求出叶面积（S1）和重量（g1），另从样本中取 30 株，取其全部绿叶烘至恒重，称其重量（g2），经过下面的计算求出叶面积系数：

单株叶片干重＝g2/30 株

单株叶面积＝单株叶片干重×S1/g1

叶面积系数＝单株叶面积×每亩基本苗数/666.7

(3) 长乘宽折算法 选取有代表性的 30 株麦苗，直接量出每株各绿叶的长度和最宽处的宽度，相乘以后再乘以系数 0.83，取其平均值，求出单株叶面积，即可计算出叶面积系数：

叶面积系数＝单株叶面积×每亩基本苗数/666.7

也可以取若干有代表性单位面积样点（一般要求 5 点以上）上的植株，直接量出每株各绿叶的长度和最宽处的宽度，相乘以后再乘以系数 0.83，取各点面积平均值，即可计算出叶面积系数：

叶面积系数＝样点叶面积/样点面积

159. 怎样测定干物质重和经济系数？

小麦一生各个生育期和不同器官的物质积累情况有很大变化，不同的水肥管理对干物质有不同的影响，为了及时了解小麦的生长情况，常在不同生育期测定小麦植株的干物质，一般植株干物质重主要是测定地上部植株的干重，不包括根系在内（在试验研究中的盆栽小麦，有时可根据需要连同根系一起测定）。

测定方法：田间取样后要及时处理，一般当天取样当天处理。新鲜样品采集后要及时进行杀青处理，即把样品放入105℃的烘箱内烘30分钟，然后将温度降到60～80℃，继续烘8小时左右，使其快速干燥，然后取出，待温度降到常温时称重；再继续烘干4小时，第二次称重，至达到恒重为止。成熟时测定干重，可将样本放在太阳下晒干，称取风干重，即为生物产量，然后脱粒，称取子粒重量，用子粒重除以生物产量即为经济系数。例如，每亩生物产量是1 000千克，子粒产量是410千克，则经济系数为410÷1 000=0.41。

160. 怎样进行小麦田间测产?

田间测产常应用于丰产田或试验田，一般田间生长不匀的低产田测产的可靠性较差。测产的方法是先随机选点采样，然后测定产量构成因素或实际产量，再计算每亩的产量。具体方法是在测产田的对角线上选取5个样点，每个样点1平方米，数出每个样点内的麦穗数，计算出每平方米的平均穗数；从每个样点中随机连续取出20～50穗，数出每穗粒数，计算每穗的平均粒数；参照所测品种常年的千粒重，或把样点脱粒风干后实测千粒重。按下式计算每亩理论产量：

理论产量（千克/亩）

$$=\frac{\text{每平方米穗数}\times\text{每穗平均粒数}\times\text{千粒重（克）}}{1\,000\times1\,000}\times666.7$$

如果把1平方米样点的植株收获全部脱粒风干后称重，则可按下式计算产量：

$$\frac{\text{理论产量}}{\text{（千克/亩）}}=\frac{\text{平均每点风干}}{\text{子粒重（千克）}}\times666.7$$

测产的准确性，关键在于取样的合理性与代表性。但在实践中往往出现取样测产偏高，实际应用中经常把测产数再乘以0.85。

附录1 主要优质高产小麦品种及栽培技术要点

1. 中麦175

（1）品种来源 中国农业科学院作物科学研究所选育，亲本组合为BPM27/京411。2007年北京市、山西省农作物品种审定委员会审定，2008年和2011年分别通过国家农作物品种审定委员会北部冬麦区和黄淮冬麦区审定。

（2）特征特性 冬性。中早熟，全生育期251天左右，成熟期比对照京冬8号早1天。幼苗半匍匐，分蘖力和成穗率较高。株高80厘米左右，株型紧凑。穗纺锤形，长芒，白壳，白粒，子粒半角质。平均每亩穗数45.5万，穗粒数31.6粒，千粒重41.0克。2007年、2008年分别测定混合样：容重792克/升、816克/升，蛋白质（干基）含量14.99%、14.68%，湿面筋含量34.5%、32.3%，沉降值27.0毫升、23.3毫升，吸水率52%、52%，稳定时间1.8分钟、1.5分钟。抗寒性鉴定：中等。接种抗病性鉴定：慢条锈病，中抗白粉病，高感叶锈病、秆锈病。

（3）产量表现 2006—2007年度参加北部冬麦区水地组品种区域试验，平均每亩产量464.49千克，比对照京冬8号增产8.4%；2007—2008年度续试，平均每亩产量518.89千克，比对照京冬8号增产9.6%。2007—2008年度生产试验，平均每亩产量488.26千克，比对照京冬8号增产6.7%。

（4）栽培要点 适宜播期9月28日至10月8日，每亩适宜基本苗20万～25万。

（5）适宜地区　适宜北部冬麦区北京、天津、河北中北部、山西中部和东南部水地种植，也适宜在新疆阿拉尔地区水地作冬麦种植，还适宜黄淮冬麦区山西省晋南、陕西省咸阳和渭南、河南省旱肥地及河北省、山东省旱地种植。

2. 济麦22

（1）品种来源　山东省农业科学院作物研究所选育，亲本组合为935024/935106。2006年通过国家农作物品种审定委员会审定。

（2）特征特性　半冬性。中晚熟，成熟期比对照石4185晚1天。幼苗半匍匐，分蘖力中等，起身拔节偏晚，成穗率高。株高72厘米左右，株型紧凑，旗叶深绿、上举，长相清秀，穗层整齐。穗纺锤形，长芒，白壳，白粒，子粒饱满，半角质。平均亩穗数40.4万，穗粒数36.6粒，千粒重40.4克。茎秆弹性好，较抗倒伏。有早衰现象，熟相一般。抗寒性鉴定：差。接种抗病性鉴定：中抗白粉病，中抗至中感条锈病，中感至高感秆锈病，高感叶锈病、赤霉病、纹枯病。2005年、2006年分别测定混合样：容重809克/升、773克/升，蛋白质（干基）含量13.68%、14.86%，湿面筋含量31.7%、34.5%，沉降值30.8毫升、31.8毫升，吸水率63.2%、61.1%，稳定时间2.7分钟、2.8分钟。

（3）产量表现　2004—2005年度参加黄淮冬麦区北片水地组品种区域试验，平均每亩产量517.06千克，比对照石4185增产5.03%；2005—2006年度续试，平均每亩产量519.1千克，比对照石4185增产4.30%。2005—2006年度生产试验，平均每亩产量496.9千克，比对照石4185增产2.05%。

（4）栽培要点　适宜播期10月上旬，播种量不宜过大，每亩适宜基本苗10万～15万。

（5）适宜地区　适宜在黄淮冬麦区北片山东、河北南部、山西南部、河南安阳和濮阳水地种植。

3. 中麦8号

(1) 品种来源 中国农业科学院作物科学研究所选育，亲本组合为核花971—3/冀Z76。2010年通过天津市农作物品种审定委员会审定，2016年通过河北省农作物品种审定委员会审定。

(2) 特征特性 冬性。中早熟。幼苗半匍匐，分蘖力中等、成穗率较高，株高73厘米，穗纺锤形，长芒，白壳，白粒，子粒硬质，平均亩穗数38.7万，穗粒数34.0粒，千粒重40.4克。2009年抗寒鉴定结果：冻害级别2^{+}，越冬茎100%。2010年抗寒鉴定结果：冻害级别5，越冬茎98.7%，死茎率1.3%。农业部谷物及制品质量监督检验测试中心（哈尔滨）检测：容重774克/升，粗蛋白质13.77%，湿面筋28.2%，沉降值33.5毫升，吸水率60.1%，形成时间2.5分钟，稳定时间2.3分钟。

(3) 产量表现 2008—2009年度天津市冬小麦区域试验，平均每亩产量503.23千克，较对照京冬8号增产15.78%，增产极显著，居14个品种第一位。2009—2010年度天津市冬小麦区域试验，平均每亩产量466.20千克，较对照京冬8号增产12.03%，增产极显著，居16个品种第四位。2009—2010年度天津市冬小麦生产试验，平均每亩产量464.3千克，较对照京冬8号增产11.52%，居15个品种第二位。2013—2014年度冀中南早熟组区域试验，平均亩产571.2千克；2014—2015年度同组区域试验，平均亩产552.5千克；2015—2016年度生产试验，平均亩产537.6千克。

(4) 栽培要点 10月1～8日播种，每亩基本苗20万，施足底肥，有机肥、磷钾肥底施，氮肥底施和追施各50%，全生育期每亩施氮16～18千克。冬前总茎数控制在每亩70万～90万，春季总茎数控制在90万～110万，早春蹲苗，中耕松土，提高地温，重施拔节肥水，注意防治田间杂草和蚜虫，适时收获。

(5) 适宜地区 适宜天津市及河北省中上等肥力地块种植。

4. 川麦60

(1) 品种来源 四川省农业科学院作物研究所选育，亲本组合为98—1231//贵农21/生核3295。2011年通过国家农作物品种审定委员会审定。

(2) 特征特性 春性。成熟期平均比对照川农16晚熟1天。幼苗半直立，苗叶较窄，分蘖力强。株高92厘米，株型较紧凑。穗层整齐，熟相好。穗长方形，长芒，白壳，红粒，子粒半角质，均匀，较饱满。每亩穗数25.2万、穗粒数35.7粒，千粒重46.6克。抗病性鉴定：高抗条锈病，高感白粉病、赤霉病、叶锈病。2009年、2010年品质测定结果：子粒容重786克/升、792克/升，硬度指数52.9、53.9，蛋白质含量12.23%、12.25%；面粉湿面筋含量24.0%、24.3%，沉降值28.5毫升、30.0毫升，吸水率55.3%、59.5%，稳定时间3.4分钟、3.0分钟。

(3) 产量表现 2008—2009年度参加长江上游冬麦组品种区域试验，平均亩产366.0千克，比对照川农16增产15.3%；2009—2010年度续试，平均亩产387.8千克，比对川农16增产6.8%。2010—2011年生产试验，平均亩产373.8千克，比对照增产3.23%。

(4) 栽培要点 适宜播种期10月底到至11月初，每亩适宜基本苗10万～14万。注意防治蚜虫、白粉病和叶锈病。

(5) 适宜地区 适宜在西南冬麦区四川省、贵州省、重庆市、陕西省汉中和安康地区、湖北省襄阳地区、甘肃省徽成盆地川坝河谷种植。

5. 徐麦31

(1) 品种来源 江苏徐淮地区徐州农业科学研究所选育，亲本组合为烟辐188/徐州26。2009年江苏省农作物品种审定委员会审定，2011年通过国家农作物品种审定委员会审定。

(2) 特征特性 半冬性。中晚熟品种，成熟期平均比对照周麦

18晚熟1天左右。幼苗半匍匐，叶宽长、深绿色，分蘖力中等，成穗率高。冬季抗寒性一般。春季起身拔节早，对肥水敏感，两极分化慢，抽穗晚，抗倒春寒能力一般。株高83厘米，株型偏紧凑，旗叶窄短、上冲。茎秆弹性一般，抗倒性一般。耐旱性一般，较耐后期高温，熟相好。穗层厚，穗多、穗小。穗纺锤形，无芒，白壳，白粒，子粒角质，饱满，商品性好。亩穗数40.5万，穗粒数32.1粒，千粒重42.9克。抗病性鉴定：高感纹枯病，中感叶锈病、白粉病、赤霉病，慢条锈病。2009年、2010年品质测定结果：子粒容重785克/升、785克/升，硬度指数58.5（2009年），蛋白质含量15.06%、16.13%；面粉湿面筋含量33.0%、35.6%，沉降值46.7毫升、53.0毫升，吸水率57.8%、57.4%，稳定时间8.4分钟、6.4分钟。品质达到强筋品种审定标准。

（3）产量表现 2008—2009年度参加黄淮冬麦区南片冬水组品种区域试验，平均亩产529.6千克，比对照周麦18减产1.1%；2009—2010年度续试，比对照周麦18增产3.0%。2010—2011年度生产试验，平均亩产536.3千克，比对照周麦18增产2.5%。

（4）栽培要点 适宜播种期10月8～16日，每亩适宜基本苗12万～16万，肥力水平偏低或播期推迟，应适当增加基本苗。注意防治纹枯病、赤霉病。高水肥地注意防倒伏。

（5）适宜地区 适宜在黄淮冬麦区南片河南省中北部，安徽省北部、江苏省北部、陕西省关中地区高中水肥地早中茬种植。

6. 宿553

（1）品种来源 宿州市农业科学院选育，亲本组合为烟农19/宿1264。2011年通过国家农作物品种审定委员会审定。

（2）特征特性 半冬性。晚熟品种，成熟期平均比对照周麦18晚熟1天左右。幼苗半匍匐，长势壮，叶细长，分蘖较强，成穗率一般。冬季抗寒性中等。春季起身拔节快，两极分化快，抽穗晚，抗倒春寒能力较弱。株高87厘米，株型偏紧凑，旗叶短小、上冲。茎秆弹性一般，抗倒性较差。耐旱性中等，较耐后期高温，叶功能期长，灌浆快，熟相好。穗层整齐，穗多穗匀，穗小，结实性一般。穗纺锤形，子粒半角质，较饱满。每亩穗数41.9万，穗粒数32.5粒，千粒重43.4克。抗病性鉴定：高感条锈病、叶锈病、白粉病、赤霉病、纹枯病。2009年、2010年品质测定结果：子粒容重798克/升、802克/升，子粒硬度指数59.1（2009年），蛋白质含量14.21%、14.33%；面粉湿面筋含量30.9%、31.0%，沉降值40.3毫升、42.5毫升，吸水率59.6%、54.0%，稳定时间7.9分钟、7.2分钟，品质达到强筋品种审定标准。

（3）产量表现　2008—2009年度黄淮冬麦区南片冬水组品种区域试验，平均亩产531.5千克，比对照周麦18减产0.7%；2009—2010年度续试，平均亩产522.9千克，比对照周麦18增产4.1%。2010—2011年度生产试验，平均亩产535.1千克，比对照周麦18增产2.3%。

（4）栽培要点　适宜播种期10月10～20日，每亩适宜基本苗12万～18万。注意防治条锈病、叶锈病、白粉病、纹枯病、赤霉病。

（5）适宜地区　适宜在黄淮冬麦区南片河南省中北部，安徽省北部、江苏省北部、陕西省关中地区高中水肥地早中茬种植。高水肥地注意防倒伏。在倒春寒频发地区注意防冻害。

7. 西农509

（1）品种来源　西北农林科技大学农学院选育，亲本组合为VP145/86585。2011年通过国家农作物品种审定委员会审定。

（2）特征特性　弱春性。中早熟品种，成熟期平均比对照偃展4110晚熟1天左右。幼苗半直立，叶长挺、浅绿色，分蘖力较强，成穗率一般。冬季抗寒性一般。春季起身拔节早，春生分蘖多，两极分化慢，抗倒春寒能力中等。株高81厘米，株型偏松散，旗叶宽长、上冲，抗倒性中等。耐旱性和抗后期高温能力较好，叶功能期长，熟相好。穗层整齐，小穗排列密，结实性好。穗圆锥形，长芒，白壳，白粒，子粒角质，饱满度较好。亩穗数40.0万，穗粒数 36.2 粒，千粒重 37.3 克。抗病性鉴定：高感叶锈病、白粉病、赤霉病、纹枯病，中抗条锈病。2009 年、2010 年品质测定结果：子粒容重 816 克/升、822 克/升，硬度指数 67.4（2009 年），蛋白质含量 14.45%、14.38%；面粉湿面筋含量 30.9%、30.6%，沉降值 42.0 毫升、38.6 毫升，吸水率 56.9%、56.7%，稳定时间 15.5 分钟、14.2 分钟，品质达到强筋品种审定标准。

（3）产量表现　2008—2009 年度参加黄淮冬麦区南片春水组品种区域试验，平均亩产 505 千克，比对照偃展 4110 减产 2.1%；2009—2010 年度续试，平均亩产 502.9 千克，比对照偃展 4110 增产 2.8%。2010—2011 年度生产试验，平均亩产 521.3 千克，比对照偃展 4110 增产 4.4%。

（4）栽培要点　适宜播种期 10 月 10～25 日，每亩适宜基本苗 18 万～22 万。注意防治白粉病、叶锈病、纹枯病、赤霉病。高水肥地注意防倒伏。

（5）适宜地区　适宜在黄淮冬麦区南片河南省（南部稻茬麦区除外）、安徽省北部、江苏省北部、陕西省关中地区高中水肥地中晚茬种植。

8. 舜麦 1718

（1）品种来源　山西省农业科学院棉花研究所选育，亲本组合为 32S/Gabo。2007 年、2009 年通过山西省农作物品种审定委员会审定，2011 年通过国家农作物品种审定委员会审定。

（2）特征特性　半冬性。中熟品种，成熟期与对照石 4185 同期。幼苗半匍匐，叶色中绿，分蘖力强，成穗较多。株高 75 厘米，株型松散。抗倒性差。部分试点表现早衰。穗纺锤形，小穗排列紧密，长芒，白壳，白粒，角质。每亩穗数 42.6 万，穗粒数 37.9 粒，千粒重 37.1 克。抗寒性鉴定：中等。抗病性鉴定：高感条锈病、叶锈病、白粉病、赤霉病，中感纹枯病。区试田间试验部分试点叶枯病较重。2009 年、2010 年分别测定混合样：子粒容重 820 克/升、780 克/升，硬度指数 65.8（2009 年），蛋白质含量

14.63%、14.28%；面粉湿面筋含量31.2%、30.2%，沉降值48.3毫升、42毫升，吸水率62.2%、58.4%，稳定时间8.2分钟、11.3分钟，最大抗延阻力398E.U.、518E.U.，延伸性162毫米、151毫米，拉伸面积86平方厘米、105平方厘米。品质达到强筋品种审定标准。

（3）产量表现　2008—2009年度参加黄淮冬麦区北片水地组品种区域试验，平均亩产523.8千克，比对照石4185增产2.9%；2009—2010年度续试，平均亩产504.7千克，比对照石4185增产3.9%。2010—2011年度生产试验，平均亩产564.3千克，比对照石4185增产4.3%。

（4）栽培要点　适宜播种期10月上旬，高水肥地每亩适宜基本苗18万～20万，中等地力18万～22万。播前药剂拌种，防治前期蚜虫传播黄矮病毒。浇好越冬水，后期注意防病、防倒伏。

（5）适宜地区　适宜在黄淮冬麦区北片山东省、河北省中南部、山西省南部高中水肥地种植。高水肥地注意防倒伏。

9. 石优20

（1）品种来源　石家庄市农林科学研究院选育，亲本组合为冀935—352/济南17。2009年通过河北省农作物品种审定委员会审定，2011年通过国家农作物品种审定委员会审定。

（2）特征特性　冬性。中晚熟品种。黄淮冬麦区北片水地组区试，成熟期平均比对照石4185晚熟1天左右。幼苗匍匐，分蘖力强。株高77厘米，旗叶较长，后期干尖较重。茎秆弹性较好，抗倒性较好。成熟落黄较好。穗层整齐，穗下节短，穗纺锤形，白壳，白粒，子粒角质。每亩穗数43.2万，穗粒数34.5粒，千粒重38.1克。抗寒性鉴定：较差。抗病性鉴定：高感叶锈病、白粉病、赤霉病、纹枯病，慢条锈病。2009年、2010年品质测定结果：子粒容重804克/升、785克/升，硬度指数66.4（2009年），蛋白质含量14.02%、14.22%；面粉湿面筋含量31.8%、31.8%，沉降值40.5毫升、34.5毫升，吸水率61.2%、58%，稳定时间15.4

分钟、8.0分钟，品质达到强筋小麦品种审定标准。北部冬麦区水地组区试，成熟期与对照京冬8号同期。分蘖成穗率较高。株高70厘米，抗倒性较好。每亩穗数39.5万，穗粒数33.1粒，千粒重38.2克。抗寒性鉴定：中等。抗病性鉴定：高感叶锈病、白粉病，中感条锈病。2009年、2010年分别测定混合样：子粒容重793克/升、796克/升，硬度指数66.3（2009年），蛋白质含量14.53%、14.59%；面粉湿面筋含量32.5%、32.9%，沉降值44.1毫升、54毫升，吸水率60.4%、59.4%，稳定时间8.1分钟、12.9分钟，品质达到强筋小麦品种审定标准。

（3）产量表现 2008—2009年度参加黄淮冬麦区北片水地组品种区域试验，平均亩产524.3千克，比对照石4185增产3.1%；2009—2010年度续试，平均亩产508.3千克，比对照石4185增产3.3%。2010—2011年度参加黄淮冬麦区北片水地组生产试验，平均亩产564.3千克，比对照石4185增产4.3%。2008—2009年度参加北部冬麦区水地组品种区域试验，平均亩产448.1千克，比对照京冬8号增产6.7%；2009—2010年度续试，平均亩产435.1千克，比对照京冬8号增产7.4%。2010—2011年度参加北部冬麦区水地组生产试验，平均亩产419.8千克，比对照中麦175减产2.5%。

（4）栽培要点 黄淮冬麦区北片适宜播种期10月5～15日，适期播种高水肥地每亩基本苗16万～20万，中等地力18万～22万。北部冬麦区适宜播种期9月28日至10月6日，适期播种每亩基本苗18万～22万，晚播麦田应适当加大播量。及时防治麦蚜，注意防治叶锈病、白粉病、纹枯病等主要病害。

（5）适宜地区 适宜在黄淮冬麦区北片山东省、河北省中南部、山西省南部高中水肥地种植，也适宜在北部冬麦区的河北省中北部、山西省中北部、北京市、天津市水地种植。

10. 鲁原502

（1）品种来源 山东省农业科学院原子能农业应用研究所、中国农业科学院作物科学研究所选育，亲本组合为9940168/济麦19。2011年通过国家农作物品种审定委员会审定。

(2) 特征特性　半冬性。中晚熟品种，成熟期平均比对照石4185晚熟1天左右。幼苗半匍匐，长势壮，分蘖力强。区试田间试验记载冬季抗寒性好。成穗数中等，对肥力敏感，高肥水地成穗数多，肥力降低，成穗数下降明显。株高76厘米，株型偏散，旗叶宽大，上冲。茎秆粗壮、蜡质较多，抗倒性较好。穗较长，小穗排列稀，穗层不齐。成熟落黄中等。穗纺锤形，长芒，白壳，白粒，子粒角质，欠饱满。每亩穗数39.6万，穗粒数36.8粒，千粒重43.7克。抗寒性鉴定：较差。抗病性鉴定：高感条锈病、叶锈病、白粉病、赤霉病、纹枯病。2009年、2010年品质测定结果：子粒容重794克/升、774克/升，硬度指数67.2（2009年），蛋白质含量13.14%、13.01%；面粉湿面筋含量29.9%、28.1%，沉降值28.5毫升、27毫升，吸水率62.9%、59.6%，稳定时间5分钟、4.2分钟。

(3) 产量表现　2008—2009年度参加黄淮冬麦区北片水地组品种区域试验，平均亩产558.7千克，比对照石4185增产9.7%；2009—2010年度续试，平均亩产537.1千克，比对照石4185增产10.6%。2009—2010年度生产试验，平均亩产524.0千克，比对照石4185增产9.2%。

(4) 栽培要点　适宜播种期10月上旬，每亩适宜基本苗13万～18万。加强田间管理，浇好灌浆水。及时防治病虫害。

(5) 适宜地区　适宜在黄淮冬麦区北片山东省、河北省中南部、山西省中南部高水肥地种植。

11. 绵麦51

(1) 品种来源　绵阳市农业科学研究院选育，亲本组合为1275-1/99-1522。2012年通过国家农作物品种审定委员会审定。

(2) 特征特性　春性品种。成熟期比对照川麦42晚1～2天。幼苗半直立，苗叶较短直，叶色深，分蘖力较强，生长势旺。株高

85厘米，穗层整齐。穗长方形，长芒，白壳，红粒，子粒半角质，均匀、较饱满。2010年、2011年区域试验平均每亩穗数22.6万、22.9万，穗粒数45.0粒、42.0粒，千粒重45.3克、45.4克。抗病性鉴定：高抗白粉病，慢条锈病，高感赤霉病、叶锈病。混合样测定：子粒容重772克/升、750克/升，蛋白质含量11.71%、12.71%，硬度指数46.4、51.5，面粉湿面筋含量23.2%、24.9%；沉降值19.5毫升、28.0毫升，吸水率51.3%、51.6%，面团稳定时间1.8分钟、1.0分钟。品质达到弱筋小麦品种审定标准。

（3）产量表现 2009—2010年度参加长江上游冬麦组品种区域试验，平均亩产374.9千克，比对照川麦42减产1.0%；2010—2011年度续试，平均亩产409.3千克，比川麦42增产3.6%；2011—2012年度生产试验，平均亩产382.2千克，比对照品种增产11.4%。

（4）栽培要点 10月底至11月初播种，每亩基本苗14万～16万。注意防治蚜虫、条锈病、赤霉病、叶锈病等病虫害。

（5）适宜地区 适宜在西南冬麦区四川、云南、贵州、重庆、陕西汉中和甘肃徽成盆地川坝河谷种植。

12. 晋麦92

（1）品种来源 山西省农业科学院小麦研究所选育，亲本组合为临优6148/晋麦33。2012年通过国家农作物品种审定委员会审定。

（2）特征特性 弱冬性。中熟品种，成熟期与对照晋麦47相当。幼苗匍匐，生长健壮，叶宽，叶色浓绿，分蘖力较强，成穗率高，成穗数较多。两极分化较快。株高80～95厘米，株型紧凑，旗叶上举。茎秆较软，抗倒性较差。穗层整齐，穗较小。穗长方形，长芒，白壳，白粒，角质，饱满度较好。抗倒春寒能力较强。熟相一般。2010年、2011年区域试验平均每亩穗数30.8万、32.9万，穗粒数28.8粒、28.6粒，千粒重33.6克、37.1克。抗旱性鉴定：抗旱性4级，抗旱性较弱。抗病性鉴定：高感条锈病、叶锈病、白粉病和黄矮病。混合样测定：子粒容重789克/升、802克/升，蛋白质含量15.98%、15.19%，硬度指数66.9（2011年）；面粉湿面筋含量35.8%、34.2%，沉降值61.0毫升、53.9毫升，吸水率59.8%、58.4%，面团稳定时间11.8分钟、11.0分钟。品质达到强筋小麦标准。

（3）产量表现 2009—2010年度参加黄淮冬麦区旱薄组区域试验，平均亩产233.8千克，比对照晋麦47号增产0.2%；2010—2011年度续试，平均亩产276.0千克，比晋麦47号减产2.1%。2011—2012年度生产试验，平均亩产351.7千克，比晋麦47增产4.2%。

（4）栽培要点 9月下旬至10月上旬播种，每亩基本苗18万～24万。氮、磷、钾肥配合，施足底肥，底肥亩施尿素20～30千克（或碳铵60～80千克）、过磷酸钙75～100千克、硫酸钾5～10千克。扬花期进行三喷，防病治虫。及时收获，防止穗发芽。

（5）适宜地区 适宜在黄淮冬麦区山西南部、陕西宝鸡旱地和河南旱薄地种植。

13. 新旱688

（1）品种来源 新疆农业科学院奇台麦类试验站选育，亲本组合为90J210/Y-5。2012年通过国家农作物品种审定委员会审定。

（2）特征特性 春性品种。生育期90～136天。幼苗直立。株高46～117厘米，抗倒伏性较好。穗长方形，长芒，红壳，白粒，子粒角质、饱满。熟相好，口紧不易落粒。每亩有效穗数12.7万～37.0万，穗粒数19.0～55.0粒，千粒重26.4～46.4克。抗旱性鉴定：3级，中等。抗病性鉴定：高抗条锈病，慢叶锈病，中感白粉病、黄矮病。2009年、2010年分别测定混合样：子粒容重784克/升、792克/升，蛋白质含量17.70%、17.50%，硬度指数61.2、65.2，面粉湿面筋含量37.3%、37.1%，沉降值71.0毫升、71.5毫升，吸水率62.4%、65.3%，面团稳定时间22.6分钟、11.9 分钟。品质达到强筋小麦标准。

(3) 产量表现 2009 年参加西北春麦旱地组区域试验，平均亩产 232.1 千克，比对照定西 35 增产 12.2%；2010 年续试，平均亩产 200.9 千克，比对照西旱 2 号增产 9.9%。2011 年生产试验，平均亩产 158.4 千克，比对照增产 6.4%。

(4) 栽培要点 3 月中下旬至 4 月初播种，当气温稳定通过 0℃时，顶凌播种，每亩基本苗 30 万～40 万。注意防治叶锈病、白粉病、黄矮病等主要病害。

(5) 适宜地区 适宜在甘肃中部、青海中东部、宁夏西海固、新疆天山东部旱地、半干旱地春麦区种植。

14. 河农 6119

(1) 品种来源 河北农业大学选育，亲本组合为冀麦 38/石 4185。2016 年通过河北省农作物品种审定委员会审定。

(2) 特征特性 半冬性中熟品种。平均生育期 239 天，与对照邯 4589 相当。幼苗半匍匐，叶色绿色，分蘖力较强。每亩穗数 46.7 万，成株株型较紧凑，株高 70.7 厘米。穗纺锤形，长芒，白壳，白粒，硬质，子粒较饱满。穗粒数 35.1 粒，千粒重 37.3 克，容重 771.0 克/升。熟相好。抗倒性较好。抗寒性优于对照邯 4589。2015 年河北省农作物品种品质检测中心测定，粗蛋白质（干基）13.56%，湿面筋（14%湿基）28.6%，沉淀指数（14%湿基）23.5 毫升，吸水量 58.6%，形成时间 2.8 分钟，稳定时间 2.3 分钟，拉伸面积 17 平方厘米，延伸性 145 毫米，最大拉伸阻力 79E. U.。

河北省农林科学院旱作农业研究所抗旱性鉴定：2012—2013 年度人工模拟干旱棚抗旱指数为 1.187，田间自然干旱环境抗旱指数为 1.168，平均抗旱指数 1.177，抗旱性强；2013—2014 年度人工模拟干旱棚抗旱指数为 1.240，田间自然干旱环境抗旱指数为 1.258，平均抗旱指数 1.249，抗旱性强。河北省农林科学院植物保护研究所抗病性鉴定：2012—2013 年度高感条锈病，中感叶锈病，高感白粉病；2013—2014年度中感条锈病，慢叶锈病，中感白粉病。

(3) 产量表现 2012—2013年度黑龙港流域节水组区域试验，平均亩产477.5千克；2013—2014年度同组区域试验，平均亩产501.5千克。2014—2015年度黑龙港流域节水组生产试验，平均亩产482.4千克。

(4) 栽培要点 适宜播种期10月5～12日，适播期内每亩播种量为10～12千克，如果晚播或整地质量差，应适当加大播种量，施有机肥，氮、磷肥作为底肥，造好底墒。根据田间病虫害发生情况，及时科学防治，尤其防治蚜虫和白粉病。

(5) 适宜地区 适宜在河北省黑龙港流域冬麦区种植。

15. 浩麦1号

(1) 品种来源 福建超大现代种业有限公司选育，亲本组合为W4062/郑农11号。2013年通过国家农作物品种审定委员会审定。

(2) 特征特性 春性品种。全生育期203天，比对照扬麦158晚熟1天。幼苗半直立，叶绿色，分蘖力较弱。株高89厘米，株型紧凑，旗叶上举。穗层整齐，熟相好，穗纺锤形，长芒，白壳，红粒，子粒长卵形、硬质、较饱满。平均亩穗数32.0万，穗粒数39.4粒，千粒重40.3克。抗病性接种鉴定：高感条锈病，中感赤霉病、白粉病、叶锈病，中抗纹枯病。品质混合样测定：子粒容重797克/升，蛋白质含量15.14%，硬度指数66.2，面粉湿面筋含量31.8%，沉降值54.5毫升，吸水率56.5%，面团稳定时间14.7分钟，最大拉伸阻力885E.U.，延伸性159毫米，拉伸面积185平方厘米。品质达到强筋小麦品种标准。

(3) 产量表现 2010—2011年参加长江中下游冬麦组品种区域试验，平均亩产462.5千克，比对照扬麦158增产2.8%；2011—2012年续试，平均亩产405.2千克，比扬麦158增产6.1%。2012—2013年生产试验，平均亩产393.7千克，比对照增产7.0%。

(4) 栽培要点 10月25～30日播种，亩基本苗18万，争取年前主茎蘖1～2个越冬。注意防治条锈病、叶锈病、赤霉病、白粉病等主要病害。

(5) 适宜地区 适宜长江中下游冬麦区的江苏和安徽两省淮南地区、湖北中北部、浙江中北部、河南信阳地区种植。

16. 扬麦23

(1) 品种来源 江苏金土地种业有限公司选育，亲本组合为扬麦16/扬辐93-11。2013年通过国家农作物品种审定委员会审定。

(2) 特征特性 春性品种。全生育期202天，与对照扬麦158熟期相当。幼苗半直立，分蘖力强，叶绿色，生长旺盛。株高84厘米，株型紧凑，旗叶上举。穗层较整齐，熟相较好，穗纺锤形，长芒，白壳，红粒，子粒椭圆形、硬质、较饱满。平均亩穗数32.4万，穗粒数39.4粒，千粒重37.7克。抗病性接种鉴定：高感白粉病、条锈病、叶锈病、纹枯病，中感赤霉病。品质混合样测定：子粒容重779克/升，蛋白质含量13.6%，硬度指数63.2，面粉湿面筋含量30.2%，沉降值46.5毫升，吸水率54.6%，面团稳定时间10.0分钟，最大拉伸阻力638E.U.，延伸性144毫米，拉伸面积122平方厘米。品质达到强筋小麦品种标准。

(3) 产量表现 2010—2011年参加长江中下游冬麦组品种区域试验，平均亩产440.3千克，比对照扬麦158减产2.1%；2011—2012年续试，平均亩产388.0千克，比扬麦158增产1.6%。2012—2013年生产试验，平均亩产398.1千克，比对照增产10.4%。

(4) 栽培要点 10月下旬至11月上旬播种，亩基本苗16万。加强赤霉病的防治，并注意防治条锈病、叶锈病、白粉病、纹枯病和穗期蚜虫等病虫害。

(5) 适宜地区 适宜长江中下游冬麦区的江苏和安徽两省淮南地区、湖北中北部、浙江中北部、河南信阳地区种植。

17. 隆平麦518

(1) 品种来源 郑州友帮农作物新品种研究所选育，亲本组合为豫麦34/豫麦41//豫麦35。2013年通过国家农作物品种审定委员会审定。

(2) 特征特性 半冬性中早熟品种。全生育期226天，比对照周麦18早熟1天。幼苗半匍匐，苗势壮，叶片窄长。冬前分蘖力较强，春季起身拔节较早，两极分化快，对春季低温较敏感，后期耐高温能力较强，灌浆快。株高79厘米，株型紧凑，穗层不整齐，叶片上冲。穗椭圆形，穗小，长芒，白壳，白粒，子粒角质，饱满度较好。平均亩穗数44.0万，穗粒数27.1粒，千粒重47.6克。抗病性接种鉴定：慢条锈病，高感叶锈病、赤霉病、白粉病、纹枯病。品质混合样测定：子粒容重794克/升，蛋白质含量14.6%，硬度指数62.5，面粉湿面筋含量30.3%，沉降值43.7毫升，吸水率54.4%，面团稳定时间12.1分钟，最大拉伸阻力668E.U.，延伸性154毫米，拉伸面积133平方厘米。品质达到强筋小麦品种标准。

(3) 产量表现 2011—2012年参加黄淮冬麦区南片冬水组品种区域试验，平均亩产507.9千克，比对照周麦18增产6.1%；2012—2013年续试，平均亩产477.0千克，比周麦18增产2.5%。2012—2013年生产试验，平均亩产479.7千克，比周麦18增产1.9%。

(4) 栽培要点 10月10～25日播种，亩基本苗12万～18万。注意防治叶锈病、白粉病、赤霉病等主要病害。

(5) 适宜地区 适宜黄淮冬麦区南片的河南中北部、安徽北部、江苏北部、陕西关中地区中、高水肥地块早中茬种植。倒春寒频发地区注意防冻害。

18. 郑麦101

(1) 品种来源 河南省农业科学院小麦研究所选育，亲本组合为Ta1648/郑麦9023。2013年通过国家农作物品种审定委员会审定。

(2) 特征特性 弱春性中早熟品种。全生育期216天，与对照偃展4110熟期相当。幼苗半匍匐，长势一般，叶片细长直立，叶浓绿色。冬前分蘖力强，分蘖成穗率中等，冬季抗寒性较好。春季起身拔节迟，两极分化较快，抽穗早，对春季低温较敏感。根系活力较强，耐热性较好，成熟落黄快，熟相较好。株高80厘米，株型略松散，茎秆弹性好，抗倒性较好。穗层厚，旗叶窄、外卷、上冲。穗近长方形、较大码稀，长芒，白壳，白粒，子粒角质、饱满度较好。平均亩穗数41.6万，穗粒数33.5粒，千粒重41.4克。抗病性接种鉴定：中抗条锈病，高感叶锈病、赤霉病、白粉病、纹枯病。品质混合样测定：子粒容重784克/升，蛋白质含量15.58%，硬度指数62.5，面粉湿面筋含量34.6%，沉降值40.8毫升，吸水率55.9%，面团稳定时间7.1分钟，最大拉伸阻力305E.U.，延伸性180毫米，拉伸面积76平方厘米。品质达到强筋小麦品种标准。

(3) 产量表现 2011—2012年参加黄淮冬麦区南片春水组品种区域试验，平均亩产466.2千克，比对照偃展4110增产4.2%；2012—2013年续试，平均亩产461.5千克，比偃展4110增产3.5%。2012—2013年生产试验，平均亩产465.6千克，比偃展4110增产5.2%。

(4) 栽培要点 10月中下旬播种，亩基本苗18万～24万。施足底肥，拔节期结合浇水可亩追施尿素8～10千克。注意防治白粉病、赤霉病和纹枯病等主要病害。

(5) 适宜地区 适宜黄淮冬麦区南片的河南（南部稻茬麦区除外）、安徽北部、江苏北部、陕西关中地区高中水肥地块中晚茬种植。倒春寒频发地区注意防冻害。

19. 淮麦30

(1) 品种来源 江苏徐淮地区淮阴农业科学研究所选育，亲本组合为郑麦 9023/淮 86175。2013 年通过国家农作物品种审定委员会审定。

(2) 特征特性　弱春性中早熟品种。全生育期 218 天，与对照偃展 4110 熟期相当。幼苗半直立，苗势一般，叶细长，叶浓绿色，冬季抗寒性一般。分蘖力较强，分蘖成穗率高。春季起身拔节较早，两极分化快，抽穗较早，耐倒春寒能力偏弱。耐热性好，灌浆速度较快，成熟落黄一般。株高 80 厘米，株型紧凑，抗倒伏能力弱。穗层整齐，叶片宽长、下披。穗长方形、码稀，长芒，白壳，白粒，子粒角质、饱满度较好。平均亩穗数 43.7 万，穗粒数 28.6 粒，千粒重 43.5 克。抗病性接种鉴定：高感叶锈病、白粉病、纹枯病，中感赤霉病，慢条锈病。品质混合样测定：子粒容重 782 克/升，蛋白质含量 14.69%，硬度指数 64.4，面粉湿面筋含量 31.4%，沉降值 44.5 毫升，吸水率 55.4%，面团稳定时间 20.3 分钟，最大拉伸阻力 661E. U.，延伸性 164 毫米，拉伸面积 139 平方厘米。品质达到强筋小麦品种标准。

(3) 产量表现　2010—2011 年参加黄淮冬麦区南片春水组品种区域试验，平均亩产 545.5 千克，比对照偃展 4110 减产 0.1%；2011—2012 年续试，平均亩产 451.9 千克，比偃展 4110 增产 1.0%。2012—2013 年生产试验，平均亩产 457.2 千克，比偃展 4110 增产 3.3%。

(4) 栽培要点　10 月下旬播种，亩基本苗 18 万～24 万。注意防治白粉病、条锈病、叶锈病、赤霉病和纹枯病等主要病害。高水肥地注意防倒伏。

(5) 适宜地区　适宜黄淮冬麦区南片的河南（南部稻茬麦区除外）、安徽北部、江苏北部、陕西关中地区高中水肥地块中晚茬种植。倒春寒频发地区注意防冻害。

20. 津农 6 号

(1) 品种来源　天津市农作物研究所选育，亲本组合为烟优 361/955159。2013 年通过国家农作物品种审定委员会审定。

(2) 特征特性 冬性品种。全生育期254天，比对照中麦175晚熟2天。幼苗半匍匐，分蘖力中等，分蘖成穗率较高。株高72.1厘米，抗倒性较好。穗纺锤形，长芒，白壳，白粒。平均亩穗数40.5万，穗粒数30.3粒，千粒重48.2克。抗病性接种鉴定：高抗叶锈病，高感条锈病、白粉病；抗寒性中等。品质混合样测定：子粒容重801克/升，蛋白质含量14.80%，硬度指数64.9，面粉湿面筋含量31.7%，沉降值41.1毫升，吸水率58.8%，面团稳定时间7.5分钟，最大拉伸阻力381E.U.，延伸性165毫米，拉伸面积87平方厘米。品质达到强筋小麦品种标准。

(3) 产量表现 2010—2011年参加北部冬麦区水地组品种区域试验，平均亩产452.2千克，比对照中麦175减产3.8%；2011—2012年续试，平均亩产473.8千克，比中麦175增产2.8%。2012—2013年生产试验，平均亩产387.1千克，比中麦175增产3.8%。

(4) 栽培要点 9月25日至10月5日播种，亩基本苗20万～25万。注意防治白粉病、条锈病等主要病害。

(5) 适宜地区 适宜北部冬麦区的北京、天津、河北中北部、山西晋中和晋中南中等以上肥力水浇地、新疆阿拉尔地区水地种植。

21. 津强7号

(1) 品种来源 天津市农作物研究所选育，亲本组合为冬丰701/小冰麦33//津强1号/辽春10号。2013年通过国家农作物品种审定委员会审定。

(2) 特征特性 春性早熟品种。全生育期78天，比对照辽春17号早熟2天。幼苗直立。株高78厘米，株型紧凑，抗倒性好。穗纺锤形，长芒，红壳，红粒，子粒角质、饱满度较好。平均亩穗数43.3万，穗粒数35.1粒，千粒重41.6克。抗病性接种鉴定：高感白粉病，中抗叶锈病，中感秆锈病。品质混合样测定：子粒容重809克/升，蛋白质含量17.67%，硬度指数72.7，面粉湿面筋含量35.3%，沉降值65.8毫升，吸水率64.6%，面团稳定时间10.4分钟，最大拉伸阻力703E.U.，延伸性213毫米，拉伸面积202平方厘米。品质达到强筋小麦品种标准。

（3）产量表现　2010年参加东北春麦早熟组品种区域试验，平均亩产333.9千克，比对照辽春17号增产3.0%；2011年续试，平均亩产333.6千克，比辽春17号增产4.7%。2012年生产试验，平均亩产341.4千克，比辽春17号增产4.8%。

（4）栽培要点　开春顶凌播种，亩播种量17.5千克、基本苗40万～42万。注意防治白粉病、蚜虫等病虫害。

（5）适宜地区　适宜东北春麦早熟区的内蒙古通辽、辽宁、吉林，以及天津、河北张家口坝下作春麦种植。

22. 阳光818

（1）品种来源　漯河市阳光种业有限公司选育，亲本组合为漯麦4号/新麦18//漯麦4号。2014通过国家农作物品种审定委员会审定。

（2）特征特性　半冬性早熟品种。全生育期236天，比对照洛旱7号早熟2天。幼苗半直立，叶片较宽，苗期生长势强，分蘖力较弱，成穗率较高，成穗数中等。春季起身较早，两极分化较快，抽穗早。落黄一般。株高70厘米，抗倒性好。株型半紧凑，旗叶半披，茎秆、叶色灰绿，穗层整齐。长方形穗，小穗排列紧密，长芒，白壳，白粒，子粒半角质、饱满度好。亩穗数32.9万、穗粒数32.7粒，千粒重41.2克。抗旱性鉴定：抗旱性4级，抗旱性较弱。抗病性鉴定：慢条锈病，中感叶锈病和黄矮病，高感白粉病。品质混合样测定：子粒容重773克/升，蛋白质（干基）含量14.9%，硬度指数58.5，面粉湿面筋含量31.9%，沉降值42.2毫升，吸水率55.6%，面团稳定时间8.2分钟，最大抗延阻力358E.U.，延伸性172毫米，拉伸面积87平方厘米。品质达到强筋品种审定标准。

（3）产量表现　2011—2012年参加黄淮冬麦区旱肥组区域试

验，平均亩产 427.3 千克，比对照洛旱 7 号增产 2.5%；2012—2013 年续试，平均亩产 314.0 千克，比洛旱 7 号增产 1.6%。2013—2014 年生产试验，平均亩产 403.7 千克，比洛旱 7 号增产 3.3%。

(4) 栽培要点 适宜播种期 10 月上中旬，亩基本苗 17 万～24 万。注意防治锈病、白粉病和蚜虫。适时收获，预防穗发芽。

(5) 适宜地区 适宜黄淮冬麦区的山西省南部冬麦区、陕西省咸阳和渭南地区、河南省西北部、河北省中南部、山东省旱肥地种植。

23. 丰德存麦 5 号

(1) 品种来源 河南丰德康种业有限公司选育，亲本组合为周麦 16/郑麦 366。2014 年通过国家农作物品种审定委员会审定。

(2) 特征特性 半冬性中晚熟品种。全生育期 228 天，与对照周麦 18 熟期相当。幼苗半匍匐，苗势较壮，叶片窄长直立，叶色浓绿，冬季抗寒性较好。冬前分蘖力较强，分蘖成穗率一般。春季起身拔节较快，两极分化快，抽穗较早，耐倒春寒能力一般。后期耐高温能力中等，熟相较好。株高 76 厘米，茎秆弹性一般，抗倒性中等。株型稍松散，旗叶宽短，外卷，上冲，穗层整齐，穗下节短。穗纺锤形，长芒，白壳，白粒，子粒椭圆形、角质、饱满度较好，黑胚率中等。亩穗数 38.1 万，穗粒数 32 粒，千粒重 42.3 克。抗病性鉴定：慢条锈病，中感叶锈病、白粉病，高感赤霉病、纹枯病。品质混合样测定：子粒容重 794 克/升，蛋白质（干基）含量 16.01%，硬度指数 62.5，面粉湿面筋含量 34.5%，沉降值 49.5 毫升，吸水率 57.8%，面团稳定时间 15.1 分钟，最大抗延阻力 754E.U.，延伸性 177 毫米，拉伸面积 171 平方厘米。品质达到强筋品种审定标准。

(3) 产量表现 2011—2012 年参加黄淮冬麦区南片冬水组品种区域试验，平均亩产 482.9 千克，比对照周麦 18 减产 0.4%；2012—2013 年续试，平均亩产 454.0 千克，比周麦 18 减产 2.4%。

2013—2014年生产试验，平均亩产574.6千克，比周麦18号增产2.4%。

（4）栽培要点　适宜播种期10月中旬，亩基本苗12万～18万。注意防治赤霉病和纹枯病。高水肥地注意防倒伏。

（5）适宜地区　适宜黄淮冬麦区南片的河南省驻马店及以北地区、安徽省淮北地区、江苏省淮北地区、陕西省关中地区高中水肥地块中茬种植。倒春寒易发地区慎用。

24. 存麦8号

（1）品种来源　河南省天存小麦改良技术研究所选育，亲本组合为周麦24/周麦22。2014通过国家农作物品种审定委员会审定。

（2）特征特性　半冬性中晚熟品种。全生育期226天，与对照品种周麦18熟期相当。幼苗匍匐，苗势壮，叶片窄短，叶色浓绿，冬季抗寒性好。分蘖力较强，成穗率偏低。春季起身拔节较快，两极分化较快，耐倒春寒能力中等。后期耐高温能力中等，熟相较好。株高76厘米，茎秆弹性好，抗倒性较好。株型紧凑，旗叶短宽，上冲，穗叶同层，穗层整齐。穗长方形，穗码较密，短芒，白壳，白粒，子粒椭圆形、角质、饱满度较好，黑胚率中等。亩穗数38万，穗粒数34.1粒，千粒重45克；抗病性鉴定：条锈病近免疫，高感叶锈病、白粉病、赤霉病、纹枯病。品质混合样测定：子粒容重792.5克/升，蛋白质（干基）含量14.45%，硬度指数60，面粉湿面筋含量29.1%，沉降值36.5毫升，吸水率52.2%，面团稳定时间11.3分钟，最大抗延阻力596E.U.，延伸性131毫米，拉伸面积103平方厘米。品质达到强筋品种审定标准。

（3）产量表现　2012—2013年参加黄淮冬麦区南片冬水组品种区域试验，平均亩产487.7千克，比对照周麦18增产5.2%；2013—2014年续试，平均亩产585千克，比周麦18增产4.6%。2013—2014年生产试验，平均亩产585.3千克，比周麦18号增产3.5%。

（4）栽培要点　适宜播种期10月上中旬，亩基本苗12万～20

万，注意防治叶锈病、赤霉病、白粉病和纹枯病等主要病害。

(5) 适宜地区　适宜黄淮冬麦区南片的河南省驻马店及以北地区、安徽省淮北地区、江苏省淮北地区、陕西省关中地区高中水肥地块早中茬种植。

25. 沈免 2137

(1) 品种来源　沈阳农业大学选育，亲本组合为沈免 96/L252//铁春 1 号/3/辽春 10 号。2014 年通过国家农作物品种审定委员会审定。

(2) 特征特性　春性早熟品种。全生育期 81 天，与对照辽春 17 号相当。幼苗直立。株高 76 厘米，株型紧凑，抗倒性适中。穗纺锤形，长芒，红壳，红粒，子粒角质、饱满度较好。亩穗数 44.9 万，穗粒数 30.2 粒，千粒重 30.2 克。抗病性鉴定：中抗秆锈病、叶锈病和白粉病。品质混合样测定：子粒容重 819 克/升，蛋白质（干基）含量 17.0%，硬度指数 66.2，面粉湿面筋含量 35.2%，沉降值 63.5 毫升，吸水率 59.6%，面团稳定时间 10.4 分钟，最大拉伸阻力 795E. U.，延伸性 198 毫米，拉伸面积 202 平方厘米。品质达到强筋小麦品种审定标准。

(3) 产量表现　2011 年参加东北春麦早熟组品种区域试验，平均亩产 329.0 千克，比对照辽春 17 号增产 3.5%；2012 年续试，平均亩产 356.0 千克，比辽春 17 号增产 5.6%。2013 年生产试验，平均亩产 289.8 千克，比辽春 17 号增产 3.9%。

(4) 栽培要点　适时早播，及时浇灌，亩基本苗 40 万～42 万。注意防治蚜虫和白粉病。

(5) 适宜地区　适宜东北春麦区的内蒙古赤峰和通辽地区、辽宁省、吉林省种植，也适宜天津市和河北省张家口坝下作春麦种植。

26. 航麦 247

(1) 品种来源　中国农业科学院作物科学研究所选育，亲本组合为轮选987/G55。2016年通过国家农作物品种审定委员会审定。

（2）特征特性　冬性品种。全生育期253天，比对照品种中麦175晚熟2天。幼苗半匍匐，分蘖力较强，成穗率较高。株高69.4厘米。穗纺锤形，长芒，白壳，红粒。亩穗数48.4万，穗粒数28.6粒，千粒重39.2克，抗寒性中等。抗病性鉴定：慢条锈病，中抗白粉病，中感叶锈病。品质测定：子粒容重754克/升，蛋白质含量15.28%，湿面筋含量33.6%，沉降值23.6毫升，吸水率58.0%，面团稳定时间2.3分钟，最大拉伸阻力128E.U.，延伸性133毫米，拉伸面积23平方厘米。

（3）产量表现　2012—2013年参加北部冬麦区水地组区域试验，平均亩产407.8千克，比对照品种中麦175增产3.8%；2013—2014年续试，平均亩产527.5千克，比对照品种增产5.8%。2014—2015年生产试验，平均亩产508.1千克，比中麦175增产9.5%。

（4）栽培要点　适宜播种期9月下旬至10月上旬，每亩适宜基本苗20万～25万，晚播可适当增加播量。

（5）适宜地区　适宜在北部冬麦区的北京、天津、河北中北部、山西北部冬麦区中等以上肥力水地种植，也适宜新疆阿拉尔冬麦区种植。

27. 中麦1062

（1）品种来源　中国农业科学院作物科学研究所选育，亲本组合为豫麦34/轮选9873。2016年通过国家农作物品种审定委员会审定。

（2）特征特性　冬性品种。全生育期253天，比对照品种中麦175晚熟2天。幼苗半匍匐，分蘖力较强、分蘖成穗率较高。株高73.2厘米。穗纺锤形，长芒，白壳，红粒。亩穗数47.5万，穗粒数30.3粒，千粒重39.0克，抗寒性中等。抗病性鉴定：慢条锈病，中感白粉病，高感叶锈病。品质测定：子粒容重772克/升，蛋白质含量14.48%，湿面筋含量30.9%，沉降值31.0毫升，吸水率55.2%，面团稳定时间8.3分钟，最大拉伸阻力422E.U.，延伸性136毫米，拉伸面积78平方厘米。

(3) 产量表现 2012—2013年参加北部冬麦区水地组区域试验，平均亩产418.4千克，比对照品种中麦175增产6.5%；2013—2014年续试，平均亩产526.2千克，比对照品种增产5.5%。2014—2015年生产试验，平均亩产501.2千克，比中麦175增产8.0%。

(4) 栽培要点 适宜播种期9月下旬至10月上旬，每亩适宜基本苗20万，晚播可适当增加播种量。注意防治叶锈病等主要病害。

(5) 适宜地区 适宜北部冬麦区的北京、天津、河北中北部、山西北部冬麦区中等以上肥力水地种植，也适宜新疆阿拉尔冬麦区种植。

28. 轮选99

(1) 品种来源 中国农业科学院作物科学研究所选育，亲本组合为石7221/石家庄8号。2016年通过国家农作物品种审定委员会审定。

(2) 特征特性 弱春性品种。全生育期216天，比对照品种偃展4110晚熟1天。幼苗半直立，叶片宽短，叶色浓绿，冬季抗寒性较好。分蘖力一般，成穗率高。春季起身晚，耐倒春寒能力中等。后期耐高温能力一般，灌浆速度较快，熟相较好。株高81.2厘米，茎秆较细，抗倒性较弱。株型紧凑，旗叶窄小，上冲，穗层整齐。穗纺锤形，长芒，白壳，白粒，子粒角质、饱满度较好。亩穗数43.5万，穗粒数30.6粒，千粒重42.9克。抗病性鉴定：慢条锈病，高感叶锈病、白粉病、赤霉病、纹枯病。品质检测：子粒容重800克/升，蛋白质含量13.82%，湿面筋含量29.1%，沉降值22.7毫升，吸水率56.5%，稳定时间2.1分钟，最大拉伸阻力147E.U.，延伸性142毫米，拉伸面积30平方厘米。

(3) 产量表现 2012—2013年参加黄淮冬麦区南片春水组品

种区域试验，平均亩产478.7千克，比对照品种偃展4110增产7.3%；2013—2014年续试，平均亩产556.5千克，比偃展4110增产6.0%。2014—2015年生产试验，平均亩产528.2千克，比偃展4110增产7.8%。

(4) 栽培要点 适宜播种期10月中下旬，每亩适宜基本苗16万～18万。注意防治叶锈病、白粉病、纹枯病和赤霉病等主要病害。

(5) 适宜地区 适宜河南（南部稻麦区除外）、安徽北部、江苏北部、陕西关中地区高水肥地块中晚茬种植。

29. 皖西麦0638

(1) 品种来源 六安市农业科学研究院选育，亲本组合为扬麦9号/Y18。2018年通过国家农作物品种审定委员会审定。

(2) 特征特性 春性品种。全生育期198天，比对照品种扬麦20早熟1～2天。幼苗半直立，叶色深绿，分蘖力中等。株高83厘米，株型较松散，抗倒性一般。旗叶下弯，蜡粉重，熟相较好。穗纺锤形，长芒，白壳，红粒，子粒半角质。亩穗数31.0万，穗粒数37.2粒，千粒重39.8克。抗病性鉴定：高感纹枯病、条锈病、叶锈病和白粉病，中感赤霉病。品质检测：子粒容重759克/升、773克/升，蛋白质含量11.18%、12.35%，湿面筋含量19.2%、21.9%，稳定时间1.1分钟、1.6分钟。2015年主要品质指标达到弱筋小麦标准。

(3) 产量表现 2014—2015年参加长江中下游冬麦组品种区域试验，平均亩产411.3千克，比对照扬麦20增产2.9%；2015—2016年续试，平均亩产402.7千克，比扬麦20增产4.3%。2016—2017年生产试验，平均亩产444.0千克，比对照增产5.8%。

(4) 栽培要点 适宜播种期10月下旬至11月上旬，每亩适宜基本苗16万～20万。注意防治蚜虫、赤霉病、条锈病、叶锈病、纹枯病和白粉病等病虫害。

（5）适宜地区 适宜长江中下游冬麦区的江苏淮南地区、安徽淮南地区、上海、浙江、湖北中南部地区、河南信阳地区种植。

30. 光明麦 1311

（1）品种来源 光明种业有限公司、江苏省农业科学院粮食作物研究所选育，亲本组合为 3E158/宁麦 9 号。2018 年通过国家农作物品种审定委员会审定。

（2）特征特性 春性品种。全生育期 201 天，比对照品种扬麦 20 晚熟 1～2 天。幼苗直立，叶色深绿，分蘖力较强。株高 84 厘米，株型较松散，抗倒性较强。旗叶上举，穗层整齐，熟相中等。穗纺锤形，长芒，白壳，红粒，子粒半角质、饱满度中等。亩穗数 30.1 万，穗粒数 38.7 粒，千粒重 38.6 克。抗病性鉴定：高感条锈病、叶锈病和白粉病，中感纹枯病，中抗赤霉病。品质检测：子粒容重 780 克/升、783 克/升，蛋白质含量 11.38%、12.63%，湿面筋含量 22.5%、26.4%，稳定时间 2.5 分钟、4.0 分钟。2015 年主要品质指标达到弱筋小麦标准。

（3）产量表现 2014—2015 年参加长江中下游冬麦组品种区域试验，平均亩产 409.6 千克，比对照扬麦 20 增产 2.0%；2015—2016 年续试，平均亩产 394.3 千克，比扬麦 20 增产 1.3%。2016—2017 年生产试验，平均亩产 438.6 千克，比对照增产 4.6%。

（4）栽培要点 适宜播种期 10 月下旬至 11 月上旬，每亩适宜基本苗 14 万～16 万。注意防治蚜虫、赤霉病、白粉病、纹枯病、条锈病和叶锈病等病虫害。

（5）适宜地区 适宜长江中下游冬麦区的江苏淮南地区、安徽淮南地区、上海、浙江、河南信阳地区种植。

31. 锦绣 21

（1）品种来源 河南锦绣农业科技有限公司选育。亲本组合为矮抗 58/06101。2018 年通过国家农作物品种审定委员会审定。

(2) 特征特性 半冬性品种。全生育期230天，与对照品种周麦18熟期相当。幼苗近匍匐，叶片宽长，分蘖力较强，耐倒春寒能力中等。株高78.5厘米，株型稍松散，茎秆弹性中等，抗倒性中等。旗叶宽大、平展，穗层厚，熟相一般。穗长方形，长芒，白壳，白粒，子粒半角质、饱满度中等。亩穗数39.7万，穗粒数34.3粒，千粒重44.2克。抗病性鉴定：高感白粉病、赤霉病，中感叶锈病、纹枯病，中抗条锈病。品质检测：子粒容重824克/升、828克/升，蛋白质含量14.30%、14.74%，湿面筋含量28.2%、30.6%，稳定时间8.2分钟、16.4分钟。2016年主要品质指标达到强筋小麦标准。

(3) 产量表现 2014—2015年参加黄淮冬麦区南片冬水组品种区域试验，平均亩产543.2千克，比对照周麦18增产5.3%；2015—2016年续试，平均亩产536.3千克，比周麦18增产6.1%。2016—2017年生产试验，平均亩产575.2千克，比对照增产5.9%。

(4) 栽培要点 适宜播种期10月上中旬，每亩适宜基本苗12万～20万，注意防治蚜虫、白粉病、赤霉病、叶锈病、纹枯病等病虫害。高水肥地块注意防止倒伏。

(5) 适宜地区 适宜黄淮冬麦区南片的河南省除信阳市和南阳市南部部分地区以外的平原灌区，陕西省西安、渭南、咸阳、铜川和宝鸡市灌区，江苏和安徽两省淮河以北地区高中水肥地块中茬种植。

32. 西农511

(1) 品种来源 西北农林科技大学选育，亲本组合为西农2000—7/99534。2018年通过国家农作物品种审定委员会审定。

(2) 特征特性 半冬性品种。全生育期233天，比对照品种周麦18晚熟1天。幼苗匍匐，分蘖力强，耐倒春寒能力中等。株高78.6厘米，株型稍松散，茎秆弹性较好，抗倒性好。旗叶宽大、平展，叶色浓绿，穗层整齐，熟相好。穗纺锤形，短芒，白壳，子粒角质、饱满度较好。亩穗数36.9万，穗粒数38.3粒，千粒重42.3克。抗病性鉴定：高感白粉病、赤霉病，中感叶锈病、纹枯病，中抗条锈病。品质检测：子粒容重815克/升、820克/升，蛋白质含量14.00%、14.68%，湿面筋含量28.2%、32.2%，稳定时间11.2分钟、13.6分钟。2017年主要品质指标达到强筋小麦标准。

（3）产量表现　2015—2016年参加黄淮冬麦区南片早播组品种区域试验，平均亩产533.1千克，比对照周麦18增产5.4%；2016—2017年续试，平均亩产575.8千克，比周麦18增产3.9%。2016—2017年生产试验，平均亩产571.5千克，比对照增产4.8%。

（4）栽培要点　适宜播种期10月上中旬，每亩适宜基本苗12万～20万，注意防治蚜虫、白粉病、赤霉病、叶锈病、纹枯病等病虫害。

（5）适宜地区　适宜黄淮冬麦区南片的河南省除信阳市和南阳市南部部分地区以外的平原灌区，陕西省西安、渭南、咸阳、铜川和宝鸡市灌区，江苏和安徽两省淮河以北地区高中水肥地块中茬种植。

33. 周麦36号

（1）品种来源　周口市农业科学院选育，亲本组合为矮抗58/周麦19//周麦22。2018年通过国家农作物品种审定委员会审定。

（2）特征特性　半冬性品种。全生育期232天，与对照品种周麦18熟期相当。幼苗半匍匐，叶片宽短，叶色浓绿，分蘖力中等，耐倒春寒能力中等。株高79.7厘米，株型松紧适中，茎秆蜡质层较厚，茎秆硬，抗倒性强。旗叶宽长、内卷、上冲，穗层整齐，熟相好。穗纺锤形，短芒，白壳，白粒，子粒角质、饱满度较好。亩穗数36.2万，穗粒数37.9粒，千粒重45.3克。抗病性鉴定：高感白粉病、赤霉病、纹枯病，高抗条锈病、叶锈病。品质检测：子粒容重796克/升、812克/升，蛋白质含量14.78%、13.02%，湿面筋含量31.0%、32.9%，稳定时间10.3分钟、13.6分钟。2016年主要品质指标达到强筋小麦标准。

(3) 产量表现 2015—2016年参加黄淮冬麦区南片早播组品种区域试验，平均亩产542.7千克，比对照周麦18增产5.7%；2016—2017年续试，平均亩产589.6千克，比周麦18增产5.7%。2016—2017年生产试验，平均亩产582.1千克，比对照增产6.7%。

(4) 栽培要点 适宜播种期10月上中旬，每亩适宜基本苗15万～22万，注意防治蚜虫、白粉病、纹枯病、赤霉病等病虫害。

(5) 适宜地区 适宜黄淮冬麦区南片的河南省除信阳市和南阳市南部部分地区以外的平原灌区，陕西省西安、渭南、咸阳、铜川和宝鸡市灌区，江苏和安徽两省淮河以北地区高中水肥地块中茬种植。

34. 中麦5051

(1) 品种来源 中国农业科学院作物科学研究所选育，亲本组合为烟农19/烟农21。2019年通过国家农作物品种审定委员会审定。

(2) 特征特性 半冬性品种。全生育期232天，比对照品种济麦22早熟1天。幼苗半匍匐，叶片窄，叶色黄绿，分蘖力较强。株高80厘米，株型较紧凑，抗倒性一般。旗叶上举，整齐度较好，穗层整齐，熟相较好。穗纺锤形，长芒，白壳，白粒，子粒半角质、饱满度较好。亩穗数46.9万，穗粒数33.9粒，千粒重38.4克。抗病性鉴定：高感条锈病、叶锈病、白粉病，感纹枯病，中抗赤霉病。区试两年品质检测结果：子粒容重808克/升、802克/升，蛋白质含量15.5%、16.3%，湿面筋含量33.1%、35.4%，稳定时间17.3分钟、16.2分钟，吸水率61.4%、61.2%，最大拉伸阻力494E.U.、558E.U.，拉伸面积96平方厘米、111.5平方厘米。2017—2018年品质指标达到强筋小麦品种审定标准。

(3) 产量表现 2016—2017年参加良种攻关黄淮冬麦区北片

水地组区域试验，平均亩产 565.1 千克，比对照济麦 22 增产 0.5%；2017—2018 年续试，平均亩产 483.2 千克，比对照增产 5.0%。2017—2018 年生产试验，平均亩产 497.4 千克，比对照增产 3.7%。

(4) 栽培要点 适宜播种期 10 月上中旬，每亩适宜基本苗 15 万～18 万。注意防治蚜虫、条锈病、叶锈病、白粉病和纹枯病等病虫害。高水肥地块种植注意防止倒伏。

(5) 适宜地区 适宜黄淮冬麦区北片的山东省全部、河北省保定市和沧州市的南部及其以南地区、山西省运城和临汾市的盆地灌区种植。

35. 西农 979

(1) 品种来源 西北农林科技大学小麦育种研究室选育，亲本组合为西农 2611//918/95 选 1。2005 年 8 月分别通过国家农作物品种审定委员会审定和陕西省农作物品种审定委员会审定。

(2) 特征特性 半冬性、多穗、早熟，幼苗匍匐、叶片较窄，分蘖力强，越冬抗寒性好，春季起身晚，两极分化快，抽穗早。株高 75 厘米左右，茎秆弹性好，抗倒伏能力强，穗型中等偏大，产量三要素协调。亩穗数 38 万～42 万，穗粒数 33～38 粒，千粒重 40～47 克。抗病性鉴定：高抗条锈病，中抗赤霉病，中感纹枯病、白粉病，综合抗性好。粒大饱满，光亮透明，全角质、外观商品性好。经国家多年多点取样品质测定：蛋白质含量 14%～16%，湿面筋含量 32%～34%，沉降值 53.2 毫升，面团稳定时间 17.9 分钟。品质达国家优质强筋小麦标准。

(3) 产量表现 2004 年和 2005 年国家黄淮区试，平均亩产分别为 536.8 千克和 482.2 千克，较优质对照藁麦 8901 分别增产 5.62%和 6.35%，均达极显著水平，最高亩产达 680.0 千克（淮海农场）。2005 年关中灌区小麦生产试验，6 点平均亩产 438.7 千克，比对照小偃 22 增产 3.4%。

(4) 栽培要点 播前施足基肥，氮肥与磷肥配合，适宜播种期为10月上中旬，基本苗每亩14万～18万，适时冬灌，酌情春灌，旱年浇好灌浆水，并结合冬灌追施氮肥，氮肥追肥量占全生育期氮肥总用量的25%～30%，注意防治白粉病和条锈病。

(5) 适宜地区　适宜关中灌区及同类型生态区种植。

36. 中麦578

(1) 品种来源　中国农业科学院作物科学研究所、中国农业科学院棉花研究所选育，亲本组合为中麦255/济麦22。2019年通过河南省农作物品种审定委员会审定。

(2) 特征特性　半冬性品种。全生育期219.5～229.6天，平均熟期比对照品种周麦18早熟1.0天。幼苗半直立，叶色浓绿，苗势壮，分蘖力较强，成穗率较高，冬季抗寒性好。春季起身拔节早，两极分化快，抽穗早。株高76.8～85.7厘米，株型较紧凑，抗倒性中等。旗叶宽长，穗层整齐，熟相好。穗纺锤形，长芒，白壳，白粒，子粒角质、饱满度较好。亩穗数39.5万～43.6万，穗粒数26.0～29.1粒，千粒重46.0～48.6克。抗病性鉴定：中感条锈病、叶锈病、白粉病和纹枯病，高感赤霉病。2017年、2018年品质检测：蛋白质含量15.1%、16.3%，容重821克/升、803克/升，湿面筋含量30.8%、32.6%，吸水量61.6毫升/100克、57.6毫升/100克，稳定时间18.0分钟、12.7分钟，拉伸面积131平方厘米、140平方厘米，最大拉伸阻力676E.U.、596E.U.。2017年品质指标达到强筋小麦标准。

(3) 产量表现　2016—2017年河南省强筋组区试，10点汇总，达标点率90%，平均亩产526.0千克，比对照品种周麦18增产4.1%；2017—2018年续试，11点汇总，达标点率90.9%，平均亩产426.3千克，比对照品种周麦18增产9.0%；2017—2018年生产试验，11点汇总，达标点率100%，平均亩产444.2千克，比对照品种周麦18增产7.4%。

(4) 栽培要点　适宜播种期10月上中旬，每亩适宜基本苗16万～18万。注意防治蚜虫、赤霉病、条锈病、叶锈病、白粉病和纹枯病等病虫害。注意预防倒春寒。

（5）适宜地区　适宜河南省（南部长江中下游麦区除外）早中茬地种植。

37. 农麦 126

（1）品种来源　江苏神农大丰种业科技有限公司、扬州大学选育。亲本组合为扬麦 16/宁麦 9 号。2018 年通过国家农作物品种审定委员会审定。

（2）特征特性　春性品种。全生育期 198 天，比对照品种扬麦 20 早熟 2 天。幼苗直立，叶片较宽，叶色淡绿，分蘖力较强。株高 88 厘米，株型较紧凑，秆质弹性好，抗倒性较好。旗叶平伸，穗层较整齐，熟相较好。穗纺锤形，长芒，白壳，红粒，子粒角质、饱满度较好。亩穗数 30.4 万，穗粒数 37.1 粒，千粒重 41.3 克。抗病性鉴定：高感条锈病、叶锈病，中感赤霉病、纹枯病、白粉病。品质检测：子粒容重 770 克/升、762 克/升，蛋白质含量 11.65%、12.85%，湿面筋含量 21.3%、24.9%，稳定时间 2.1 分钟、2.6 分钟。2015 年主要品质指标达到弱筋小麦标准。

（3）产量表现　2014—2015 年参加长江中下游冬麦组品种区域试验，平均亩产 419.7 千克，比对照扬麦 20 增产 4.5%；2015—2016 年续试，平均亩产 413.8 千克，比扬麦 20 增产 6.3%。2016—2017 年生产试验，平均亩产 439.4 千克，比对照增产 4.8%。

（4）栽培要点　适宜播种期 10 月下旬至 11 月上旬，每亩适宜基本苗 12 万～15 万。注意防治蚜虫、条锈病、叶锈病、赤霉病、白粉病和纹枯病等病虫害。

（5）适宜地区　适宜长江中下游冬麦区的江苏淮南地区、安徽淮南地区、上海、浙江、湖北中南部地区、河南信阳地区种植。

38. 轮选 16

（1）品种来源　中国农业科学院作物科学研究所选育，亲本组合为扬麦12/周麦16[2]。2018年通过国家农作物品种审定委员会审定。

（2）特征特性 半冬性品种。全生育期230天，与对照品种周麦18熟期相当。幼苗半匍匐，叶片窄长，分蘖力较强，耐倒春寒能力中等。株高79.6厘米，株型较紧凑，茎秆弹性中等，抗倒性中等。旗叶细长、上冲，穗层较整齐，熟相中等。穗纺锤形，短芒，白壳，白粒，子粒半角质、饱满度较好。亩穗数38.4万，穗粒数34.7粒，千粒重44.6克。抗病性鉴定：高感纹枯病、白粉病和赤霉病，中感条锈病和叶锈病。品质检测：子粒容重807克/升、803克/升，蛋白质含量14.63%、13.74%，湿面筋含量29.8%、28.0%，稳定时间2.0分钟、1.9分钟。

（3）产量表现 2014—2015年参加黄淮冬麦区南片冬水组品种区域试验，平均亩产545.8千克，比对照周麦18增产5.2%；2015—2016年续试，平均亩产526.8千克，比周麦18增产3.2%。2016—2017年生产试验，平均亩产572.0千克，比对照增产4.5%。

（4）栽培要点 适宜播种期10月上中旬，每亩适宜基本苗12万～20万，注意防治蚜虫、纹枯病、白粉病、赤霉病、条锈病、叶锈病等病虫害。

（5）适宜地区 适宜黄淮冬麦区南片的河南省除信阳市和南阳市南部部分地区以外的平原灌区，陕西省西安、渭南、咸阳、铜川和宝鸡市灌区，江苏和安徽两省淮河以北地区高中水肥地块中茬种植。

39. 豫丰11

（1）品种来源 河南省科学院同位素研究所有限责任公司、河南省核农学重点实验室、河南省豫丰种业有限公司选育，亲本组合为（周麦18/豫同198）F_0辐射诱变。2018年通过国家农作物品种审定委员会审定。

（2）特征特性 半冬性品种。全生育期229天，比对照品种周麦18早熟1天。幼苗半直立，叶片宽短，叶色黄绿，分蘖力中等，耐倒春寒能力一般。株高80.4厘米，株型稍松散，茎秆弹性一般，抗倒性中等。旗叶宽长、内卷、上冲，穗层厚，熟相好。穗椭圆形，短芒，白壳，白粒，子粒角质、饱满度中等。亩穗数38.8万，穗粒数32.5粒，千粒重48.4克。抗病性鉴定：高感纹枯病、白粉病和赤霉病，中感叶锈病，中抗条锈病。品质检测：子粒容重814克/升、808克/升，蛋白质含量15.06%、13.90%，湿面筋含量30.9%、29.7%，稳定时间8.0分钟、9.7分钟。2015年主要品质指标达到中强筋小麦标准。

(3) 产量表现 2014—2015年参加黄淮冬麦区南片冬水组品种区域试验，平均亩产546.9千克，比对照周麦18增产5.4%；2015—2016年续试，平均亩产537.1千克，比周麦18增产5.2%。2016—2017年生产试验，平均亩产576.2千克，比对照增产5.3%。

(4) 栽培要点 适宜播种期10月上中旬，每亩适宜基本苗12万～20万，注意防治蚜虫、纹枯病、白粉病、赤霉病、叶锈病等病虫害，高水肥地块注意防止倒伏。

(5) 适宜地区 适宜黄淮冬麦区南片的河南省除信阳市和南阳市南部部分地区以外的平原灌区，陕西省西安、渭南、咸阳、铜川和宝鸡市灌区，江苏和安徽两省淮河以北地区高中水肥地块中茬种植。

40. 周麦32号

(1) 品种来源 周口市农业科学院、河南天存种业科技有限公司选育，亲本组合为矮抗58/周麦24。2018年通过国家农作物品种审定委员会审定。

(2) 特征特性 半冬性品种。全生育期228天，比对照品种周麦18早熟2天。幼苗半匍匐，叶片宽长，分蘖力较强，耐倒春寒能力一般。株高78厘米，株型较紧凑，茎秆弹性较好，抗倒性较好。旗叶短小、上冲，穗层整齐，熟相好。穗纺锤形，短芒，白壳，白粒，子粒角质、饱满度较好。亩穗数41.4万，穗粒数31.7粒，千粒重44.5克。抗病性鉴定：高感叶锈病、白粉病和赤霉病，中感纹枯病，高抗条锈病。品质检测：子粒容重808克/升、814克/升，蛋白质含量15.90%、15.32%，湿面筋含量32.5%、28.6%，稳定时间8.7分钟、8.1分钟。2015年主要品质指标达到中强筋小麦标准。

（3）产量表现 2014—2015年参加黄淮冬麦区南片冬水组品种区域试验，平均亩产539.4千克，比对照周麦18增产4.6%；2015—2016年续试，平均亩产526.6千克，比周麦18增产4.1%。2016—2017年生产试验，平均亩产576.1千克，比对照增产6.0%。

（4）栽培要点 适宜播种期10月上中旬，每亩适宜基本苗12万～20万，注意防治蚜虫、叶锈病、白粉病、赤霉病、纹枯病等病虫害。

（5）适宜地区 适宜黄淮冬麦区南片的河南省除信阳市和南阳市南部部分地区以外的平原灌区，陕西省西安、渭南、咸阳、铜川和宝鸡市灌区，江苏和安徽两省淮河以北地区高中水肥地块中茬种植。

41. 瑞华麦518

（1）品种来源 江苏瑞华农业科技有限公司选育。亲本组合为淮麦18/ZY0055。2018年通过国家农作物品种审定委员会审定。

（2）特征特性 半冬性品种。全生育期229天，比对照品种周麦18早熟1天。幼苗半匍匐，叶片窄卷，叶色深绿，分蘖力较强，耐倒春寒能力中等。株高83.7厘米，株型稍松散，蜡质层厚，茎秆弹性一般，抗倒性中等。旗叶短小、上冲，穗层厚，熟相好。穗长方形、细长，长芒，白壳，白粒，子粒角质、饱满度中等。亩穗数43.7万，穗粒数33.4粒，千粒重40.4克。抗病性鉴定：高感条锈病、叶锈病、白粉病、赤霉病，中感纹枯病。品质检测：子粒容重821克/升、816克/升，蛋白质含量13.51%、13.55%，湿面筋含量26.6%、33.5%，稳定时间8.8分钟、10.4分钟。2016年主要品质指标达到中强筋小麦标准。

(3) 产量表现 2014—2015年参加黄淮冬麦区南片冬水组品种区域试验，平均亩产550.2千克，比对照周麦18增产6.7%；2015—2016年续试，平均亩产544.2千克，比周麦18增产7.6%。2016—2017年生产试验，平均亩产580.2千克，比对照增产6.8%。

(4) 栽培要点 适宜播种期10月上中旬，每亩适宜基本苗12万~20万，注意防治蚜虫、条锈病、叶锈病、白粉病、赤霉病、纹枯病等病虫害。高水肥地块注意防止倒伏。

(5) 适宜地区 适宜黄淮冬麦区南片的河南省除信阳市和南阳市南部部分地区以外的平原灌区，陕西省西安、渭南、咸阳、铜川和宝鸡市灌区，江苏和安徽两省淮河以北地区高中水肥地块中茬种植。

42. 轮选13

(1) 品种来源 中国农业科学院作物科学研究所选育，亲本组合为石麦12/周麦16^{2}。2018年通过国家农作物品种审定委员会审定。

(2) 特征特性 半冬性品种。全生育期228天，比对照品种周麦18早熟1~2天。幼苗半匍匐，叶片宽短，叶色浓绿，分蘖力较强，耐倒春寒能力中等。株高80.9厘米，株型偏紧凑，茎秆弹性较好，抗倒性较好。旗叶短小、上冲，穗层整齐，熟相好。穗纺锤形，长芒，白壳，白粒，子粒半角质、饱满度中等。亩穗数41.3万，穗粒数34.1粒，千粒重42.7克。抗病性鉴定：高感叶锈病、纹枯病、白粉病、赤霉病，中感条锈病。品质检测：子粒容重803克/升、764克/升，蛋白质含量13.39%、13.82%，湿面筋含量30.0%、31.8%，稳定时间3.0分钟、3.2分钟。

(3) 产量表现 2014—2015年参加黄淮冬麦区南片冬水组品种区域试验，平均亩产550.0千克，比对照周麦18增产6.7%；2015—2016年续试，平均亩产541.3千克，比周麦18增产5.5%。

2016—2017年生产试验，平均亩产574.5千克，比对照增产5.6%。

(4) 栽培要点 适宜播种期10月上中旬，每亩适宜基本苗12万～20万，注意防治蚜虫、条锈病、叶锈病、纹枯病、白粉病、赤霉病等病虫害。

(5) 适宜地区 适宜黄淮冬麦区南片的河南省除信阳市和南阳市南部部分地区以外的平原灌区，陕西省西安、渭南、咸阳、铜川和宝鸡市灌区，江苏和安徽两省淮河以北地区高中水肥地块中茬种植。

43. 淮麦40

(1) 品种来源 江苏天丰种业有限公司、江苏徐淮地区淮阴农业科学研究所选育。冬春轮回选择群体。2018年通过国家农作物品种审定委员会审定。

(2) 特征特性 弱春性品种。全生育期221天，比对照品种偃展4110熟期略早。幼苗半直立，叶片宽长，叶色浓绿，分蘖力较强，耐倒春寒能力中等。株高82.2厘米，株型稍松散，蜡质厚，茎秆弹性好，抗倒性较好。旗叶细长、上冲，穗层厚，熟相较好。穗纺锤形，长芒，白壳，白粒，子粒角质、饱满度较好。亩穗数43.1万，穗粒数30.7粒，千粒重44.7克。抗病性鉴定：高感赤霉病和白粉病，中感纹枯病，中抗条锈病，慢叶锈病。品质检测：子粒容重814克/升、812克/升，蛋白质含量15.42%、13.87%，湿面筋含量28.4%、28.8%，稳定时间7.9分钟、13.1分钟。2016年主要品质指标达到中强筋小麦标准。

(3) 产量表现 2014—2015年参加黄淮冬麦区南片春水组品种区域试验，平均亩产528.6千克，比对照偃展4110增产8.2%；2015—2016年续试，平均亩产530.1千克，比偃展4110增产9.9%。2016—2017年生产试验，平均亩产543.8千克，比对照增产5.5%。

(4) 栽培要点 适宜播种期10月中下旬，每亩适宜基本苗

18 万～24 万，注意防治蚜虫、白粉病、赤霉病、纹枯病等病虫害。

（5）适宜地区　适宜黄淮冬麦区南片的河南省除信阳市和南阳市南部部分地区以外的平原灌区，陕西省西安、渭南、咸阳、铜川和宝鸡市灌区，江苏和安徽两省淮河以北地区高中水肥地块中晚茬种植。

44. 泰科麦 33

（1）品种来源　泰安市农业科学研究院选育，亲本组合为郑麦 366/淮阴 9908。2018 年通过国家农作物品种审定委员会审定。

（2）特征特性　半冬性品种。全生育期 241 天，比对照品种良星 99 熟期略早。幼苗半匍匐，分蘖成穗较多。株高 80.5 厘米，株型半松散。茎叶有蜡质，穗层整齐度一般，结实性好，熟相好。穗纺锤形，长芒，白壳，白粒，子粒角质、饱满。亩穗数 42.7 万，穗粒数 35.8 粒，千粒重 44.3 克。抗病性鉴定：高感白粉病、赤霉病和纹枯病，中感条锈病和叶锈病。品质检测：子粒容重 829 克/升、824 克/升，蛋白质含量 14.91%、15.01%，湿面筋含量 30.4%、31.3%，稳定时间 8.6 分钟、9.9 分钟。2016 年主要品质指标达到中强筋小麦标准。

（3）产量表现　2014—2015 年参加黄淮冬麦区北片水地组品种区域试验，平均亩产 582.1 千克，比对照良星 99 增产 3.9%；2015—2016 年续试，平均亩产 604.0 千克，比良星 99 增产 3.9%。2016—2017 年生产试验，平均亩产 634.8 千克，比对照增产 3.5%。

（4）栽培要点　适宜播种期 10 月上中旬，每亩适宜基本苗 18 万～20 万。注意防治蚜虫、条锈病、叶锈病、赤霉病、白粉病、纹枯病等病虫害。

（5）适宜地区　适宜黄淮冬麦区北片的山东省全部、河北省保定市和沧州市的南部及其以南地区、山西省运城和临汾市的盆地灌区种植。

45. 中麦36

（1）品种来源　中国农业科学院作物科学研究所、山西省农业科学院棉花研究所选育。亲本组合为晋麦47/陕优225//晋麦47^3。2018年通过国家农作物品种审定委员会审定。

（2）特征特性　半冬性品种。全生育期246天，比对照品种晋麦47号熟期略晚。幼苗半匍匐，分蘖力强。株高77.7厘米，株型半紧凑，抗倒性一般。旗叶上举，茎秆有蜡质，穗层整齐，熟相好。穗长方形，长芒，白壳，白粒，子粒角质、饱满度较好。亩穗数35.1万，穗粒数33.4粒，千粒重38.4克。抗病性鉴定：高感条锈病、叶锈病、白粉病和黄矮病。品质分析：子粒容重791克/升、804克/升，蛋白质含量12.88%、13.74%，湿面筋含量26.6%、30.0%，稳定时间4.6分钟、4.1分钟。

（3）产量表现　2014—2015年参加黄淮冬麦区旱薄组品种区域试验，平均亩产356.3千克，比对照晋麦47号增产5.8%；2015—2016年续试，平均亩产346.9千克，比晋麦47号增产7.0%。2016—2017年生产试验，平均亩产370.9千克，比对照增产12.6%。

（4）栽培要点　适宜播种期9月下旬至10月上旬。每亩适宜基本苗20万。注意防治蚜虫、条锈病、白粉病、黄矮病等病虫害。

（5）适宜地区　适宜山西省南部，甘肃省天水，陕西省宝鸡、咸阳和铜川，河南省及河北省沧州的旱薄地种植。

46. 航麦2566

（1）品种来源　中国农业科学院作物科学研究所选育，亲本组合为SPLM2/轮选987。2018年通过国家农作物品种审定委员会审定。

（2）特征特性　冬性品种。全生育期253天，比对照品种中麦175晚熟1～2天。幼苗半匍匐，分蘖力中等。株高82.5厘米。穗纺锤形，长芒，白壳，红粒。亩穗数34.6万，穗粒数37.3粒，千粒重46.9克。抗病性鉴定：中感条锈病、叶锈病和白粉病。品质检测：子粒容重790克/升、788克/升，蛋白质含量15.02%、14.43%，湿面筋含量32.8%、32.7%，稳定时间2.7分钟、2.7分钟。

(3) 产量表现　2014—2015年参加北部冬麦区水地组品种区域试验，平均亩产551.0千克，比对照中麦175增产5.7%；2015—2016年续试，平均亩产556.7千克，比中麦175增产7.0%。2016—2017年生产试验，平均亩产571.2千克，比对照增产13.4%。

(4) 栽培要点　适宜播种期9月下旬至10月上旬，每亩适宜基本苗18万～25万。注意防治蚜虫、条锈病、白粉病、叶锈病等病虫害。

(5) 适宜地区　适宜北部冬麦区的北京市、天津市、河北省中北部、山西省北部中等肥力以上水地种植。

47. 中麦93

(1) 品种来源　中国农业科学院作物科学研究所选育，亲本组合为中麦415/京垦49//中麦415。2018年通过国家农作物品种审定委员会审定。

(2) 特征特性　冬性品种。全生育期251天，与对照品种中麦175熟期相当。幼苗半匍匐，分蘖力中等。株高79.4厘米。穗纺锤形，长芒，白壳，白粒。亩穗数41.0万，穗粒数32.2粒，千粒重43.7克。抗病性鉴定：中感叶锈病和白粉病，慢条锈病。品质检测：子粒容重814克/升、824克/升，蛋白质含量14.34%、13.52%，湿面筋含量30.7%、29.2%，稳定时间2.1分钟、2.2分钟。

(3) 产量表现　2014—2015年参加北部冬麦区水地组品种区域试验，平均亩产537.4千克，比对照中麦175增产3.1%；2015—2016年续试，平均亩产549.7千克，比中麦175增产5.7%。2016—2017年生产试验，平均亩产560.5千克，比对照增产11.2%。

(4) 栽培要点　适宜播种期9月下旬至10月上旬，每亩适宜基本苗20万～25万。注意防治蚜虫、白粉病、叶锈病等病虫害。

(5) 适宜地区　适宜北部冬麦区的北京市、天津市、河北省中北部、山西省北部中等肥力以上水地种植。

48. 长6794

(1) 品种来源　山西省农业科学院谷子研究所选育，亲本组合为京农CR188/长6452。2018年通过国家农作物品种审定委员会审定。

(2) 特征特性　冬性品种。全生育期252天，比对照品种中麦175晚熟1天。幼苗半匍匐，分蘖力中等。株高79.4厘米。穗纺锤形，长芒，白壳，红粒。亩穗数38.5万，穗粒数35.9粒，千粒重41.3克。抗病性鉴定：高感叶锈病，中感白粉病，中抗条锈病。品质检测：子粒容重792克/升、808克/升，蛋白质含量14.86%、13.68%，湿面筋含量30.8%、28.2%，稳定时间9.4分钟、9.4分钟。2015年主要品质指标达到中强筋小麦标准。

(3) 产量表现　2014—2015年参加北部冬麦区水地组品种区域试验，平均亩产523.2千克，比对照中麦175增产0.4%；2015—2016年续试，平均亩产537.8千克，比中麦175增产3.4%。2016—2017年生产试验，平均亩产536.2千克，比对照增产6.4%。

(4) 栽培要点　适宜播种期9月下旬至10月上旬，每亩适宜基本苗22万左右。注意防治蚜虫、叶锈病、白粉病等病虫害。

(5) 适宜地区　适宜北部冬麦区的北京市、天津市、河北省中北部、山西省北部中等肥力以上水地种植。

49. 泛育麦17

(1) 品种来源　河南省黄泛区实业集团有限公司选育，亲本组合为泛麦8号-4/周麦18。2019年通过国家农作物品种审定委员会审定。

(2) 特征特性　半冬性品种。全生育期 232 天，与对照品种周麦 18 熟期相当。幼苗半匍匐，叶片细长，叶色黄绿，分蘖力中等。株高 83 厘米，株型较紧凑，抗倒性一般。旗叶上举，整齐度好，穗层整齐，熟相较好。穗纺锤形，短芒，白壳，白粒，子粒角质、饱满度较好。亩穗数 39.3 万，穗粒数 35.1 粒，千粒重 43.6 克。抗病性鉴定：叶锈病免疫，高抗条锈病，中感纹枯病，高感赤霉病和白粉病。区试两年品质检测结果：子粒容重 778 克/升、788 克/升，蛋白质含量 14.45%、14.04%，湿面筋含量 27.5%、29.7%，稳定时间 10.7 分钟、17.3 分钟，吸水率 58%，最大拉伸阻力 637E. U.，拉伸面积 142 平方厘米。2016—2017 年品质指标达到中强筋小麦品种审定标准。

(3) 产量表现　2015—2016 年参加黄淮冬麦区南片水地早播组区域试验，平均亩产 537.9 千克，比对照周麦 18 增产 4.8%；2016—2017 年续试，平均亩产 578.6 千克，比对照增产 3.8%。2017—2018 年生产试验，平均亩产 487.6 千克，比对照增产 4.4%。

(4) 栽培要点　适宜播种期 10 月上中旬，每亩适宜基本苗 14 万～20 万，注意防治蚜虫、白粉病、纹枯病和赤霉病等病虫害。高水肥地块注意防止倒伏。

(5) 适宜地区　适宜黄淮冬麦区南片的河南省除信阳市和南阳市南部部分地区以外的平原灌区，陕西省西安、渭南、咸阳、铜川和宝鸡市灌区，江苏和安徽两省淮河以北地区高中水肥地块早中茬种植。

50. 郑麦 119

(1) 品种来源　河南省农业科学院小麦研究所选育，济麦 1 号/郑麦 366。2019 年通过国家农作物品种审定委员会审定。

(2) 特征特性　半冬性品种。全生育期 228 天，比对照品种周麦 18 早熟 1 天。幼苗半匍匐，叶片细长，叶色深绿，分蘖力中等。

株高80厘米，株型较紧凑，抗倒性较好。旗叶上举，穗层整齐，熟相好。穗纺锤形，长芒，白壳，白粒，子粒角质，饱满度好。亩穗数37.0万，穗粒数33.3粒，千粒重48.3克。抗病性鉴定：中抗条锈病，中感叶锈病，高感纹枯病、赤霉病和白粉病。区试两年品质检测结果：子粒容重810克/升、824克/升，蛋白质含量14.79%、15.09%，湿面筋含量31.6%、34.5%，稳定时间8.5分钟、7.6分钟，吸水率59.5%、60.0%，最大拉伸阻力425E.U.，拉伸面积102平方厘米。2016—2017年品质指标达到中强筋小麦品种审定标准。

（3）产量表现　2015—2016年参加黄淮冬麦区南片水地早播组区域试验，平均亩产517.2千克，比对照周麦18增产0.8%；2016—2017年续试，平均亩产550.6千克，比对照增产1.1%。2017—2018年生产试验，平均亩产453.1千克，比对照减产2.7%。

（4）栽培要点　适宜播种期10月中下旬，每亩适宜基本苗12万～20万，注意防治蚜虫、条锈病、叶锈病、纹枯病、白粉病和赤霉病等病虫害。倒春寒频发区慎用。

（5）适宜地区　适宜黄淮冬麦区南片的河南省除信阳市和南阳市南部部分地区以外的平原灌区，陕西省西安、渭南、咸阳、铜川和宝鸡市灌区，江苏和安徽两省淮河以北地区高中水肥地块中晚茬种植。

51. 安科1405

（1）品种来源　安徽省农业科学院作物研究所选育，亲本组合为周麦18/矮抗58//周麦18。2019年通过国家农作物品种审定委员会审定。

（2）特征特性　半冬性品种。全生育期230天，比对照品种周麦18早熟1天。幼苗半匍匐，叶片窄，叶色绿，分蘖力较强。株高82厘米，株型较紧凑，抗倒性较好。旗叶上举、整齐度好，穗层整齐，熟相中等。穗纺锤形，长芒，白壳，白粒，子粒半角质、饱满度中等。亩穗数 41.9 万，穗粒数 36.1 粒，千粒重 37.8 克。抗病性鉴定：中感条锈病和纹枯病，高感叶锈病、白粉病和赤霉病。区试两年品质检测结果：子粒容重 809 克/升、818 克/升，蛋白质含量 13.41%、14.40%，湿面筋含量 29.8%、33.9%，稳定时间 8.2 分钟、8 分钟，吸水率 58.6%，最大拉伸阻力 489E.U.，拉伸面积 111 平方厘米。2016—2017 年品质指标达到中强筋小麦品种审定标准。

(3) 产量表现 2015—2016 年参加黄淮冬麦区南片水地晚播组区域试验，平均亩产 530.5 千克，比对照周麦 18 增产 3.4%；2016—2017 年续试，平均亩产 549.1 千克，比对照增产 0.8%。2017—2018 年生产试验，平均亩产 470.5 千克，比对照增产 2.3%。

(4) 栽培要点 适宜播种期 10 月上中旬，每亩适宜基本苗 15 万～18 万，注意防治蚜虫、条锈病、叶锈病、纹枯病、白粉病和赤霉病等病虫害。

(5) 适宜地区 适宜黄淮冬麦区南片的河南省除信阳市和南阳市南部部分地区以外的平原灌区，陕西省西安、渭南、咸阳、铜川和宝鸡市灌区，江苏和安徽两省淮河以北地区高中水肥地块早中茬种植。

52. 菏麦 22

(1) 品种来源 山东科源种业有限公司选育，亲本组合为济麦 22/淮麦 0308。2019 年通过国家农作物品种审定委员会审定。

(2) 特征特性 半冬性品种。全生育期 240 天，比对照品种良星 99 熟期略早。幼苗半匍匐，苗期叶宽，分蘖力中等。株高 81 厘米，株型紧凑，茎秆粗壮，抗倒性中等。旗叶宽、上举，整齐度一般，熟相较好。穗纺锤形，长芒，白壳，白粒，子粒角质、饱满度较好。亩穗数 45.2 万，穗粒数 34.4 粒，千粒重 43.0 克。抗病性鉴定：中感纹枯病和白粉病，高感条锈病、叶锈病和赤霉病。区试两年品质检测结果：子粒容重 814 克/升、812 克/升，蛋白质含量14.62%、14.76%，湿面筋含量29.8%、29.3%，稳定时间7.5分钟、35.2分钟，吸水率60%，最大拉伸阻力712E.U.，拉伸面积110平方厘米。2016—2017年品质指标达到中强筋小麦品种审定标准。

(3) 产量表现 2015—2016年参加黄淮冬麦区北片水地组区域试验，平均亩产580.2千克，比对照良星99减产0.1%；2016—2017年续试，平均亩产604.4千克，比对照增产4.2%。2017—2018年生产试验，平均亩产495.2千克，比对照增产4.9%。

(4) 栽培要点 适宜播种期10月5～15日，每亩适宜基本苗18万左右。注意防治蚜虫、叶锈病、条锈病、白粉病、赤霉病和纹枯病等病虫害。

(5) 适宜地区 适宜黄淮冬麦区北片的山东省全部、河北省保定市和沧州市的南部及其以南地区、山西省运城和临汾市的盆地灌区种植。

53. 中信麦68

(1) 品种来源 河北众人信农业科技股份有限公司选育，亲本组合为众信4003/济麦20。2019年通过国家农作物品种审定委员会审定。

(2) 特征特性 半冬性品种。全生育期245天，比对照品种晋麦47熟期略晚。幼苗匍匐，叶片细长，叶色灰绿，分蘖力强，成穗率高。株高73厘米，株型较松散，抗倒性较好。旗叶上举，茎秆有蜡质。整齐度好，穗层整齐，熟相较好。穗纺锤形，长芒，白壳，白粒，子粒角质，饱满度较好。亩穗数39.0万，穗粒数28.6粒，千粒重37.7克。抗病性鉴定：高抗叶锈病，高感条锈病、白粉病、黄矮病。区试两年品质检测结果：子粒容重818克/升、822克/升，蛋白质含量14.88%、15.50%，湿面筋含量30.3%、34.2%，稳定时间11.0分钟、26.7分钟，吸水率57.9%，最大拉伸阻力642E.U.，拉伸面积128平方厘米。2015—2016年主要品质指标达到中强筋小麦品种审定标准。

(3) 产量表现 2015—2016年参加黄淮冬麦区旱薄组区域试验，平均亩产324.3千克，比对照晋麦47号增产0.1%；2016—2017年续试，平均亩产317.9千克，比对照增产4.3%。2017—2018年生产试验，平均亩产321.7千克，比对照增产10.5%。

(4) 栽培要点 适宜播种期为10月上中旬，每亩适宜基本苗18万～25万。注意防治蚜虫、条锈病、白粉病和黄矮病等病虫害。

(5) 适宜地区 适宜山西省南部，甘肃省天水，陕西省宝鸡、咸阳和铜川，河南省及河北省沧州的旱薄地种植。在甘肃天水种植注意防治锈病。

54. 克春17号

(1) 品种来源 黑龙江省农业科学院克山分院选育，亲本组合为克00-1153/龙02-2523。2019年通过国家农作物品种审定委员会审定。

(2) 特征特性 春性品种。全生育期89天，比对照品种垦九10号早熟3天。幼苗直立，叶片细长，叶色深绿，分蘖力强。株高94厘米，株型较紧凑，抗倒性较好。旗叶平展，整齐度好，穗层整齐，熟相较好。穗纺锤形，长芒，白壳，红粒，子粒角质、饱满度较好。亩穗数40.6万，穗粒数30.5粒，千粒重38.4克。抗病性鉴定：叶锈病免疫，高抗秆锈病，高感赤霉病、白粉病和根腐病。区试两年品质检测结果：子粒容重794克/升、823克/升，蛋白质含量16.22%、15.43%，湿面筋含量33.6%、31.4%，稳定时间9.3分钟、7.2分钟，吸水率59.8%、61.2%，最大拉伸阻力395E.U.，拉伸面积142.2平方厘米。2015年主要品质指标达到中强筋小麦品种审定标准。

(3) 产量表现 2015年参加东北春麦晚熟组区域试验，平均亩产385.0千克，比对照垦九10号增产6.3%；2016年续试，平均亩产351.5千克，比对照增产10.3%。2017年生产试验，平均亩产287.7千克，比对照增产2.1%。

(4) 栽培要点 适时播种，每亩适宜基本苗43万左右。注意防治蚜虫、白粉病、赤霉病和根腐病等病虫害。

(5) 适宜地区 适宜东北春麦区的黑龙江省北部、内蒙古呼伦贝尔市地区种植。

55. 中麦89

(1) 品种来源 中国农业科学院作物科学研究所选育，亲本组合为中麦8/RS801。2019年通过天津市农作物品种审定委员会审定。

(2) 特征特性 冬性品种。生育期235天，与对照津麦0108相同。幼苗半匍匐，株高75.0厘米。穗纺锤形，长芒，白壳，白粒，半硬质，子粒较饱满。平均亩穗数40.4万，穗粒数32.0粒，千粒重42.1克，子粒容重814克/升。抗寒结果：2017年，死茎率0；2018年，死茎率20.4%，低于对照轮选987。抗病鉴定结果：2017年，中感白粉病，高感叶锈病、条锈病；2018年，中抗白粉病，高感叶锈病、条锈病。品质分析结果：2017年，粗蛋白质含量（干基）14.57%，湿面筋含量30.4%，吸水率59.1%，面团稳定时间2.3分钟，最大拉伸阻力236E.U.，拉伸面积54平方厘米。符合中筋指标；2018年，粗蛋白质含量（干基）14.86%，湿面筋含量30.5%，吸水率62.2%，面团稳定时间3.2分钟，最大拉伸阻力214E.U.，拉伸面积49平方厘米。符合中筋指标。

(3) 产量表现 2016—2017年区试平均亩产583.8千克，比对照津麦0108增产7.8%，增产点率80%；2017—2018年区试平均亩产471.8千克，比对照津麦0108增产12.5%，增产点率100%；2017—2018年生产试验平均亩产465.5千克，比对照津麦0108增产14.6%，增产点率100%。

(4) 栽培要点 适宜在天津市中上等肥力水浇地种植，9月28日至10月8日播种，播后镇压，每亩基本苗20万，施足底肥，有机肥、磷钾肥底施，每亩施五氧化二磷和氧化钾各6～8千克。氮肥底施和追施各50%，全生育期每亩施氮16～18千克。冬前每亩总茎数控制在70万～90万，春季每亩最高总茎数控制在90万～110万。冬前灌越冬水，并适时镇压。早春蹲苗，适时镇压，中耕松土，保墒增温，一般年份不浇返青水，重施拔节肥水，注意防治田间杂草和蚜虫，适时收获。

(5) 适宜地区 适宜在天津市作冬小麦种植。

56. 中麦82

(1) 品种来源 中国农业科学院作物科学研究所选育，亲本组合为中麦8/济麦22。2019年通过天津市农作物品种审定委员会审定。

(2) 特征特性 冬性品种。生育期233天，比对照津麦0108早2天。幼苗半匍匐，株高71.5厘米。穗纺锤形，长芒，白壳，白粒，半硬质、子粒较饱满。平均亩穗数41.5万，穗粒数32.4粒，千粒重38.7克，子粒容重808克/升。抗寒结果：2017年，死茎率0.2%；2018年，死茎率4.5%，低于对照轮选987。抗病鉴定结果：2017年，抗白粉病，高感叶锈病、条锈病；2018年，中感白粉病、叶锈病，高感条锈病。品质分析结果：2017年，粗蛋白质含量（干基）12.12%，湿面筋含量27.2%，吸水率58.2%，面团稳定时间19.6分钟，最大拉伸阻力415E.U.，拉伸面积79平方厘米；符合中筋指标。2018年，粗蛋白质含量（干基）15.89%，湿面筋含量32.1%，吸水率61.9%，面团稳定时间1.3分钟，最大拉伸阻力131E.U.，拉伸面积21平方厘米；符合中筋指标。

(3) 产量表现 2016—2017年区试平均亩产582.9千克，比对照津麦0108增产7.6%，增产点率60%；2017—2018年区试平均亩产456.4千克，比对照津麦0108增产8.8%，增产点率100%。2017—2018年生产试验平均亩产459.2千克，比对照津麦0108增产13.0%，增产点率100%。

(4) 栽培要点 适宜在天津市中上等肥力水浇地种植，9月28至10月8日播种，播后镇压，基本苗每亩20万，施足底肥，有机肥、磷钾肥底施，每亩施五氧化二磷和氧化钾各6～8千克。氮肥底施和追施各50%，全生育期每亩施氮16～18千克。冬前每亩总茎数控制在70万～90万，春季每亩最高总茎数控制在90万～110万。冬前灌越冬水，并适时镇压。早春蹲苗，适时镇压，中耕松土，保墒增温，一般年份不浇返青水，重施拔节肥水，注意防治田间杂草和蚜虫，适时收获。

（5）适宜地区 适宜在天津市作冬小麦种植。

附录2　小麦绿色高产高效技术模式图

小麦绿色高产高效是近年来农业部重点开展的工作内容之一。经过多年的生产实践，小麦绿色高产高效取得了长足进展，获得了很多有益经验。严格的小麦绿色高产高效规范化生产，为小麦丰产丰收提供了技术保障。

以下分别介绍我国小麦主产区及各地小麦绿色高产高效技术规范模式图。

北部冬麦区小麦绿色高产高效技术模式图

<table>
<tr><td>月</td><td>9月</td><td colspan="3">10月</td><td colspan="3">11月</td><td colspan="3">12月</td><td colspan="3">1月</td><td colspan="3">2月</td><td colspan="3">3月</td><td colspan="3">4月</td><td colspan="3">5月</td><td colspan="2">6月</td></tr>
<tr><td>旬</td><td>下</td><td>上</td><td>中</td><td>下</td><td>上</td><td>中</td><td>下</td><td>上</td><td>中</td><td>下</td><td>上</td><td>中</td><td>下</td><td>上</td><td>中</td><td>下</td><td>上</td><td>中</td><td>下</td><td>上</td><td>中</td><td>下</td><td>上</td><td>中</td><td>下</td><td>上</td><td>中</td></tr>
<tr><td>节气</td><td>秋分</td><td>寒露</td><td></td><td>霜降</td><td>立冬</td><td></td><td>小雪</td><td>大雪</td><td></td><td>冬至</td><td>小寒</td><td></td><td>大寒</td><td>立春</td><td></td><td>雨水</td><td>惊蛰</td><td></td><td>春分</td><td>清明</td><td></td><td>谷雨</td><td>立夏</td><td></td><td>小满</td><td>芒种</td><td></td></tr>
<tr><td>生育期</td><td colspan="2">播种期</td><td>出苗至三叶期</td><td colspan="5">冬前分蘖期</td><td colspan="8">越冬期</td><td>返青期</td><td>起身期</td><td colspan="3">拔节期</td><td colspan="2">抽穗至开花期</td><td colspan="3">灌浆期</td><td>成熟期</td></tr>
<tr><td>主攻目标</td><td colspan="3">苗全、苗匀
苗齐、苗壮</td><td colspan="5">促根增蘖
培育壮苗</td><td colspan="8">保苗安全越冬</td><td>促苗早
发稳长</td><td>蹲苗
壮蘖</td><td colspan="3">促大
蘖成穗</td><td colspan="2">保花
增粒</td><td colspan="3">养根护叶
增粒增重</td><td>丰产
丰收</td></tr>
<tr><td>关键技术</td><td colspan="3">精选种子
药剂拌种
适期播种
播后镇压</td><td colspan="5">防治病虫
适时灌好冻水</td><td colspan="8">适时镇压
麦田严禁放牧</td><td>中耕松
土镇压
保墒</td><td>蹲苗
控节
除草</td><td colspan="3">重施肥水
防治病虫</td><td colspan="5">浇开花灌浆水
防治病虫
一喷三防</td><td>适时
收获</td></tr>
<tr><td>操作规程</td><td colspan="27">1. 播前精选种子，做好发芽试验，药剂拌种或种子包衣，防治地下害虫；每亩底施磷酸二铵 20 千克左右，尿素 8 千克，硫酸钾或氯化钾 10 千克，硫酸锌 1.5 千克。
2. 在日平均气温 17℃左右播种，一般控制在 9 月 28 日至 10 月 10 日，播深 3～5 厘米，每亩基本苗 20 万～25 万，播后镇压；出苗后及时查苗，发现缺苗断垄应及时补种，确保全苗，田边地头要种满种严。
3. 冬前苗期注意观察灰飞虱、叶蝉等害虫发生情况，及时防治，以防传播病毒病；冬前土壤相对含水量低于 80%时需灌冻水，一般要求在昼消夜冻时灌溉，时间约在 11 月 15～25 日。
4. 冬季适时镇压，弥合地表裂缝，防止寒风飕根，保墒防冻。
5. 返青期中耕松土，提高地温，镇压保墒。一般不浇返青水，不施肥。
6. 起身期不浇水，不追肥，蹲苗控节。注意观察纹枯病发生情况，发现病情及时防治，注意化学除草。
7. 拔节期重施肥水，促大蘖成穗。每亩追施尿素 18 千克。灌水追肥时间约在 4 月 15～20 日；注意观察白粉病、锈病发生情况，发现病情及时防治。
8. 浇好开花灌浆水，强筋品种或有脱肥迹象的麦田，可随灌水亩施 2～3 千克尿素。时间在 5 月 10 日左右；及时防治蚜虫、吸浆虫和白粉病，做好一喷三防。
9. 适时收获，防止穗发芽，避开烂场雨，确保丰产丰收，颗粒归仓。</td></tr>
</table>

中国农业科学院作物科学研究所

附录2　小麦绿色高产高效技术模式图

黄淮冬麦区北片小麦绿色高产高效技术模式图

<table>
<tr><td>月</td><td colspan="3">10月</td><td colspan="3">11月</td><td colspan="3">12月</td><td colspan="3">1月</td><td colspan="3">2月</td><td colspan="3">3月</td><td colspan="3">4月</td><td colspan="3">5月</td><td colspan="2">6月</td></tr>
<tr><td>旬</td><td>上</td><td>中</td><td>下</td><td>上</td><td>中</td><td>下</td><td>上</td><td>中</td><td>下</td><td>上</td><td>中</td><td>下</td><td>上</td><td>中</td><td>下</td><td>上</td><td>中</td><td>下</td><td>上</td><td>中</td><td>下</td><td>上</td><td>中</td><td>下</td><td>上</td><td>中</td></tr>
<tr><td>节气</td><td>寒露</td><td></td><td>霜降</td><td>立冬</td><td></td><td>小雪</td><td>大雪</td><td></td><td>冬至</td><td>小寒</td><td></td><td>大寒</td><td>立春</td><td></td><td>雨水</td><td>惊蛰</td><td></td><td>春分</td><td>清明</td><td></td><td>谷雨</td><td>立夏</td><td></td><td>小满</td><td>芒种</td><td></td></tr>
<tr><td>生育期</td><td>播种期</td><td colspan="2">出苗至三叶期</td><td colspan="5">冬前分蘖期</td><td colspan="7">越冬期</td><td colspan="2">返青期</td><td>起身期</td><td colspan="3">拔节期</td><td>抽穗至开花期</td><td colspan="3">灌浆期</td><td>成熟期</td></tr>
<tr><td>主攻目标</td><td colspan="3">苗全、苗匀
苗齐、苗壮</td><td colspan="5">促根增蘖
培育壮苗</td><td colspan="7">保苗安全越冬</td><td colspan="2">促苗早发稳长</td><td>蹲苗壮蘖</td><td colspan="3">促大蘖成穗</td><td>保花增粒</td><td colspan="3">养根护叶
增粒增重</td><td>丰产丰收</td></tr>
<tr><td>关键技术</td><td colspan="3">精选种子
药剂拌种
适期播种
播后镇压</td><td colspan="5">防治病虫
适时灌好冻水
冬前化学除草</td><td colspan="7">适时镇压
麦田严禁放牧</td><td colspan="2">中耕松土镇压保墒</td><td>蹲苗控节除草</td><td colspan="3">重施肥水
防治病虫</td><td colspan="4">浇开花灌浆水
防治病虫
一喷三防</td><td>适时收获</td></tr>
<tr><td>操作规程</td><td colspan="26">1. 播前精选种子，做好发芽试验，药剂拌种或种子包衣，防治地下害虫；每亩底施磷酸二铵 20 千克，尿素 10 千克，硫酸钾或氯化钾 10 千克，硫酸锌 1.5 千克。
2. 在日平均温度 17℃左右播种，一般控制在 10 月 2～12 日，播深 3～5 厘米，每亩基本苗 14 万～22 万，播后及时镇压；出苗后及时查苗，发现缺苗断垄应及时补种，确保全苗；田边地头要种满种严。
3. 冬前苗期注意观察灰飞虱、叶蝉等害虫发生情况，及时防治，以防传播病毒病；冬前土壤相对含水量低于 80%时需灌冻水，一般要求在昼消夜冻时灌溉，时间约在 11 月 20～30 日；冬前进行化学除草。
4. 冬季适时镇压，弥合地表裂缝，防止寒风飕根，保墒防冻。
5. 返青期中耕松土，提高地温，镇压保墒；一般不浇返青水，不施肥。
6. 起身期不浇水，蹲苗控节；注意观察纹枯病发生情况，发现病情及时防治；注意化学除草。
7. 拔节期重施肥水，促大蘖成穗；每亩追施尿素 18 千克，灌水追肥时间约在 4 月 10～15 日；注意观察白粉病、锈病发生情况，发现病情及时防治。
8. 浇好开花灌浆水，强筋品种或有脱肥迹象的麦田，可随灌水每亩施 2～3 千克尿素，时间约在 5 月 5～10 日；及时防治蚜虫、吸浆虫和白粉病；做好一喷三防。
9. 适时收获，防止穗发芽，避开烂场雨，确保丰产丰收，颗粒归仓。</td></tr>
</table>

中国农业科学院作物科学研究所

黄淮冬麦区南片小麦绿色高产高效技术模式图

月	10月			11月			12月			1月			2月			3月			4月			5月			6月
旬	上	中	下	上	中	下	上	中	下	上	中	下	上	中	下	上	中	下	上	中	下	上	中	下	上
节气	寒露		霜降	立冬		小雪	大雪		冬至	小寒		大寒	立春		雨水	惊蛰		春分	清明		谷雨	立夏		小满	芒种
生育期	播种期	出苗至三叶期	冬前分蘖期						越冬期					返青至起身期			拔节期			抽穗至开花期		灌浆期		成熟期	
主攻目标	苗全、苗匀 苗齐、苗壮		促根增蘖 培育壮苗						保苗安全越冬					促苗早发稳长蹲苗壮蘖，促弱控旺，构建丰产群体			促大蘖成穗			保花增粒		养根护叶 增粒增重		丰产丰收	
关键技术	精选种子 药剂拌种 适期播种 及时镇压		防治病虫 适时灌好冻水 冬前化学除草						适时镇压 麦田严禁放牧					中耕松土 蹲苗控节			重施肥水 防治病虫			浇孕穗灌浆水 防治病虫 一喷三防				适时收获	

操作规程

1. 播前精细整地，实施秸秆还田和测土配方施肥，做好种子与土壤处理，防治地下害虫和苗期病害，精选种子。一般每亩底施磷酸二铵 20～25 千克，尿素 8 千克，硫酸钾或氯化钾 10 千克；或三元复合肥（N：P：K=15：15：15）25～30 千克，尿素 8 千克，硫酸锌 1.5 千克。

2. 在日平均温度 17℃左右播种，一般控制在 10 月 5～15 日，播深 3～5 厘米，并做到足墒匀播，每亩基本苗 12 万～15 万，播前或播后及时镇压；出苗后及时查苗，发现缺苗断垄应及时补种，确保全苗。

3. 冬前应重点做好麦田化学除草，同时加强对地下害虫、麦黑潜叶蝇和胞囊线虫病的查治，注意防治灰飞虱、叶蝉等害虫；冬前土壤相对含水量低于 80%时需灌冻水，一般要求在昼消夜冻时灌溉，时间约在 11 月 25 日至 12 月 5 日；暖冬年注意防止麦田旺长。

4. 冬季适时镇压，弥合地表裂缝，保墒防冻。

5. 返青期中耕松土，提高地温，镇压保墒；群、个体生长正常麦田一般不灌返青水，不施肥；起身期一般不浇水，蹲苗控节，注意防治纹枯病。

6. 拔节期重施肥水，促大蘖成穗和穗花发育。一般在 4 月 5～10 日结合浇水每亩追施尿素 18 千克；或分 2 次追肥，每次各 9 千克尿素，第一次在 3 月 15～20 日，第二次在 4 月 5 日左右；注意防治白粉病、锈病，防治麦蚜、麦蜘蛛。

7. 适时浇好孕穗灌浆水，4 月 25 日至 5 月 5 日可结合灌水每亩追施 2～3 千克尿素；早控条锈病、白粉病，科学预防赤霉病；重点防治麦蜘蛛、蚜虫、吸浆虫，做好一喷三防。

8. 适时收获，防止穗发芽，避开烂场雨，确保丰产丰收，颗粒归仓。

中国农业科学院作物科学研究所

长江中下游冬麦区小麦绿色高产高效技术模式图

月	10月	11月			12月			1月			2月			3月			4月			5月			6月
旬	下	上	中	下	上	中	下	上	中	下	上	中	下	上	中	下	上	中	下	上	中	下	上
节气	霜降	立冬		小雪	大雪		冬至	小寒		大寒	立春		雨水	惊蛰		春分	清明		谷雨	立夏		小满	芒种
生育期	播种期	出苗至三叶期		冬前分蘖期				越冬期			返青起身期			拔节期				抽穗开花		灌浆期			成熟期
主攻目标	苗全、苗匀 苗齐、苗壮			促根增蘖 培育壮苗				保苗安全越冬			促苗早发稳长 蹲苗壮蘖			促大蘖成穗				保花增粒		养根护叶 增粒增重			丰产丰收
关键技术	精选种子 药剂拌种 适期播种 播后镇压			蹲苗控节 防治病虫草害 麦田严禁放牧										重施拔节孕穗肥 防治病虫草害				防治病虫 一喷三防					适时收获
操作规程	1. 播前精选种子，做好发芽试验，进行药剂拌种或种子包衣，预防苗期病害；每亩底施磷酸二铵20～25千克，尿素8千克，硫酸钾或氯化钾10～15千克；或三元复合肥（N：P：K=15：15：15）25～30千克，尿素8千克，硫酸锌1.5千克。 2. 在日平均温度16℃左右播种，一般控制在10月25日至11月5日，播深2～3厘米，每亩基本苗10万～14万，播后及时镇压；出苗后及时查苗，发现缺苗断垄应及时补种，确保全苗；田边地头要种满种严。 3. 幼苗期注意观察灰飞虱、叶蝉等害虫发生情况，及时防治；注意秋季杂草防除。 4. 起身期注意观察纹枯病和杂草发生情况，及时防治。 5. 拔节孕穗期重施肥，促大蘖成穗。3月上中旬和4月初各施尿素9千克；注意观察白粉病、锈病发生情况，及时防治。 6. 开花灌浆期注意观察蚜虫和白粉病、锈病和赤霉病发生情况，及时彻底防治，做好一喷三防。 7. 适时收获，防止穗发芽，避开烂场雨，确保丰产丰收，颗粒归仓。																							

中国农业科学院作物科学研究

西南冬麦区小麦绿色高产高效技术模式图

月	10月	11月			12月			1月			2月			3月			4月			5月		
旬	下	上	中	下	上	中	下	上	中	下	上	中	下	上	中	下	上	中	下	上	中	下
节气	霜降	立冬		小雪	大雪		冬至	小寒		大寒	立春		雨水	惊蛰		春分	清明		谷雨	立夏		小满
生育期	播种期	出苗至三叶期		幼苗至起身期（无明显越冬期）						拔节期							抽穗至开花期		灌浆期		成熟期	
主攻目标	苗全、苗匀 苗齐、苗壮			促根增蘖培育壮苗 促苗早发稳长 蹲苗壮蘖						促大蘖成穗							保花增粒		养根护叶 增粒增重		丰产丰收	
关键技术	精选种子 药剂拌种 适期播种			防治病虫草害 麦田严禁放牧 蹲苗控节						重施拔节肥 防治病虫草害							防治病虫 一喷三防				适时收获	
操作规程	1. 播前精选种子，做好发芽试验，进行药剂拌种或种子包衣，防治地下害虫；每亩底施30千克复合肥（含氮量20%），硫酸锌1.5千克。 2. 在日平均温度16℃左右播种，一般控制在10月26日至11月6日，播深3～5厘米，每亩基本苗15万～20万；出苗后及时查苗，发现缺苗断垄应及时补种，确保全苗，田边地头要种满种严。 3. 苗期注意观察条锈病、红蜘蛛等病虫发生情况，及时防治；适时进行杂草防除。 4. 拔节期注意防治条锈病及白粉病；重施拔节肥，促大蘖成穗；每亩追施尿素10千克，时间约在1月10～15日。 5. 抽穗至开花期喷药预防赤霉病，灌浆期注意观察蚜虫和白粉病、条锈病发生情况，及时进行一喷三防。 6. 适时收获，确保丰产丰收，颗粒归仓。																					

中国农业科学院作物科学研究所

西北春麦区春小麦绿色高产高效技术模式图

月	3月			4月			5月			6月			7月		
旬	上	中	下	上	中	下	上	中	下	上	中	下	上	中	下
节气	惊蛰		春分	清明		谷雨	立夏		小满	芒种		夏至	小暑		大暑
生育期	播种期		出苗至幼苗期			拔节期				抽穗至开花期		灌浆期		成熟期	
主攻目标	苗全、苗齐 苗壮、苗匀		促苗早发 促根增蘖 培育壮苗			促大蘖成穗				保花增粒		养根护叶 增粒增重		丰产丰收	
关键技术	精选种子 药剂拌种 适期播种 播后镇压		中耕除草			灌水追肥 防治病虫 化控防倒				灌水追肥 防治病虫		适时浇灌浆水 一喷三防		适时收获	

操作规程

1. 播前精选种子，做好发芽试验，进行药剂拌种或种子包衣，预防病虫害；每亩底施磷酸二铵 20 千克，尿素 6 千克。
2. 在日平均气温 6～7℃，地表解冻 4～5 厘米时开始播种，一般在 3 月上旬至中旬，播深 3～5 厘米，每亩基本苗 40 万～45 万，播后镇压；出苗后及时查苗，发现缺苗断垄应及时补种，确保全苗；田边地头要种满种严。
3. 苗期注意防治锈病、地下害虫，拔节前中耕除草，杂草严重时可化学除草。
4. 拔节初期结合灌第一次水每亩追施尿素 12～13 千克，促大蘖成穗。注意防病治虫，适当喷施植物生长延缓剂，降低株高，防止倒伏。
5. 抽穗开花期结合灌第二次水每亩追施尿素 5～6 千克；注意观察白粉病、锈病发生情况，发现病情及时防治，做好一喷三防。
6. 适时浇好灌浆水。注意观察蚜虫、白粉病、锈病发生情况，及时彻底防治。
7. 适时收获，确保丰产丰收，颗粒归仓。

中国农业科学院作物科学研究所

新疆冬春麦区冬小麦绿色高产高效技术模式图

<table>
<tr><td>月</td><td colspan="2">9月</td><td colspan="3">10月</td><td colspan="3">11月</td><td colspan="3">12月</td><td colspan="3">1月</td><td colspan="3">2月</td><td colspan="3">3月</td><td colspan="3">4月</td><td colspan="3">5月</td><td colspan="3">6月</td></tr>
<tr><td>旬</td><td>中</td><td>下</td><td>上</td><td>中</td><td>下</td><td>上</td><td>中</td><td>下</td><td>上</td><td>中</td><td>下</td><td>上</td><td>中</td><td>下</td><td>上</td><td>中</td><td>下</td><td>上</td><td>中</td><td>下</td><td>上</td><td>中</td><td>下</td><td>上</td><td>中</td><td>下</td><td>上</td><td>中</td><td>下</td></tr>
<tr><td>节气</td><td></td><td>秋分</td><td>寒露</td><td></td><td>霜降</td><td>立冬</td><td></td><td>小雪</td><td>大雪</td><td></td><td>冬至</td><td>小寒</td><td></td><td>大寒</td><td>立春</td><td></td><td>雨水</td><td>惊蛰</td><td></td><td>春分</td><td>清明</td><td></td><td>谷雨</td><td>立夏</td><td></td><td>小满</td><td>芒种</td><td></td><td>夏至</td></tr>
<tr><td>生育期</td><td colspan="2">播种期</td><td colspan="2">出苗至
三叶期</td><td colspan="3">冬前分蘖期</td><td colspan="9">越冬期</td><td colspan="3">南疆2月下旬
北疆3月下旬
返青</td><td colspan="2">起身期</td><td colspan="2">拔节期</td><td colspan="2">抽穗至
开花期</td><td colspan="3">灌浆期</td><td>成熟期</td></tr>
<tr><td>主攻
目标</td><td colspan="4">苗全、苗匀
苗齐、苗壮</td><td colspan="3">促根增蘖
培育壮苗</td><td colspan="9">保苗安全越冬</td><td colspan="3">促苗早
发稳长</td><td colspan="2">蹲苗
壮蘖</td><td colspan="2">促大蘖
成穗</td><td colspan="2">保花
增粒</td><td colspan="3">养根护叶
增粒增重</td><td>丰产
丰收</td></tr>
<tr><td>关键
技术</td><td colspan="4">精选种子
药剂拌种
适期播种
播后镇压</td><td colspan="3">防治病虫
适时灌好冻水</td><td colspan="9">适时镇压
严禁放牧</td><td colspan="3">中耕松土
小水灌溉</td><td colspan="2">蹲苗
控节
适当
灌水</td><td colspan="2">重施肥水
防治病虫</td><td colspan="5">浇开花灌浆水
防治病虫
一喷三防</td><td>适时
收获</td></tr>
<tr><td>操作
规程</td><td colspan="29">1. 播前精选种子，做好发芽试验，进行药剂拌种或种子包衣，预防病害，每亩底施磷酸二铵18～21千克，尿素13～17千克。
2. 在日平均气温17℃左右时播种，一般在9月下旬至10月上旬，北疆沿天山一带为9月中旬至下旬；播深3～5厘米，带肥下种，每亩施磷酸二铵5千克，肥、种分箱；每亩基本苗25万，播后镇压；出苗后及时查苗，发现缺苗断垄应及时补种，确保全苗；田边地头要种满种严。
3. 冬前苗期注意观察病虫草害发生情况，及时防治；适时灌冻水，一般要求在昼消夜冻时灌冻水，时间约在11月15～25日。
4. 冬季适时镇压，弥合地表裂缝，防止寒风飕根，保墒防冻。
5. 返青期中耕松土，提高地温，镇压保墒，小水灌溉。
6. 起身期蹲苗控节，适当灌水。注意观察病虫草害发生情况，及时防治。
7. 拔节期重施肥水，促大蘖成穗。每亩追施尿素18千克，灌水追肥时间约在4月15～20日；注意观察白粉病、锈病发生情况，发现病情及时防治。
8. 适时浇好开花灌浆水，可结合灌水追施2～3千克尿素，南疆在5月初，北疆在5月上中旬；注意观察蚜虫和白粉病发生情况，及时彻底防治。
9. 适时收获（南疆6月中旬，北疆6月下旬），防止穗发芽，避开烂场雨，确保丰产丰收，颗粒归仓。</td></tr>
</table>

中国农业科学院作物科学研究所

新疆冬春麦区春小麦绿色高产高效技术模式图

月	3月		4月			5月			6月			7月		
旬	中	下	上	中	下	上	中	下	上	中	下	上	中	下
节气		春分	清明		谷雨	立夏		小满	芒种		夏至	小暑		大暑
生育期	播种期		出苗至三叶期		分蘖期	拔节期			抽穗至开花期	灌浆期			成熟期	
主攻目标	苗全、苗齐 苗壮、苗匀		促苗早发		促根增蘖 培育壮苗	促大蘖成穗			保花增粒	养根护叶 增粒增重			丰产丰收	
关键技术	精选种子 药剂拌种 适期早播 播后镇压		2叶1心时 灌水追肥		及时防治 病虫草害 化控防倒	重施肥水 防治病虫			灌水 防治病虫	灌浆水 一喷三防			适时收获	

操作规程

1. 播前精选种子，做好发芽试验，进行药剂拌种或种子包衣，预防锈病、黑穗病和白粉病；每亩底施磷酸二铵 20 千克，尿素 2～3 千克。
2. 在日平均气温 5～7℃，地表解冻 5～7 厘米开始播种，一般在 3 月中旬至下旬（部分麦田可能推迟到 4 月中下旬），播深 3～5 厘米，每亩基本苗 35 万，带肥下种，种肥 4～5 千克磷酸二铵，播后镇压；出苗后及时查苗，发现缺苗断垄应及时补种，确保全苗，田边地头要种满种严。
3. 苗期注意观察病虫草害发生情况，及时防治，2 叶 1 心期灌水，随水每亩追施尿素 8～10 千克，促苗早发；及时进行化控防倒。
4. 拔节期重施肥水，促大蘖成穗。每亩追施尿素 10～15 千克；注意观察白粉病、锈病发生情况，及时防治。
5. 适时浇好开花灌浆水，可结合灌水追施 2～3 千克尿素；注意观察蚜虫、白粉病和锈病发生情况，及时彻底防治，做好一喷三防。
6. 适时收获（大部分在 7 月收获，部分麦田可能推迟到 8 月底），确保丰产丰收，颗粒归仓。

中国农业科学院作物科学研究所

东北春麦区春小麦绿色高产高效技术模式图

月	3月	4月			5月			6月			7月			8月		
旬	下	上	中	下	上	中	下	上	中	下	上	中	下	上	中	下
节气	春分	清明		谷雨	立夏		小满	芒种		夏至	小暑		大暑	立秋		处暑
生育期	播种期			出苗至分蘖期				拔节期			抽穗至灌浆期			成熟期		
主攻目标	苗全、苗齐 苗壮、苗匀			促苗早发 促根增蘖 培育壮苗				促蘖成穗 促进大穗			保花增粒 养根护叶 增粒增重			丰产丰收		
关键技术	精选种子 药剂拌种 适期播种 播后镇压			3叶期化学除草、喷矮壮素、叶面喷肥；3叶1心镇压一次；4叶1心镇压一次；促壮防倒				喷矮壮素 灌拔节水 防治病虫			浇抽穗水、灌浆水 叶面喷肥 防治病虫 一喷三防			适时收获		

操作规程

1. 上秋进行秋整地、秋施肥，耙（豆）茬深松，土壤有机质含量3%～5%的地区，每亩底施纯氮4.5～5.5千克，磷肥（P_2O_5）5～6千克，钾肥（K_2O）2.5～3.5千克（以硫酸钾为宜）；土壤有机质含量5%以上的地区，每亩底施纯氮3.5～4.0千克，磷肥（P_2O_5）4.0～4.5千克，钾肥（K_2O）2～3千克（以硫酸钾为宜）。选择抗到耐密品种，播前精选种子，做好发芽试验，进行药剂拌种或种子包衣，预防病虫害。

2. 在日平均气温6～7℃，地表解冻4～5厘米开始播种，播深3厘米左右，每亩基本苗46万～50万，播后镇压；出苗后及时查苗，发现缺苗断垄应及时补种，确保全苗。田边地头要种满种严。

3. 3叶期结合化学除草每亩喷施纯氮0.25千克+20g硼酸+0.2千克磷酸二氢钾；3叶期和拔节期喷矮壮素各1次，3叶1心和4叶1心时各镇压1次，壮秆防倒。

4. 拔节期追肥灌水，促进成穗。每亩追施纯氮0.5～1.0千克；注意观察根腐和白粉病发生情况，发现病情及时防治。

5. 适时浇好抽穗水、灌浆水，可结合抽穗水每亩追施2～3千克尿素；注意观察蚜虫、根腐病和赤霉发生情况，及时彻底防治，做好一喷三防。

6. 适时收获，防止穗发芽，确保丰产丰收，颗粒归仓。

中国农业科学院作物科学研究所

附录2 小麦绿色高产高效技术模式图

北部春麦区春小麦绿色高产高效技术模式图

月	3月		4月			5月			6月			7月		
旬	中	下	上	中	下	上	中	下	上	中	下	上	中	下
节气		春分	清明		谷雨	立夏		小满	芒种		夏至	小暑		大暑
生育期	播种期		出苗至三叶期		分蘖期		拔节期		抽穗至开花期		灌浆期			成熟期
主攻目标	苗全、苗齐 苗壮、苗匀		促苗早发		促根增蘖		促大蘖成穗		保花增粒		养根护叶 增粒增重			丰产丰收
关键技术	精选种子 药剂拌种 适期早播 播后镇压		三叶期 灌水追肥		培育壮苗 中耕除草		灌水追肥 防治病虫 化控防倒		灌水 防治病虫		适时浇灌浆水 一喷三防			适时收获 预防烂场雨
操作规程	1. 播前精选种子，做好发芽试验，进行药剂拌种或种子包衣，预防病虫害；每亩底施有机肥3 000千克，种肥磷酸二铵20千克。氯化钾2.5千克，分层施入。 2. 在日平均气温6～7℃，地表解冻4～5厘米时开始播种，一般在3月中旬至下旬，播深3～5厘米，每亩基本苗45万～50万，播后镇压；出苗后及时查苗，发现缺苗断垄应及时补种，确保全苗；田边地头要种满种严。 3. 苗期注意防治地下害虫，拔节前中耕除草，杂草严重时可化学除草。三叶期结合灌水每亩施尿素15千克。 4. 拔节初期结合灌每亩追施尿素10千克，促大蘖成穗。注意防病治虫，适当喷施植物生长延缓剂，降低株高，防止倒伏。 5. 抽穗开花期及时灌水；注意监测蚜虫、黏虫、白粉病、锈病发生情况，发现病虫情及时防治，做好一喷三防。 6. 灌浆期适时灌水，注意防治蚜虫、黏虫，减轻为害。 7. 适时收获，预防烂场雨，确保丰产丰收，颗粒归仓。														

中国农业科学院作物科学研究所　内蒙古农牧科学院

青藏春冬麦区春小麦绿色高产高效技术模式图

月	3月		4月			5月			6月			7月			8月		
旬	中	下	上	中	下	上	中	下	上	中	下	上	中	下	上	中	下
节气		春分	清明		谷雨	立夏		小满	芒种		夏至	小暑		大暑	立秋		处暑
生育期	播种期		出苗至幼苗期				分蘖期		拔节期		抽穗至开花期	灌浆期				成熟期	
主攻目标	苗全、苗齐 苗壮、苗匀		促苗早发				促根增蘖 培育壮苗		促大蘖成穗		保花 增粒	养根护叶 增粒增重				丰产丰收	
关键技术	精选种子 药剂拌种 适期播种 播后镇压		2叶1心时 灌水追肥 中耕除草				防治病虫 化控防倒		灌水追肥 防治病虫		防治 病虫	适时浇灌浆水 一喷三防				适时收获	

操作规程

1. 播前精选种子，做好发芽试验，进行药剂拌种或种子包衣，预防病虫害；每亩底施磷酸二铵10千克，尿素20千克。
2. 当日平均温度1～3℃，土壤解冻5～6厘米时抢墒早播；播种深度3～4厘米；亩播种量15～20千克。保苗（基本苗）30万～35万；播后镇压；出苗后及时查苗，发现缺苗断垄应及时补种，确保全苗；田边地头要种满种严。
3. 苗期注意防治锈病、叶枯病、根腐病、地下害虫；2叶1心期灌第一次水，结合灌水每亩追施尿素8～10千克，灌水后适时中耕松土，促苗早发；及时进行化控防倒；拔节前中耕除草，杂草严重时可化学除草。
4. 拔节期适时施用肥水，促大蘖成穗。结合灌水每亩追施尿素5～6千克；注意观察锈病、麦茎蜂发生情况，及时采取措施，有效防治。
5. 抽穗开花期适时灌水，注意预防锈病、赤霉病，吸浆虫，及时进行有效防治，做好一喷三防。
6. 适时浇好灌浆水。注意观察蚜虫、锈病发生情况，及时彻底防治。
7. 适时收获，预防干热风和烂场雨，确保丰产丰收，颗粒归仓。

中国农业科学院作物科学研究所　青海农牧科学院

附录2　小麦绿色高产高效技术模式图

河北省保定市小麦绿色高产高效技术模式图

月	9月	10月			11月			12月			1月			2月			3月			4月			5月			6月	
旬	下	上	中	下	上	中	下	上	中	下	上	中	下	上	中	下	上	中	下	上	中	下	上	中	下	上	中
节气	秋分	寒露		霜降	立冬		小雪	大雪		冬至	小寒		大寒	立春		雨水	惊蛰		春分	清明		谷雨	立夏		小满	芒种	
生育期	播种期		出苗至三叶期	冬前分蘖期				越冬期									返青期	起身期	拔节期			抽穗至开花期	灌浆期				成熟期
主攻目标	苗全、苗匀 苗齐、苗壮			促根增蘖 培育壮苗				保苗安全越冬									促苗早发稳长	蹲苗壮蘖	促大蘖成穗			保花增粒	养根护叶 增粒增重				丰产丰收
关键技术	精选种子 药剂拌种 适期播种 播后镇压			防治病虫 适时灌好冻水				适时镇压 麦田严禁放牧									中耕松土镇压保墒	蹲苗控节除草	重施肥水 防治病虫			浇开花灌浆水 防治病虫 一喷三防					适时收获

操作规程

1. 播前精选种子，做好发芽试验，药剂拌种或种子包衣，防治地下害虫；每亩底施磷酸二铵 20 千克左右，尿素 8 千克，硫酸钾或氯化钾 10 千克，硫酸锌 1.5 千克。

2. 在日平均气温 17℃左右播种，一般控制在 9 月 28 日至 10 月 10 日，播深 4～5 厘米，每亩基本苗 20 万～25 万，播后镇压；出苗后及时查苗，发现缺苗断垄应及时补种，确保全苗，田边地头要种满种严。

3. 冬前苗期注意观察灰飞虱、叶蝉等害虫发生情况，及时防治，以防传播病毒病；根据冬前降水情况和土壤墒情决定是否灌冻水；需灌冻水时，一般要求在昼消夜冻时灌冻水，时间约在 11 月 20～30 日。

4. 冬季适时镇压，弥合地表裂缝，防止寒风飕根，保墒防冻。

5. 返青期中耕松土，提高地温，镇压保墒。一般不浇返青水，不施肥。

6. 起身期不浇水，不追肥，蹲苗控节。注意观察纹枯病发生情况，发现病情及时防治，注意化学除草。

7. 拔节期重施肥水，促大蘖成穗。每亩追施尿素 18 千克。灌水追肥时间约在 4 月 10～15 日；注意观察白粉病、锈病发生情况，发现病情及时防治。

8. 浇开花灌浆水，强筋品种或有脱肥迹象的麦田，随灌水施 2～3 千克尿素。时间在 5 月 10 日左右；及时防治蚜虫、吸浆虫和白粉病，做好一喷三防。

9. 适时收获，防止穗发芽，避开烂场雨，确保丰产丰收，颗粒归仓。

中国农业科学院作物科学研究所　河北农业大学

河北省邯郸市小麦绿色高产高效技术模式图

月	10月			11月			12月			1月			2月			3月			4月			5月			6月	
旬	上	中	下	上	中	下	上	中	下	上	中	下	上	中	下	上	中	下	上	中	下	上	中	下	上	中
节气	寒露		霜降	立冬		小雪	大雪		冬至	小寒		大寒	立春		雨水	惊蛰		春分	清明		谷雨	立夏		小满	芒种	
生育期	播种期	出苗至三叶期		冬前分蘖期				越冬期								返青期	起身期	拔节期			抽穗至开花期	灌浆期			成熟期	
目主攻标	苗全、苗匀 苗齐、苗壮			促根增蘖 培育壮苗				保苗安全越冬								促苗早发稳长	蹲苗壮蘖	促大蘖成穗			保花增粒	养根护叶 增粒增重			丰产丰收	
关键技术	精选种子 药剂拌种 适期播种 播后镇压			防治病虫 冬前化学除草 适时灌好冻水				适时镇压 麦田严禁放牧								中耕松土镇压保墒	蹲苗控节除草	重施肥水 防治病虫			浇开花灌浆水 防治病虫 喷叶面肥 一喷综防				适时收获	

操作规程

1. 播前视降雨情况和土壤墒情确定是否浇底墒水，保证足墒播种；实施玉米秸秆粉碎还田或增施有机肥，不断培肥地力；精耕细作，采用旋耕与深耕相结合的方式进行整地，深翻后要耙平，土壤要达到上松下实。

2. 选用半冬性品种，播前精选种子，做好发芽试验，药剂拌种或种子包衣，防治地下害虫；每亩底施磷酸二铵25千克，尿素10千克，硫酸钾或氯化钾15千克，硫酸锌1.5千克。在日平均温度17℃左右播种，一般控制在10月5～12日，播深3～5厘米，每亩基本苗16万～22万，播后及时镇压；出苗后及时查苗，发现缺苗断垄应及时补种，确保全苗；田边地头要种满种严。

3. 冬前苗期注意观察灰飞虱、叶蝉等害虫发生情况，及时防治，以防传播病毒病；根据冬前降水情况和土壤墒情决定是否灌冻水；需灌冻水时，一般要求在昼消夜冻时灌冻水，时间约在11月下旬至12月上旬；冬前进行化学除草。

4. 冬季适时镇压，弥合地表裂缝，防止寒风飕根，保墒防冻。返青期中耕松土，提高地温，镇压保墒；一般不浇返青水，不施肥。

5. 起身期不浇水，蹲苗控节；注意观察纹枯病发生情况，发现病情及时防治；注意化学除草。

6. 拔节期重施肥水，促大蘖成穗；每亩追施尿素18千克，灌水追肥时间在4月10～15日；及时防治白粉病、锈病。

7. 浇好开花灌浆水，强筋品种或有脱肥迹象的麦田，随灌水施2～3千克尿素，时间约在5月10～15日；及时防治蚜虫、吸浆虫和白粉病；做好一喷综防。适时收获，防止穗发芽，避开烂场雨，确保丰产丰收，颗粒归仓。

中国农业科学院作物科学研究所　邯郸市农业科学院/邯郸综合试验站

附录 2 小麦绿色高产高效技术模式图

河北省衡水市小麦绿色高产高效技术模式图

<table>
<tr><td>月</td><td colspan="3">10月</td><td colspan="3">11月</td><td colspan="3">12月</td><td colspan="3">1月</td><td colspan="3">2月</td><td colspan="3">3月</td><td colspan="3">4月</td><td colspan="3">5月</td><td colspan="2">6月</td></tr>
<tr><td>旬</td><td>上</td><td>中</td><td>下</td><td>上</td><td>中</td><td>下</td><td>上</td><td>中</td><td>下</td><td>上</td><td>中</td><td>下</td><td>上</td><td>中</td><td>下</td><td>上</td><td>中</td><td>下</td><td>上</td><td>中</td><td>下</td><td>上</td><td>中</td><td>下</td><td>上</td><td>中</td></tr>
<tr><td>节气</td><td>寒露</td><td></td><td>霜降</td><td>立冬</td><td></td><td>小雪</td><td>大雪</td><td></td><td>冬至</td><td>小寒</td><td></td><td>大寒</td><td>立春</td><td></td><td>雨水</td><td>惊蛰</td><td></td><td>春分</td><td>清明</td><td></td><td>谷雨</td><td>立夏</td><td></td><td>小满</td><td>芒种</td><td></td></tr>
<tr><td>生育期</td><td>播种期</td><td colspan="2">出苗至三叶期</td><td colspan="5">冬前分蘖期</td><td colspan="7">越冬期</td><td colspan="2">返青期</td><td>起身期</td><td colspan="3">拔节期</td><td>抽穗至开花期</td><td colspan="3">灌浆期</td><td>成熟期</td></tr>
<tr><td>主攻目标</td><td colspan="3">苗全、苗匀
苗齐、苗壮</td><td colspan="5">促根增蘖
培育壮苗</td><td colspan="7">保苗安全越冬</td><td colspan="2">促苗早
发稳长</td><td>蹲苗
壮蘖</td><td colspan="3">促大蘖成穗</td><td>保花
增粒</td><td colspan="3">养根护叶
增粒增重</td><td>丰产
丰收</td></tr>
<tr><td>关键技术</td><td colspan="3">精选种子
药剂拌种
适期播种
播后镇压</td><td colspan="5">防治病虫
适时灌好冻水
冬前化学除草</td><td colspan="7">适时镇压
麦田严禁放牧</td><td colspan="2">中耕松
土镇压
保墒</td><td>蹲苗
控节
除草</td><td colspan="3">重施肥水
防治病虫</td><td colspan="4">浇开花灌浆水
防治病虫
一喷三防</td><td>适时
收获</td></tr>
<tr><td>操作规程</td><td colspan="26">1. 精选种子，做好发芽试验，药剂拌种或种子包衣，防治地下害虫；每亩底施磷酸二铵 20～25 千克，尿素 10～15 千克，硫酸钾或氯化钾 10 千克，硫酸锌 1.5 千克。
2. 在日平均温度 17℃左右播种，一般控制在 10 月 5～10 日，播深 3～5 厘米，每亩基本苗 20 万～22 万，播后及时镇压；出苗后及时查苗，发现缺苗断垄应及时补种，确保全苗；田边地头要种满种严。
3. 冬前苗期注意观察灰飞虱、叶蝉等害虫发生情况，及时防治，以防传播病毒病；根据冬前降水情况和土壤墒情决定是否灌冻水；需灌冻水时，一般要求在昼消夜冻时灌冻水，时间约在 11 月 25～30 日；冬前进行化学除草。
4. 冬季适时镇压，弥合地表裂缝，防止寒风飕根，保墒防冻。
5. 返青期中耕松土，提高地温，镇压保墒；一般不浇返青水，不施肥。
6. 起身期不浇水，蹲苗控节；注意观察纹枯病发生情况，发现病情及时防治；注意化学除草。
7. 拔节期重施肥水，促大蘖成穗；每亩追施尿素 20 千克，灌水追肥时间约在 4 月 3～8 日；注意观察白粉病、锈病发生情况，发现病情及时防治。
8. 浇好开花灌浆水，强筋品种或有脱肥迹象的麦田，可随灌水施 2～3 千克尿素，时间约在 5 月 5～10 日；及时防治蚜虫、吸浆虫和白粉病；做好一喷三防（开花 10～15 天后喷施磷酸二氢钾叶面肥 2～3 次增加粒重）。
9. 适时收获，防止穗发芽，避开烂场雨，确保丰产丰收，颗粒归仓。</td></tr>
</table>

中国农业科学院作物科学研究所　衡水市农业科学院　小麦产业体系衡水试验站

河南省新乡市小麦绿色高产高效技术模式图

<table>
<tr><td>月</td><td colspan="3">10月</td><td colspan="3">11月</td><td colspan="3">12月</td><td colspan="3">1月</td><td colspan="3">2月</td><td colspan="3">3月</td><td colspan="3">4月</td><td colspan="3">5月</td><td>6月</td></tr>
<tr><td>旬</td><td>上</td><td>中</td><td>下</td><td>上</td><td>中</td><td>下</td><td>上</td><td>中</td><td>下</td><td>上</td><td>中</td><td>下</td><td>上</td><td>中</td><td>下</td><td>上</td><td>中</td><td>下</td><td>上</td><td>中</td><td>下</td><td>上</td><td>中</td><td>下</td><td>上</td></tr>
<tr><td>节气</td><td>寒露</td><td></td><td>霜降</td><td>立冬</td><td></td><td>小雪</td><td>大雪</td><td></td><td>冬至</td><td>小寒</td><td></td><td>大寒</td><td>立春</td><td></td><td>雨水</td><td>惊蛰</td><td></td><td>春分</td><td>清明</td><td></td><td>谷雨</td><td>立夏</td><td></td><td>小满</td><td>芒种</td></tr>
<tr><td>生育期</td><td colspan="2">播种</td><td>出苗至三叶期</td><td colspan="5">冬前分蘖期</td><td colspan="6">越冬期</td><td colspan="2">返青期</td><td>起身期</td><td colspan="3">拔节
孕穗期</td><td>抽穗至开花期</td><td colspan="3">灌浆期</td><td>成熟期</td></tr>
<tr><td>主攻目标</td><td colspan="3">苗全、苗匀
苗齐、苗壮</td><td colspan="5">促根增蘖
培育壮苗</td><td colspan="6">保苗安全越冬</td><td colspan="2">促苗早
发稳长</td><td>蹲苗
壮蘖</td><td colspan="3">促大蘖成穗</td><td>保花
增粒</td><td colspan="3">养根护叶
增粒增重</td><td>丰产
丰收</td></tr>
<tr><td>关键技术</td><td colspan="3">精选种子
药剂拌种
适期播种
足墒下种
播后镇压
查苗补种</td><td colspan="5">防治病虫
适时灌好冻水
冬前化学除草</td><td colspan="6">适时镇压
麦田严禁放牧</td><td colspan="2">中耕松
土镇压
保墒</td><td>蹲苗
控节
除草</td><td colspan="3">重施肥水
防治病虫</td><td colspan="4">浇开花灌浆水
防治病虫
一喷三防</td><td>适时
收获</td></tr>
<tr><td>操作规程</td><td colspan="25">1. 精选种子，做好发芽试验，药剂拌种或种子包衣；精细整地，足墒下种；每亩底施磷酸二铵20千克，尿素10千克，硫酸钾或氯化钾10千克，硫酸锌1.5千克。
2. 在日平均温度15℃左右播种，一般控制在10月8～15日，播深3～5厘米，基本苗16万～20万，播后及时镇压；出苗后及时查苗补种，确保全苗；田边地头要种满种严。
3. 冬前苗期注意观察灰飞虱、叶蝉等害虫发生情况，及时防治，以防传播病毒病；根据冬前降水情况和土壤墒情决定是否灌冻水；需灌冻水时，一般要求在昼消夜冻时灌冻水，时间约在12月10～20日；冬前进行化学除草。
4. 冬季适时镇压，弥合地表裂缝，保墒防冻。
5. 返青期中耕松土，提高地温，镇压保墒；一般不浇返青水，不施肥。
6. 起身期不浇水，蹲苗控节；注意观察纹枯病发生情况，发现病情及时防治；注意化学除草。
7. 拔节期重施肥水，促大蘖成穗；追施尿素18千克，灌水追肥时间在3月下旬；注意观察白粉病、锈病发生情况，发现病情及时防治。
8. 浇好开花灌浆水，强筋品种或有脱肥迹象的麦田，每亩施尿素2～3千克、磷酸二氢钾0.2千克加水50千克进行叶面喷肥，时间在5月5～10日；及时防治蚜虫、吸浆虫和白粉病；做好一喷三防。
9. 适时收获，防止穗发芽，避开烂场雨，确保丰产丰收，颗粒归仓。</td></tr>
</table>

中国农业科学院作物科学研究所　新乡市农业科学院/新乡小麦综合试验站　新乡市农技站

河南省安阳市小麦绿色高产高效技术模式图

月	10月			11月			12月			1月			2月			3月			4月			5月			6月	
旬	上	中	下	上	中	下	上	中	下	上	中	下	上	中	下	上	中	下	上	中	下	上	中	下	上	中
节气	寒露		霜降	立冬		小雪	大雪		冬至	小寒		大寒	立春		雨水	惊蛰		春分	清明		谷雨	立夏		小满	芒种	
生育期	播种期	出苗至三叶期		冬前分蘖期					越冬期							返青期	起身期	拔节期			抽穗至开花期	灌浆期			成熟期	
主攻目标	苗全、苗匀苗齐、苗壮			促根增蘖培育壮苗					保苗安全越冬							促苗早发稳长	蹲苗壮蘖	促大蘖成穗			保花增粒	养根护叶增粒增重			丰产丰收	
关键技术	精选种子 药剂拌种 适期播种 播后镇压			防治病虫 适时灌好冻水 冬前化学除草					适时镇压 麦田严禁放牧							中耕松土镇压保墒	蹲苗控节除草	重施肥水 防治病虫			浇开花灌浆水 防治病虫 一喷三防				适时收获	
操作规程	1. 播前精选种子，做好发芽试验，药剂拌种或种子包衣，防治地下害虫；每亩底施磷酸二铵20千克，尿素10千克，硫酸钾或氯化钾10千克，硫酸锌1.5千克。 2. 在日平均温度17℃左右播种，一般控制在10月2～12日，播深3～5厘米，基本苗14万～22万，播后及时镇压；出苗后及时查苗，发现缺苗断垄应及时补种，确保全苗；田边地头要种满种严。 3. 冬前苗期注意观察灰飞虱、叶蝉等害虫发生情况，及时防治，以防传播病毒病；根据冬前降水情况和土壤墒情决定是否灌冻水；需灌冻水时，一般要求在昼消夜冻时灌冻水，时间约在11月25～30日；冬前进行化学除草。 4. 冬季适时镇压，弥合地表裂缝，防止寒风飕根，保墒防冻。 5. 返青期中耕松土，提高地温，镇压保墒；一般不浇返青水，不施肥。 6. 起身期不浇水，蹲苗控节；注意观察纹枯病发生情况，发现病情及时防治；注意化学除草。 7. 拔节期重施肥水，促大蘖成穗；追施尿素18千克，灌水追肥时间约在4月10～15日；注意观察白粉病、锈病发生情况，发现病情及时防治。 8. 浇好开花灌浆水，强筋品种或有脱肥迹象的麦田，可随灌水施2～3千克尿素，时间约在5月5～10日；及时防治蚜虫、吸浆虫和白粉病；做好一喷三防。 9. 适时收获，防止穗发芽，避开烂场雨，确保丰产丰收，颗粒归仓。																										

中国农业科学院作物科学研究所　安阳市农业科学院

山东省泰安市小麦绿色高产高效技术模式图

月	10月			11月			12月			1月			2月			3月			4月			5月			6月	
旬	上	中	下	上	中	下	上	中	下	上	中	下	上	中	下	上	中	下	上	中	下	上	中	下	上	中
节气	寒露		霜降	立冬		小雪	大雪		冬至	小寒		大寒	立春		雨水	惊蛰		春分	清明		谷雨	立夏		小满	芒种	
生育期	播种期	出苗至三叶期		冬前分蘖期					越冬期							返青期	起身期	拔节期			抽穗至开花期	灌浆期			成熟期	
主攻目标	苗全、苗匀 苗齐、苗壮			促根增蘖 培育壮苗					保苗安全越冬							促苗早发稳长	蹲苗壮蘖	促大蘖成穗			保花增粒	养根护叶 增粒增重			丰产丰收	
关键技术	精选种子 药剂拌种 适期播种 播后镇压			防治病虫 适时灌好冻水 冬前化学除草					适时镇压 麦田严禁放牧							中耕松土镇压保墒	蹲苗控节除草	重施肥水 防治病虫			浇开花灌浆水 防治病虫 一喷三防				适时收获	

操作规程

1. 播前精选种子，做好发芽试验，药剂拌种或种子包衣，防治地下害虫；每亩底施磷酸二铵20千克，尿素10千克，硫酸钾或氯化钾14千克，硫酸锌1.5千克。

2. 在日平均温度17℃左右播种，一般控制在10月2～10日，播深3～5厘米，基本苗14万～22万，播后及时镇压；出苗后及时查苗，发现缺苗断垄应及时补种，确保全苗；田边地头要种满种严。

3. 冬前苗期注意观察金针虫、蛴螬等害虫、发生情况，及时防治，以防传播病毒病；根据冬前降水情况和土壤墒情决定是否灌冻水；需灌冻水时，一般要求在昼消夜冻时灌冻水，时间约在12月1～10日；冬前进行化学除草。

4. 冬季适时镇压，弥合地表裂缝，防止寒风飕根，保墒防冻。

5. 返青期中耕松土，提高地温，镇压保墒；一般不浇返青水，不施肥。

6. 起身期不浇水，蹲苗控节；注意观察纹枯病发生情况，发现病情及时防治；注意化学除草。

7. 拔节期重施肥水，促大蘖成穗；追施尿素16千克，灌水追肥时间在3月25日至4月5日；注意观察白粉病、锈病、纹枯病、根腐病发生情况，发现病情及时防治。

8. 浇好开花灌浆水，强筋品种或有脱肥迹象的麦田，可随灌水施2～3千克尿素，时间约在5月5～10日；及时防治蚜虫、吸浆虫和白粉病、赤霉病；做好一喷三防。

9. 适时收获，防止穗发芽，避开烂场雨，确保丰产丰收，颗粒归仓。

中国农业科学院作物科学研究所　泰安市农业科学院

江苏省徐州市小麦绿色高产高效技术模式图

<table>
<tr><td>月</td><td colspan="3">10月</td><td colspan="3">11月</td><td colspan="3">12月</td><td colspan="3">1月</td><td colspan="3">2月</td><td colspan="3">3月</td><td colspan="3">4月</td><td colspan="3">5月</td><td>6月</td></tr>
<tr><td>旬</td><td>上</td><td>中</td><td>下</td><td>上</td><td>中</td><td>下</td><td>上</td><td>中</td><td>下</td><td>上</td><td>中</td><td>下</td><td>上</td><td>中</td><td>下</td><td>上</td><td>中</td><td>下</td><td>上</td><td>中</td><td>下</td><td>上</td><td>中</td><td>下</td><td>上</td></tr>
<tr><td>节气</td><td>寒露</td><td></td><td>霜降</td><td>立冬</td><td></td><td>小雪</td><td>大雪</td><td></td><td>冬至</td><td>小寒</td><td></td><td>大寒</td><td>立春</td><td></td><td>雨水</td><td>惊蛰</td><td></td><td>春分</td><td>清明</td><td></td><td>谷雨</td><td>立夏</td><td></td><td>小满</td><td>芒种</td></tr>
<tr><td>生育期</td><td>播种期</td><td>出苗至三叶期</td><td colspan="6">冬前分蘖期</td><td colspan="5">越冬期</td><td colspan="4">返青至起身期</td><td colspan="3">拔节期</td><td colspan="2">抽穗至开花期</td><td colspan="2">灌浆期</td><td>成熟期</td></tr>
<tr><td>主攻目标</td><td colspan="3">苗全、苗匀
苗齐、苗壮</td><td colspan="5">促根增蘖
培育壮苗</td><td colspan="5">保苗安全越冬</td><td colspan="4">促苗早发稳长蹲苗壮蘖，促弱控旺，构建丰产群体</td><td colspan="3">促大蘖成穗</td><td colspan="2">保花增粒</td><td colspan="2">养根护叶
增粒增重</td><td>丰产丰收</td></tr>
<tr><td>关键技术</td><td colspan="3">精选种子
药剂拌种
适期播种
及时镇压</td><td colspan="5">防治病虫
适时灌好冻水
冬前化学除草</td><td colspan="5">适时镇压
麦田严禁放牧</td><td colspan="4">中耕松土
蹲苗控节</td><td colspan="3">重施肥水
防治病虫</td><td colspan="4">浇孕穗灌浆水
防治病虫
一喷三防</td><td>适时收获</td></tr>
<tr><td>操作规程</td><td colspan="25">1. 播前精细整地，实施秸秆还田和测土配方施肥，做好种子与土壤处理，防治地下害虫和苗期病害，精选种子。一般每亩底施磷酸二铵 15～20 千克，尿素 10～15 千克，硫酸钾或氯化钾 10 千克；或三元复合肥（N：P：K=15：15：15）25～30 千克，尿素 10 千克；硫酸锌 1.5 千克。
2. 在日平均温度 17℃左右播种，一般控制在 10 月 5～15 日，播深 3～5 厘米，并做到足墒匀播，基本苗 12 万～15 万，播前或播后及时镇压；出苗后及时查苗，发现缺苗断垄应及时补种，确保全苗。
3. 冬前应重点做好麦田化学除草，同时加强对地下害虫、麦黑潜叶蝇和胞囊线虫病的查治，注意防治灰飞虱、叶蝉等害虫；根据冬前降水和土壤墒情决定是否灌越冬水，需灌水时，一般要求在昼消夜冻时灌越冬水，时间约在 11 月 25 日至 12 月 10 日；暖冬年注意防止麦田旺长。
4. 冬季适时镇压，弥合地表裂缝，保墒防冻。
5. 返青期中耕松土，提高地温，镇压保墒；群、个体生长正常麦田一般不灌返青水，不施肥；起身期一般不浇水，蹲苗控节，注意防治纹枯病。
6. 拔节期重施肥水，促大蘖成穗和穗花发育。一般在 3 月 25 日至 4 月 5 日结合浇水追施尿素 15～20 千克；或分 2 次追肥，每次各 7～10 千克尿素，第一次在 3 月 15～20 日，第二次在 4 月 5 日左右；注意防治白粉病、锈病，防治麦蚜、麦蜘蛛。
7. 适时浇好孕穗灌浆水，4 月 25 日至 5 月 5 日可结合灌水追施 2～3 千克尿素；早控条锈病、白粉病，科学预防赤霉病；重点防治麦蜘蛛、蚜虫、吸浆虫，做好一喷三防。
8. 适时收获，防止穗发芽，避开烂场雨，确保丰产丰收，颗粒归仓。</td></tr>
</table>

中国农业科学院作物科学研究所　徐州农业科学研究所

江苏省里下河地区小麦绿色高产高效技术模式图

月	10月	11月			12月			1月			2月			3月			4月			5月			6月
旬	下	上	中	下	上	中	下	上	中	下	上	中	下	上	中	下	上	中	下	上	中	下	上
节气	霜降	立冬		小雪	大雪		冬至	小寒		大寒	立春		雨水	惊蛰		春分	清明		谷雨	立夏		小满	芒种
生育期	播种期	出苗至三叶期		冬前分蘖期			越冬期					返青起身期			拔节期				抽穗开花	灌浆期		成熟期	
主攻目标	苗早、苗全、苗匀 苗齐、苗壮			促根增蘖 培育壮苗			保苗安全越冬					稳长 壮蘖			培育壮秆、巩固分蘖 成穗、攻大穗				保花 增粒	养根保叶 增粒增重		丰产 丰收	
关键技术	精选种子 药剂拌种 适期播种 开好三沟			看苗施用壮蘖肥 适墒化除			清沟理墒					春季化除			重施拔节孕穗肥 防治纹枯病				防治赤霉病、白粉病 穗蚜 一喷三防			适时 收获	

操作规程

1. 精选种子，进行药剂拌种或种子包衣，预防苗期病害，做好发芽试验。每亩基施三元复合肥（N：P：K=15：15：15）25～30千克，尿素8～10千克，硫酸锌1.5千克。

2. 在日平均温度14～16℃左右播种，一般控制在10月25日至11月5日，播深2～3厘米，基本苗10万～12万，播后及时洇水。出苗后及时查苗，发现缺苗断垄应及时补种，确保全苗，田边地头要种满种严。

3. 幼苗期注意防治蚜虫、灰飞虱，防除杂草。分蘖期看苗施用壮蘖肥，清理麦田三沟。

4. 返青期及时防治纹枯病和杂草。

5. 拔节孕穗期施好拔节孕穗肥，培育壮秆、巩固分蘖成穗、攻大穗。3月中旬看苗施用拔节肥，三元复合肥20～25千克；3月底前施孕穗肥尿素8千克左右；及时防治白粉病。

6. 开花期注意防治蚜虫、白粉病和赤霉病，做好一喷三防。

7. 适时收获，确保丰产丰收，颗粒归仓。

中国农业科学院作物科学研究所　江苏里下河地区农业科学研究所

安徽省亳州市小麦绿色高产高效技术模式图

月	10月			11月			12月			1月			2月			3月			4月			5月			6月
旬	上	中	下	上	中	下	上	中	下	上	中	下	上	中	下	上	中	下	上	中	下	上	中	下	上
节气	寒露		霜降	立冬		小雪	大雪		冬至	小寒		大寒	立春		雨水	惊蛰		春分	清明		谷雨	立夏		小满	芒种
生育期	播种期	出苗至三叶期	冬前分蘖期						越冬期					返青至起身期				拔节、孕穗期		抽穗至开花期		灌浆期		成熟期	
主攻目标	苗全、苗匀 苗齐、苗壮		促根增蘖 培育壮苗						保苗安全越冬					促苗早发稳长蹲苗壮蘖，促弱控旺，构建丰产群体				促大蘖成穗 促穗大粒多		保花增粒		养根护叶 增粒增重		丰产丰收	
关键技术	精选种子 药剂拌种 适期播种 足墒下种		防治病虫 适时灌好冻水 冬前化学除草						适时镇压 麦田严禁放牧					中耕松土 蹲苗控节				重施肥水 防治病虫		防治病虫 一喷三防 叶面喷肥				适时收获	

操作规程

1. 播前精细整地，实施秸秆还田和测土配方施肥，做好种子与土壤处理，防治地下害虫和苗期病害，精选种子。一般每亩底施磷酸二铵20～25千克，尿素8千克，硫酸钾或氯化钾10千克；或三元复合肥（N：P：K=15：15：15）50～60千克，尿素8千克；硫酸锌1.5千克。

2. 在日平均温度17℃左右播种，一般控制在10月5～15日，播深3～5厘米，并做到足墒匀播，基本苗14万～17万，播前或播后及时镇压；出苗后及时查苗，发现缺苗断垄应及时补种，确保全苗。

3. 冬前应重点做好麦田化学除草，同时加强对地下害虫、麦黑潜叶蝇和胞囊线虫病的查治，注意防治红蜘蛛、蚜虫等害虫；根据冬前降水和土壤墒情决定是否灌冻水，需灌冻水时，一般要求在昼消夜冻时灌冻水，时间约在11月20～30日；暖冬年注意防止麦田旺长。

4. 冬季适时镇压，弥合地表裂缝，保墒防冻。

5. 返青期中耕松土，提高地温，镇压保墒；群、个体生长正常麦田一般不灌返青水，不施肥；起身期一般不浇水，蹲苗控节，注意防治纹枯病。

6. 拔节期重施肥水，促大蘖成穗和穗花发育。一般在3月20～30日结合浇水追施尿素18千克；或分2次追肥，每次各9千克尿素，第一次在3月15～20日，第二次在4月5日左右；注意防治白粉病、锈病，防治麦蚜、麦蜘蛛。

7. 4月下旬可结合降水每亩追施2～3千克尿素；科学预防赤霉病，兼防白粉病、锈病；重点防治蚜虫、吸浆虫，做好一喷三防和叶面喷肥。

8. 适时收获，防止穗发芽，晒干扬净，颗粒归仓，防虫防霉，确保丰产丰收。

中国农业科学院作物科学研究所　亳州农业科学研究所

湖北省小麦绿色高产高效技术模式图

<table>
<tr><td>月</td><td>10月</td><td colspan="3">11月</td><td colspan="3">12月</td><td colspan="3">1月</td><td colspan="3">2月</td><td colspan="3">3月</td><td colspan="3">4月</td><td colspan="3">5月</td></tr>
<tr><td>旬</td><td>下</td><td>上</td><td>中</td><td>下</td><td>上</td><td>中</td><td>下</td><td>上</td><td>中</td><td>下</td><td>上</td><td>中</td><td>下</td><td>上</td><td>中</td><td>下</td><td>上</td><td>中</td><td>下</td><td>上</td><td>中</td><td>下</td></tr>
<tr><td>节气</td><td>霜降</td><td>立冬</td><td></td><td>小雪</td><td>大雪</td><td></td><td>冬至</td><td>小寒</td><td></td><td>大寒</td><td>立春</td><td></td><td>雨水</td><td>惊蛰</td><td></td><td>春分</td><td>清明</td><td></td><td>谷雨</td><td>立夏</td><td></td><td>小满</td></tr>
<tr><td>生育期</td><td>播种期</td><td colspan="2">出苗至三叶期</td><td colspan="8">分蘖期</td><td colspan="2">起身期</td><td colspan="3">拔节孕穗期</td><td>抽穗开花</td><td colspan="4">灌浆期</td><td>成熟期</td></tr>
<tr><td>主攻目标</td><td colspan="3">苗全、苗匀
苗齐、苗壮</td><td colspan="8">促根增蘖，培育壮苗，保苗安全越冬</td><td colspan="2">蹲苗壮蘖</td><td colspan="3">促大蘖成穗</td><td>保花增粒</td><td colspan="4">养根护叶
增粒增重</td><td>丰产丰收</td></tr>
<tr><td>关键技术</td><td colspan="3">精细整地
精选种子
药剂拌种
适期播种
播后镇压</td><td colspan="8">化学除草，
看苗施平衡肥</td><td colspan="5">看苗重施拔节孕穗肥
清沟理墒，防治病虫草害</td><td colspan="5">防治病虫
一喷三防</td><td>适时收获</td></tr>
<tr><td>操作规程</td><td colspan="21">1. 播前精选种子，做好发芽试验，进行药剂拌种或种子包衣，预防苗期病害；每亩底施三元复合肥（N：P：K=15：15：15）25～30千克，尿素8千克；大粒锌200克（纯锌含量50～60克），或磷酸二铵20～25千克，尿素8千克，硫酸钾或氯化钾10～15千克。
2. 在日平均温度16℃左右播种，一般控制在10月25日至11月5日，播深2～3厘米，基本苗15万～18万，足墒播种，播后及时镇压；出苗后及时查苗，发现缺苗断垄应及时补种，确保全苗；田边地头要种满种严。
3. 幼苗期注意观察麦蜘蛛等害虫发生情况，及时防治；注意秋季杂草防除。
4. 起身期注意观察纹枯病和杂草发生情况，及时防治。
5. 拔节孕穗期重施肥，促大蘖成穗。3月上中旬至4月初看苗施尿素10千克左右；注意观察白粉病、锈病发生情况，及时防治。
6. 开花灌浆期注意观察蚜虫和白粉病、锈病和赤霉病发生情况，及时彻底防治，做好一喷三防。
7. 适时收获，防止穗发芽，避开烂场雨，确保丰产丰收，颗粒归仓。</td></tr>
</table>

中国农业科学院作物科学研究所　湖北省农业科学院粮食作物研究

附录2　小麦绿色高产高效技术模式图

山西省临汾市小麦绿色高产高效技术模式图

<table>
<tr><td>月</td><td colspan="3">10月</td><td colspan="3">11月</td><td colspan="3">12月</td><td colspan="3">1月</td><td colspan="3">2月</td><td colspan="3">3月</td><td colspan="3">4月</td><td colspan="3">5月</td><td colspan="2">6月</td></tr>
<tr><td>旬</td><td>上</td><td>中</td><td>下</td><td>上</td><td>中</td><td>下</td><td>上</td><td>中</td><td>下</td><td>上</td><td>中</td><td>下</td><td>上</td><td>中</td><td>下</td><td>上</td><td>中</td><td>下</td><td>上</td><td>中</td><td>下</td><td>上</td><td>中</td><td>下</td><td>上</td><td>中</td></tr>
<tr><td>节气</td><td>寒露</td><td></td><td>霜降</td><td>立冬</td><td></td><td>小雪</td><td>大雪</td><td></td><td>冬至</td><td>小寒</td><td></td><td>大寒</td><td>立春</td><td></td><td>雨水</td><td>惊蛰</td><td></td><td>春分</td><td>清明</td><td></td><td>谷雨</td><td>立夏</td><td></td><td>小满</td><td>芒种</td><td></td></tr>
<tr><td>生育期</td><td>播种期</td><td colspan="2">出苗至三叶期</td><td colspan="5">冬前分蘖期</td><td colspan="7">越冬期</td><td>返青期</td><td>起身期</td><td colspan="3">拔节期</td><td>抽穗至开花期</td><td colspan="3">灌浆期</td><td colspan="2">成熟期</td></tr>
<tr><td>主攻目标</td><td colspan="3">苗全、苗匀
苗齐、苗壮</td><td colspan="5">促根增蘖
培育壮苗</td><td colspan="7">保苗安全越冬</td><td>促苗早
发稳长</td><td>蹲苗
壮蘖</td><td colspan="3">促大蘖成穗</td><td>保花
增粒</td><td colspan="3">养根护叶
增粒增重</td><td colspan="2">丰产
丰收</td></tr>
<tr><td>关键技术</td><td colspan="3">药剂拌种
平衡施肥
适期足墒播种
播后镇压</td><td colspan="5">冬水前移
塌实土壤
化学除草
防治病虫</td><td colspan="7">适时锄划中耕耙耱
严禁放牧</td><td>中耕松
土保墒</td><td>蹲苗
控节
除草</td><td colspan="3">增量浇水追肥
防治病虫</td><td colspan="4">浇开花灌浆水
防治病虫
一喷三防</td><td colspan="2">适时
收获</td></tr>
<tr><td>操作规程</td><td colspan="26">1. 精细整地，精选良种，做好发芽试验，药剂拌种或种子包衣，防治地下害虫；每亩底施磷酸二铵 20 千克，尿素 10 千克，硫酸钾 10 千克，硫酸锌 1.5 千克。
2. 在日平均温度 15～17℃足墒播种，一般控制在 10 月 5～10 日，播深 3～5 厘米，基本苗 20 万～25 万，播后及时镇压；出苗后及时查苗，发现缺苗断垄应及时补种，确保全苗；田边地头种满种严。
3. 冬前苗期注意观察灰飞虱、叶蝉、麦蚜等害虫发生情况，及时防治，以防传播病毒病；适时冬灌，以塌实土壤，促根生蘖，确保安全越冬；灌水后土壤墒情适宜时进行锄划中耕或耙耱，弥合地表裂缝，防止寒风飕根，保墒防冻。在 11 月上中旬，日平均气温高于 5℃的无风晴天进行冬前化学除草。
4. 顶凌期或返青期中耕松土或轻耙轻耱，去除枯叶，保墒提温，一般不浇返青水，不施肥；起身期不浇水，蹲苗控节；注意观察白粉病和蚜虫发生情况，达到防除指标及时防治；若冬前未进行化除，应在气温稳定在 5℃以上的晴天开展化除。
5. 拔节期增量灌水，灌水量不低于 60 立方米，追尿素 10～15 千克，促大蘖成穗，并可预防 4 月上中旬的倒春寒和低温冷害；灌水追肥时间在 3 月 25 日至 4 月 5 日；注意观察白粉病、锈病发生情况，发现病情及时防治。4 月下旬，密切注意吸浆虫和蚜虫发生情况，并及时采取撒毒土和抽穗期药剂防治。
6. 浇好灌浆水，强筋品种或有脱肥迹象的麦田，可随灌水施 2～3 千克尿素，灌水时间在 5 月 10 日左右；根据田间蚜虫和白粉病发生情况，及时防治，做好一喷三防，一般 2～3 次，防干热风和早衰，提高粒重。
7. 蜡熟时收获，防止穗发芽，确保丰产丰收，颗粒归仓。</td></tr>
</table>

中国农业科学院作物科学研究所　山西省农业科学院小麦研究所 国家小麦产业技术体系山西综合试验站

陕西省杨凌小麦绿色高产高效技术模式图

月	10月			11月			12月			1月			2月			3月			4月			5月			6月	
旬	上	中	下	上	中	下	上	中	下	上	中	下	上	中	下	上	中	下	上	中	下	上	中	下	上	中
节气	寒露		霜降	立冬		小雪	大雪		冬至	小寒		大寒	立春		雨水	惊蛰		春分	清明		谷雨	立夏		小满	芒种	
生育期	播种期	出苗至三叶期		冬前分蘖期					越冬期							返青期		起身期	拔节期			抽穗至开花期	灌浆期			成熟期
主攻目标	苗全、苗匀 苗齐、苗壮			促根增蘖 培育壮苗					保苗安全越冬							促苗早 发稳长		蹲苗 壮蘖	促大蘖成穗			保花 增粒	养根护叶 增粒增重			丰产 丰收
关键技术	精选种子 药剂拌种 适期播种 播后镇压			防治病虫 适时灌好冻水 冬前化学除草					适时镇压 麦田严禁放牧							中耕松土 镇压保墒		蹲苗 控节 除草	重施肥水 防治病虫			浇开花灌浆水 防治病虫 一喷三防				适时 收获
操作规程	1. 播前精选种子，做好发芽试验，药剂拌种或种子包衣，防治地下害虫；每亩底施磷酸二铵20千克，尿素10千克，硫酸钾或氯化钾10千克，硫酸锌1.5千克。 2. 在日平均温度17℃左右播种，一般控制在10月5～15日，播深3～5厘米，基本苗14万～22万，播后及时镇压；出苗后及时查苗，发现缺苗断垄应及时补种，确保全苗；田边地头要种满种严。 3. 冬前苗期注意观察灰飞虱、叶蝉等害虫发生情况，及时防治，以防传播病毒病；根据冬前降水情况和土壤墒情决定是否灌冻水；需灌冻水时，一般要求在昼消夜冻时灌冻水，时间约在12月下旬；冬前进行化学除草。 4. 冬季适时镇压，弥合地表裂缝，防止寒风飕根，保墒防冻。 5. 返青期中耕松土，提高地温，镇压保墒；一般不浇返青水，不施肥。 6. 起身期不浇水，蹲苗控节；注意观察纹枯病发生情况，发现病情及时防治；注意化学除草。 7. 拔节期重施肥水，促大蘖成穗；追施尿素18千克，灌水追肥时间约在4月10～15日；注意观察白粉病、锈病、红蜘蛛、蚜虫发生情况，发现病虫情及时防治。 8. 抽穗开花期及时防治蚜虫、吸浆虫和白粉病；做好一喷三防。 9. 适时收获，防止穗发芽，避开烂场雨，确保丰产丰收，颗粒归仓。																										

中国农业科学院作物科学研究所　西北农林科技大学

附录2 小麦绿色高产高效技术模式图

四川省成都市小麦绿色高产高效技术模式图

月	10月	11月			12月			1月			2月			3月			4月			5月	
旬	下	上	中	下	上	中	下	上	中	下	上	中	下	上	中	下	上	中	下	上	中
节气	霜降	立冬		小雪	大雪		冬至	小寒		大寒	立春		雨水	惊蛰		春分	清明		谷雨	立夏	
生育期	播种期	出苗至三叶期		幼苗至起身期（无明显越冬期）						拔节期						抽穗至开花期			灌浆期	成熟期	
主攻目标	苗全、苗匀 苗齐、苗壮			促根增蘖培育壮苗促苗早发稳长蹲苗壮蘖						促大蘖成穗						保花增粒			养根护叶增粒增重	丰产丰收	
关键技术	精选种子 药剂拌种 适期播种			防治病虫草害						重施拔节肥 防治病虫害						防治病虫 一喷三防				适时收获	

操作规程

1. 播前精选种子，做好发芽试验，进行药剂拌种或种子包衣，防治地下害虫；每亩底施30千克复合肥（含氮量20%），硫酸锌1.5千克。
2. 在日平均温度16℃左右播种，一般控制在10月26日至11月6日，播深3～5厘米，基本苗15万～20万；出苗后及时查苗，发现缺苗断垄应及时补种，确保全苗，田边地头要种满种严。
3. 苗期注意观察条锈病、红蜘蛛等病虫发生情况，及时防治；适时进行杂草防除。
4. 拔节期注意防治条锈病及白粉病；重施拔节肥，促大蘖成穗；追施尿素8～10千克，时间约在1月10～15日。
5. 抽穗至开花期喷药预防赤霉病，灌浆期注意观察蚜虫和白粉病、条锈病发生情况，及时进行一喷三防。
6. 适时收获，防止穗发芽，确保丰产丰收，颗粒归仓。

中国农业科学院作物科学研究所　四川省农业科学院作物研究所/成都综合试验站

甘肃省春小麦绿色高产高效技术模式图

月	3月			4月			5月			6月			7月		
旬	上	中	下	上	中	下	上	中	下	上	中	下	上	中	下
节气	惊蛰		春分	清明		谷雨	立夏		小满	芒种		夏至	小暑		大暑
生育期	播种期		出苗至幼苗期			拔节期				抽穗至开花期		灌浆期		成熟期	
主攻目标	苗全、苗齐 苗壮、苗匀		促苗早发 促根增蘖 培育壮苗			促大蘖成穗				保花增粒		养根护叶 增粒增重		丰产 丰收	
关键技术	精选种子 药剂拌种 适期播种 播后耱平		中耕除草			灌水追肥 防治病虫 化控防倒				灌水追肥 防治病虫		适时浇灌浆水 一喷三防		适时 收获	

操作规程

1. 播前精选种子，做好发芽试验，进行药剂拌种或种子包衣，预防病虫害；每亩底施磷酸二铵 20 千克，尿素 6 千克。

2. 在日平均气温 6～7℃，地表解冻 4～5 厘米时开始播种，一般在 3 月上旬至中旬，播深 3～5 厘米，基本苗 40 万～45 万，播后耱平；出苗后及时查苗，发现缺苗断垄应及时补种，确保全苗；田边地头要种满种严。

3. 苗期注意防治锈病、地下害虫，拔节前中耕除草，杂草严重时可化学除草。

4. 拔节初期结合灌第一次水追施尿素 12～13 千克，促大蘖成穗。注意防病治虫，适当喷施植物生长延缓剂，降低株高，防止倒伏。

5. 抽穗开花期结合灌第二次水追施尿素 5～6 千克；注意观察白粉病、锈病发生情况，发现病情及时防治，做好一喷三防。

6. 适时浇好灌浆水。注意观察蚜虫、锈病、白粉病、干热风发生情况，及时彻底防治。

7. 适时收获，颗粒归仓。

中国农业科学院作物科学研究所　甘肃农业大学

宁夏春小麦绿色高产高效技术模式图

月	2月			3月			4月			5月			6月			7月	
	上	中	下	上	中	下	上	中	下	上	中	下	上	中	下	上	中
节气	立春		雨水	惊蛰		春分	清明		谷雨	立夏		小满	芒种		夏至	小暑	
生育期	播种前		播种期		出苗期		三叶期		拔节期			孕穗期	抽穗期	灌浆期			成熟期
主攻目标	保墒		苗齐、苗壮				促根增蘖 培育壮苗			蹲苗壮蘖		保花增粒		养根护叶 增粒增重			丰产 丰收
关键技术	及时打糖 增施有机肥		精选种子 药剂拌种 适期播种 应地镇压		因地破除板结		中耕 化学除草		适时早 灌头水 追肥	控二水 早防白粉病			灌好 三水 防病 治虫	一喷三防			适时 收获

技术规程

1. 冬前灌好冬水。要求在昼消夜冻时灌冻水，时间约在11月5～20日。冬季适时打糖保墒。

2. 精细整地，提高整地质量，增施有机肥，合理施肥。每亩底施磷酸二铵10千克，尿素20千克，硫酸钾（氧化钾含量50%）6千克；种肥磷酸二铵10千克。

3. 选购合格良种并药剂处理。（每1千克种子用2克粉锈宁，干拌）或2%立克秀种子包衣。

4. 2月下旬至3月上旬播种，播深3～5厘米，基本苗40万～45万，播后泅地镇压。出苗后及时查苗，适时破除板结，确保全苗。田边地头要种满种严。

5. 拔节期重施肥水，促大蘖成穗，头水前视苗情追施尿素10～15千克。灌水追肥时间约在4月25日前后；二水适当晚灌，时间约在5月15日前后，控制无效分蘖，并注意观察白粉病、锈病，发现病情及时防治。

6. 及时浇好开花灌浆水，时间约在5月25日至6月5日。注意观察白粉病发生情况，及时彻底防治。

7. 适时收获，确保丰产丰收，颗粒归仓。

中国农业科学院作物科学研究所　宁夏农林科学院农作物研究所

新疆南疆地区冬小麦绿色高产高效技术模式图

<table>
<tr><td>月</td><td>9月</td><td colspan="3">10月</td><td colspan="3">11月</td><td colspan="3">12月</td><td colspan="3">1月</td><td colspan="3">2月</td><td colspan="3">3月</td><td colspan="3">4月</td><td colspan="3">5月</td><td colspan="2">6月</td></tr>
<tr><td>旬</td><td>下</td><td>上</td><td>中</td><td>下</td><td>上</td><td>中</td><td>下</td><td>上</td><td>中</td><td>下</td><td>上</td><td>中</td><td>下</td><td>上</td><td>中</td><td>下</td><td>上</td><td>中</td><td>下</td><td>上</td><td>中</td><td>下</td><td>上</td><td>中</td><td>下</td><td>上</td><td>中</td></tr>
<tr><td>节气</td><td>秋分</td><td>寒露</td><td></td><td>霜降</td><td>立冬</td><td></td><td>小雪</td><td>大雪</td><td></td><td>冬至</td><td>小寒</td><td></td><td>大寒</td><td>立春</td><td></td><td>雨水</td><td>惊蛰</td><td></td><td>春分</td><td>清明</td><td></td><td>谷雨</td><td>立夏</td><td></td><td>小满</td><td>芒种</td><td></td></tr>
<tr><td>生育期</td><td colspan="2">播种期</td><td colspan="2">出苗至三叶期</td><td colspan="2">冬前分蘖期</td><td colspan="10">越冬期</td><td colspan="2">2月下旬
3月上旬
返青</td><td colspan="2">起身期</td><td colspan="2">拔节期</td><td colspan="2">抽穗至开花期</td><td colspan="2">灌浆期</td><td>成熟期</td></tr>
<tr><td>主攻目标</td><td colspan="4">苗全、苗匀
苗齐、苗壮</td><td colspan="2">促根增蘖
培育壮苗</td><td colspan="10">保苗安全越冬</td><td colspan="2">促苗早
发稳长</td><td colspan="2">蹲苗壮蘖</td><td colspan="2">促大蘖
成穗</td><td colspan="2">保花
增粒</td><td colspan="2">养根护叶
增粒增重</td><td>丰产
丰收</td></tr>
<tr><td>关键技术</td><td colspan="4">精选种子
药剂拌种
适期播种
播后镇压</td><td colspan="2">防治病虫
适时灌
好冻水</td><td colspan="10">适时镇压
严禁放牧</td><td colspan="2">中耕松土
小水灌溉</td><td colspan="2">蹲苗控节
适当灌水</td><td colspan="2">重施肥水
防治病虫</td><td colspan="4">浇开花灌浆水
防治病虫
一喷三防</td><td>适时
收获</td></tr>
<tr><td>操作规程</td><td colspan="27">1. 播前精选种子，做好发芽试验，进行药剂拌种或种子包衣，预防病害，每亩底施磷酸二铵 18～21 千克，尿素 13～17 千克。
2. 在日平均气温 17℃左右时播种，一般在 9 月下旬至 10 月中旬；播深 3～5 厘米；基本苗 25 万，播后镇压；出苗后及时查苗，发现缺苗断垄应及时补种，确保全苗；田边地头要种满种严。
3. 冬前苗期注意观察病虫草害发生情况，及时防治；适时灌冻水，一般要求在昼消夜冻时灌冻水，时间约在 11 月 20～25 日。
4. 冬季适时镇压，弥合地表裂缝，防止寒风飕根，保墒防冻。
5. 返青期中耕松土，提高地温，镇压保墒。
6. 起身期蹲苗控节，适当灌水。注意观察病虫草害发生情况，及时防治。
7. 拔节期重施肥水，促大蘖成穗。追施尿素 18 千克，灌水追肥时间在 4 月 10～15 日；注意观察白粉病、锈病及杂草发生情况，及时防治（除）。
8. 适时浇好开花灌浆水，可结合灌水追施 2～3 千克尿素，南疆在 5 月初；注意观察蚜虫和白粉病发生情况，及时彻底防治。
9. 适时收获，防止穗发芽，避开烂场雨，确保丰产丰收，颗粒归仓。</td></tr>
</table>

中国农业科学院作物科学研究所　新疆农业科学院/新疆综合试验站

云南小麦绿色高产高效技术模式图

月	10月	11月			12月			1月			2月			3月			4月			5月	
旬	下	上	中	下	上	中	下	上	中	下	上	中	下	上	中	下	上	中	下	上	中
节气	霜降	立冬		小雪	大雪		冬至	小寒		大寒	立春		雨水	惊蛰		春分	清明		谷雨	立夏	
生育期	播种期	出苗至三叶期		幼苗至起身期（无明显越冬期）				拔节期						抽穗至开花期		灌浆期				成熟期	
主攻目标	苗全、苗匀 苗齐、苗壮			促根增蘖培育壮苗 促苗早发稳长 蹲苗壮蘖				促大蘖成穗						保花增粒		养根护叶 增粒增重				丰产丰收	
关键技术	精选种子 药剂拌种 适期播种			施分蘖肥 防治病虫草害 麦田严禁放牧 蹲苗控节				重施拔节肥 防治病虫草害						防治病虫 一喷三防						适时收获	
操作规程	1. 播前精选种子，做好发芽试验，进行药剂拌种或种子包衣，防治地下害虫；每亩底施30千克复合肥（含氮量20%），硫酸锌1.5千克。 2. 在日平均温度16℃左右播种，一般控制在10月26日至11月6日，播深3～5厘米，基本苗15万～20万；出苗后及时查苗，发现缺苗断垄应及时补种，确保全苗，田边地头要种满种严。 3. 苗期注意观察条锈病、红蜘蛛等病虫发生情况，及时防治；2叶1心或3叶期施分蘖肥，追施尿素10～15千克；适时进行杂草防除。 4. 拔节期注意防治条锈病及白粉病；重施拔节肥，促大蘖成穗；追施尿素10～15千克。 5. 抽穗至开花期喷药预防赤霉病，灌浆期注意观察蚜虫和白粉病、条锈病发生情况，及时进行一喷三防。 6. 适时收获，确保丰产丰收，颗粒归仓。																					

中国农业科学院作物科学研究所　云南省农业科学院

重庆市小麦绿色高产高效技术模式图

月	10月	11月			12月			1月			2月			3月			4月			5月
旬	下	上	中	下	上	中	下	上	中	下	上	中	下	上	中	下	上	中	下	上
节气	霜降	立冬		小雪	大雪		冬至	小寒		大寒	立春		雨水	惊蛰		春分	清明		谷雨	立夏
生育期	播种期		出苗至三叶期		幼苗至起身期（无明显越冬期）					拔节期				抽穗至开花期			灌浆期			成熟期
主攻目标	苗全、苗匀 苗齐、苗壮				促根增蘖培育壮苗 促苗早发稳长 蹲苗壮蘖					促大蘖成穗				保花 增粒			养根护叶 增粒增重			丰产 丰收
关键技术	选用良种 精选种子 药剂拌种 适期播种				防治病虫草害 麦田严禁放牧					重施拔节肥 防治病虫草害				防治病虫害 一喷三防						适时 收获
操作规程	1. 播前精选种子，做好发芽试验，进行药剂拌种或种子包衣，防治地下害虫；净作每亩底施30千克复合肥、套作施20千克复合肥（含氮量20%），硫酸锌1.5千克。 2. 规范开厢，适期播种。在日平均温度16℃左右播种，一般控制在10月26日至11月15日，播深3～5厘米，基本苗12万～15万，套作9万～12万；播种前实行诱饵防鼠；出苗后及时查苗，发现缺苗断垄应及时补种，确保全苗，田边地头要种满种严。 3. 苗期注意观察条锈病、红蜘蛛等病虫发生情况，及时防治；适时进行杂草防除。 4. 拔节期重施拔节肥，促大蘖成穗；追施尿素10千克，时间在1月10～15日；注意观察白粉病和锈病发生情况，发现病情及时防治。 5. 抽穗至开花期喷药预防赤霉病；灌浆期注意观察蚜虫和白粉病、条锈病发生情况，及时进行一喷多防。 6. 适时收获，防止穗发芽，避开烂场雨，确保丰产丰收，颗粒归仓。																			

中国农业科学院作物科学研究所　重庆市农业科学院

贵州小麦绿色高产高效技术模式图

月	10月	11月			12月			1月			2月			3月			4月			5月		
旬	下	上	中	下	上	中	下	上	中	下	上	中	下	上	中	下	上	中	下	上	中	下
节气	霜降	立冬		小雪	大雪		冬至	小寒		大寒	立春		雨水	惊蛰		春分	清明		谷雨	立夏		小满
生育期	播种期	出苗至三叶期		幼苗至起身期（无明显越冬期）					拔节期						抽穗至开花期			灌浆期			成熟期	
主攻目标	苗全、苗匀 苗齐、苗壮			促根增蘖培育壮苗 促苗早发稳长 蹲苗壮蘖					促大蘖成穗						保花 增粒			养根护叶 增粒增重			丰产 丰收	
关键技术	精选种子 药剂拌种 适期播种			防治病虫草害 麦田严禁放牧 蹲苗控节					重施拔节肥 防治病虫草害						防治病虫 一喷三防						适时 收获	

操作规程

1. 播前精选种子，做好发芽试验，进行药剂拌种或种子包衣，防治地下害虫；每亩底施 20 千克复合肥（含氮量 20%）。
2. 在日平均温度 16℃左右播种，一般控制在 10 月 26 日至 11 月 6 日，播深 3～5 厘米，基本苗 15 万～20 万，间套作播种量减半；出苗后及时查苗，发现缺苗断垄应及时补种，确保全苗，田边地头要种满种严。
3. 苗期注意观察条锈病、红蜘蛛等病虫发生情况，及时防治；适时进行杂草防除。
4. 拔节期注意防治条锈病、白粉病、蚜虫；重施拔节肥，促大蘖成穗；追施尿素 10 千克，时间约在 1 月 10～15 日。
5. 抽穗至开花期喷药预防赤霉病，灌浆期注意观察蚜虫和白粉病、条锈病发生情况，及时进行一喷三防。
6. 适时收获，确保丰产丰收，颗粒归仓。

中国农业科学院作物科学研究所　国家小麦产业技术体系贵阳综合试验站

黑龙江春小麦绿色高产高效技术模式图

月	4月			5月			6月			7月			8月		
	上	中	下	上	中	下	上	中	下	上	中	下	上	中	下
节气	清明		谷雨	立夏		小满	芒种		夏至	小暑		大暑	立秋		处暑
生育期	播种期		出苗至分蘖期				拔节期		抽穗至灌浆期			成熟期			
主攻目标	苗全、苗齐 苗壮、苗匀		促苗早发 促根增蘖 培育壮苗				促大蘖成穗 有效增加小穗数		保花增粒 养根护叶 增粒增重			丰产 丰收			
关键技术	精选品种 药剂拌种 适期播种 播后镇压		3叶期化学除草、喷矮壮素、叶面喷肥 3叶1心和4叶1心各镇压1次 促壮防倒				灌拔节水 防治病虫		浇抽穗水、灌浆水，叶面喷肥 防治病虫 一喷三防			适时 收获			

操作规程

1. 上秋进行秋整地、秋施肥，耙（豆）茬深松，土壤有机质含量3%～5%的地区，每亩底施纯氮4.5～5.5千克，磷肥（P_2O_5）5～6千克，钾肥（K_2O）2.5～3.5千克（以硫酸钾为宜）；土壤有机质含量5%以上的地区，每亩底施纯氮3.5～4.0千克，磷肥（P_2O_5）4.0～4.5千克，钾肥（K_2O）2～3千克（以硫酸钾为宜）。选择抗倒耐密品种，播前精选种子，做好发芽试验，进行药剂拌种或种子包衣，预防病虫害。

2. 在日平均气温6～7℃，地表解冻4～6厘米，播深3～5厘米，基本苗50万，播后镇压。出苗后及时查苗，发现缺苗断垄应及时补种，确保全苗。田边地头要种满种严。

3. 在3叶期结合化学除草每亩喷施纯氮0.25千克+20克硼酸+0.2千克磷酸二氢钾；3叶期前喷矮壮素、3叶1心和4叶1心时各镇压1次，壮秆防倒。

4. 拔节期追肥灌水，促进成穗；每亩追施纯氮0.5～1.0千克。注意观察根腐和白粉病发生情况，发现病情及时防治。

5. 及时浇好开花灌浆水，可结合灌水追施2～3千克尿素。注意观察地下害虫（金针虫等）、蚜虫、黏虫、根腐病和赤霉发生情况，及时彻底防治。

6. 适时收获，防止穗发芽，确保丰产丰收，颗粒归仓。

中国农业科学院作物科学研究所　黑龙江省农业科学院克山分院

北京市小麦绿色高产高效技术模式图

月	9月	10月			11月			12月			1月			2月			3月			4月			5月			6月	
旬	下	上	中	下	上	中	下	上	中	下	上	中	下	上	中	下	上	中	下	上	中	下	上	中	下	上	中
节气	秋分	寒露		霜降	立冬		小雪	大雪		冬至	小寒		大寒	立春		雨水	惊蛰		春分	清明		谷雨	立夏		小满	芒种	

生育期	播种期	出苗至三叶期	冬前分蘖期	越冬期	返青期	起身期	拔节期	抽穗至开花期	灌浆期	成熟期
主攻目标	苗全、苗匀 苗齐、苗壮		促根增蘖 培育壮苗	保苗安全越冬	促苗早发稳长	蹲苗壮蘖	促大蘖成穗	保花增粒	养根护叶 增粒增重	丰产丰收
关键技术	精选种子 药剂拌种 适期播种 播后镇压		防治病虫 适时灌好冻水	适时镇压 麦田严禁放牧	中耕松土镇压保墒	蹲苗控节除草	重施肥水 防治病虫	浇开花灌浆水 防治病虫 一喷三防		适时收获

操作规程

1. 播前精选种子，做好发芽试验，药剂拌种或种子包衣，防治地下害虫；每亩底施磷酸二铵 20 千克左右，尿素 8 千克，硫酸钾或氯化钾 10 千克，硫酸锌 1.5 千克。

2. 在日平均气温 17℃左右播种，一般控制在 9 月 28 日至 10 月 10 日，播深 3～5 厘米，每亩基本苗 20 万～25 万，播后镇压；出苗后及时查苗，发现缺苗断垄应及时补种，确保全苗，田边地头要种满种严。

3. 冬前苗期注意观察灰飞虱、叶蝉等害虫发生情况，及时防治，以防传播病毒病；冬前土壤相对含水量低于 80%时需灌冻水，一般要求在昼消夜冻时灌溉，时间约在 11 月 15～25 日。

4. 冬季适时镇压，弥合地表裂缝，防止寒风飕根，保墒防冻。

5. 返青期中耕松土，提高地温，镇压保墒。一般不浇返青水，不施肥。特别干旱或群体偏小时可适当补灌返青水。

6. 起身期不浇水，不追肥，蹲苗控节。注意观察纹枯病发生情况，发现病情及时防治，注意化学除草。

7. 拔节期重施肥水，促大蘖成穗。每亩追施尿素 18 千克。灌水追肥时间约在 4 月 15～20 日；注意观察白粉病、锈病发生情况，发现病情及时防治。

8. 浇好开花灌浆水，强筋品种或有脱肥迹象的麦田，可随灌水亩施 2～3 千克尿素。时间在 5 月 10 日左右；及时防治蚜虫、吸浆虫和白粉病，做好一喷三防。

9. 适时收获，防止穗发芽，避开烂场雨，确保丰产丰收，颗粒归仓。

中国农业科学院作物科学研究所　北京市农业技术推广站

河北省赵县小麦绿色高产高效技术模式图

<table>
<tr><td>月</td><td colspan="3">10月</td><td colspan="3">11月</td><td colspan="3">12月</td><td colspan="3">1月</td><td colspan="3">2月</td><td colspan="3">3月</td><td colspan="3">4月</td><td colspan="3">5月</td><td colspan="2">6月</td></tr>
<tr><td>旬</td><td>上</td><td>中</td><td>下</td><td>上</td><td>中</td><td>下</td><td>上</td><td>中</td><td>下</td><td>上</td><td>中</td><td>下</td><td>上</td><td>中</td><td>下</td><td>上</td><td>中</td><td>下</td><td>上</td><td>中</td><td>下</td><td>上</td><td>中</td><td>下</td><td>上</td><td>中</td></tr>
<tr><td>节气</td><td>寒露</td><td></td><td>霜降</td><td>立冬</td><td></td><td>小雪</td><td>大雪</td><td></td><td>冬至</td><td>小寒</td><td></td><td>大寒</td><td>立春</td><td></td><td>雨水</td><td>惊蛰</td><td></td><td>春分</td><td>清明</td><td></td><td>谷雨</td><td>立夏</td><td></td><td>小满</td><td>芒种</td><td></td></tr>
<tr><td>生育期</td><td>播种期</td><td colspan="2">出苗至三叶期</td><td colspan="5">冬前分蘖期</td><td colspan="7">越冬期</td><td colspan="2">返青期</td><td>起身期</td><td colspan="3">拔节期</td><td>抽穗至开花期</td><td colspan="3">灌浆期</td><td>成熟期</td></tr>
<tr><td>主攻目标</td><td colspan="3">苗全、苗匀
苗齐、苗壮</td><td colspan="5">促根增蘖
培育壮苗</td><td colspan="7">保苗安全越冬</td><td colspan="2">促苗早
发稳长</td><td>蹲苗
壮蘖</td><td colspan="3">促大蘖成穗</td><td>保花
增粒</td><td colspan="3">养根护叶
增粒增重</td><td>丰产
丰收</td></tr>
<tr><td>关键技术</td><td colspan="3">精选种子
药剂拌种
适期播种
播后镇压</td><td colspan="5">防治病虫
适时灌好冻水
冬前化学除草</td><td colspan="7">适时镇压
麦田严禁放牧</td><td colspan="2">中耕
松土
镇压
保墒</td><td>蹲苗
控节
除草</td><td colspan="3">重施肥水
防治病虫</td><td colspan="4">浇开花灌浆水
防治病虫
一喷三防</td><td>适时
收获</td></tr>
<tr><td>操作规程</td><td colspan="26">1. 精选种子，做好发芽试验，药剂拌种或种子包衣，防治地下害虫；每亩底施磷酸二铵 20～25 千克，尿素 10 千克，硫酸钾或氯化钾 10 千克，硫酸锌 1.5 千克。
2. 在日平均温度 17℃左右播种，一般控制在 10 月 5～15 日，播深 3～5 厘米，每亩基本苗 18 万～22 万，播后及时镇压；出苗后及时查苗，发现缺苗断垄应及时补种，确保全苗；田边地头要种满种严。
3. 冬前苗期注意观察灰飞虱、叶蝉等害虫发生情况，及时防治，以防传播病毒病；在昼消夜冻时灌冻水，时间约在 11 月 25 日至 12 月 5 日；冬前化学除草。
4. 冬季适时镇压，弥合地表裂缝，防止寒风飕根，保墒防冻。
5. 返青期中耕松土，提高地温，镇压保墒；一般不浇返青水，不施肥。特别干旱年份，返青期 0～20 厘米土层相对含水量低于 60%是可适当灌水。
6. 起身期不浇水，蹲苗控节；注意观察纹枯病发生情况，发现病情及时防治；注意化学除草。
7. 拔节期重施肥水，促大蘖成穗；每亩追施尿素 20 千克，灌水追肥时间约在 4 月 3～8 日；注意观察白粉病、锈病发生情况，发现病情及时防治。
8. 浇好开花灌浆水，强筋品种或有脱肥迹象的麦田，可随灌水施 2～3 千克尿素，时间约在 5 月 5 日左右；及时防治蚜虫、吸浆虫和白粉病；做好一喷三防。
9. 适时收获，防止穗发芽，避开烂场雨，确保丰产丰收，颗粒归仓。</td></tr>
</table>

中国农业科学院作物科学研究所　赵县农业科学研究所

河北省任丘市小麦绿色高产高效技术模式图

<table>
<tr><td>月</td><td colspan="3">10月</td><td colspan="3">11月</td><td colspan="3">12月</td><td colspan="3">1月</td><td colspan="3">2月</td><td colspan="3">3月</td><td colspan="3">4月</td><td colspan="3">5月</td><td colspan="2">6月</td></tr>
<tr><td>旬</td><td>上</td><td>中</td><td>下</td><td>上</td><td>中</td><td>下</td><td>上</td><td>中</td><td>下</td><td>上</td><td>中</td><td>下</td><td>上</td><td>中</td><td>下</td><td>上</td><td>中</td><td>下</td><td>上</td><td>中</td><td>下</td><td>上</td><td>中</td><td>下</td><td>上</td><td>中</td></tr>
<tr><td>节气</td><td>寒露</td><td></td><td>霜降</td><td>立冬</td><td></td><td>小雪</td><td>大雪</td><td></td><td>冬至</td><td>小寒</td><td></td><td>大寒</td><td>立春</td><td></td><td>雨水</td><td>惊蛰</td><td></td><td>春分</td><td>清明</td><td></td><td>谷雨</td><td>立夏</td><td></td><td>小满</td><td>芒种</td><td></td></tr>
<tr><td>生育期</td><td>播种期</td><td colspan="2">出苗至三叶期</td><td colspan="5">冬前分蘖期</td><td colspan="7">越冬期</td><td>返青期</td><td>起身期</td><td colspan="4">拔节期</td><td>抽穗至开花期</td><td colspan="3">灌浆期</td><td>成熟期</td></tr>
<tr><td>主攻目标</td><td colspan="3">苗全、苗匀
苗齐、苗壮</td><td colspan="5">促根增蘖
培育壮苗</td><td colspan="7">保苗安全越冬</td><td>促苗早发稳长</td><td>蹲苗壮蘖</td><td colspan="4">促大蘖成穗</td><td>保花增粒</td><td colspan="3">养根护叶
增粒增重</td><td>丰产丰收</td></tr>
<tr><td>关键技术</td><td colspan="3">精选种子
药剂拌种
适期播种
播后镇压</td><td colspan="5">防治病虫
适时灌好冻水
冬前化学除草</td><td colspan="7">适时镇压
麦田严禁放牧</td><td>中耕
松土
镇压
保墒</td><td>蹲苗
控节
除草</td><td colspan="4">重施肥水
防治病虫</td><td colspan="4">浇开花灌浆水
防治病虫
一喷三防</td><td>适时收获</td></tr>
<tr><td>操作规程</td><td colspan="26">1. 播前精选种子，做好发芽试验，药剂拌种或种子包衣，防治地下害虫；每亩底施磷酸二铵 20～25 千克，尿素 8 千克，硫酸钾或氯化钾 12 千克，硫酸锌 1.5 千克。
2. 在日平均气温 17℃左右播种，最佳播期 10 月 5～10 日，播深 3～5 厘米，每亩基本苗 20 万，播后镇压；出苗后及时查苗，发现缺苗断垄应及时补种，确保全苗，田边地头要种满种严。
3. 冬前苗期注意观察灰飞虱、叶蝉等害虫发生情况，及时防治，以防传播病毒病；根据冬前降水情况和土壤墒情决定是否灌冻水；需灌冻水时，一般要求在昼消夜冻时灌冻水，时间约在 11 月 20～30 日。
4. 冬季适时镇压，弥合地表裂缝，防止寒风飕根，保墒防冻。
5. 返青期中耕松土，提高地温，镇压保墒。一般不浇返青水，不施肥。特别干旱年份，返青期 0～20 厘米土层相对含水量低于 60%是可适当灌水。
6. 起身期不浇水，不追肥，蹲苗控节。注意观察纹枯病发生情况，发现病情及时防治，注意化学除草。
7. 拔节期重施肥水，促大蘖成穗。每亩追施尿素 18 千克。灌水追肥时间约在 4 月 15～20 日；注意观察白粉病、锈病发生情况，发现病情及时防治。
8. 浇开花灌浆水，强筋品种或有脱肥迹象的麦田，随灌水施 2～3 千克尿素。时间在 5 月 10 日左右；及时防治蚜虫、吸浆虫和白粉病，做好一喷三防。
9. 适时收获，防止穗发芽，避开烂场雨，确保丰产丰收，颗粒归仓。</td></tr>
</table>

中国农业科学院作物科学研究所　任丘市农业局

参 考 文 献

《植保员手册》编绘组，1971. 麦类、油菜、绿肥病虫害的防治．上海：上海人民出版社．

北京农业大学等，1985. 简明农业词典．北京：科学出版社．

陈万权，2012. 图说小麦病虫草鼠害防治关键技术．北京：中国农业出版社．

金善宝，1986. 中国小麦品种志．北京：农业出版社．

金善宝，1990. 小麦生态研究．杭州：浙江科学技术出版社．

金善宝，1996. 中国小麦学．北京：中国农业出版社．

金善宝，刘定安，1964. 中国小麦品种志．北京：农业出版社．

李晋生，阎宗彪，1986. 小麦栽培200题．北京：农业出版社．

马奇祥，1998. 麦类作物病虫草害防治彩色图说．北京：中国农业出版社．

钱维朴，1983. 小麦大元麦栽培问答．南京：江苏科学技术出版社．

全国农业技术推广服务中心，2004. 小麦病虫防治分册．北京：中国农业出版社．

山东农学院，1980. 作物栽培学（北方本）．北京：农业出版社．

上海农业科学院作物育种栽培研究所，1984. 三麦生产问答．上海：上海科学技术出版社．

孙芳华，1996. 小麦优质丰产技术问答．北京：科学普及出版社．

孙世贤，2001. 中国农作物优良品种．北京：中国农业科技出版社．

于振文，2001. 优质专用小麦品种及栽培．北京：中国农业出版社．

赵广才．王崇义，2003. 小麦．武汉：湖北科学技术出版社．

赵增煜，1986. 常用农业科学实验方法，北京：农业出版社．

中国农业科学院，1959. 中国农作物病虫图谱（第一集、第二集）．北京：农业出版社．

中国农业科学院，1979. 小麦栽培理论与技术．北京：农业出版社．

图书在版编目（CIP）数据

优质专用小麦生产关键技术百问百答 / 赵广才编著
. —4 版 . —北京：中国农业出版社，2020.1(2022.11重印)
(专家为您答疑丛书)
ISBN 978-7-109-26449-6

Ⅰ. ①优… Ⅱ. ①赵 Ⅲ. ①小麦—栽培技术—问题解答 Ⅳ. ①S512.1-44

中国版本图书馆 CIP 数据核字（2020）第 020087 号

审图号：GS（2020）1132 号

中国农业出版社出版
地址：北京市朝阳区麦子店街 18 号楼
邮编：100125
责任编辑：郭银巧
版式设计：杜 然 责任校对：刘丽香
印刷：北京通州皇家印刷厂
版次：2020 年 1 月第 4 版
印次：2022 年 11月第 4 版北京第 2 次印刷
发行：新华书店北京发行所
开本：880mm×1230mm 1/32
印张：8 插页：16
字数：220 千字
定价：28.00 元

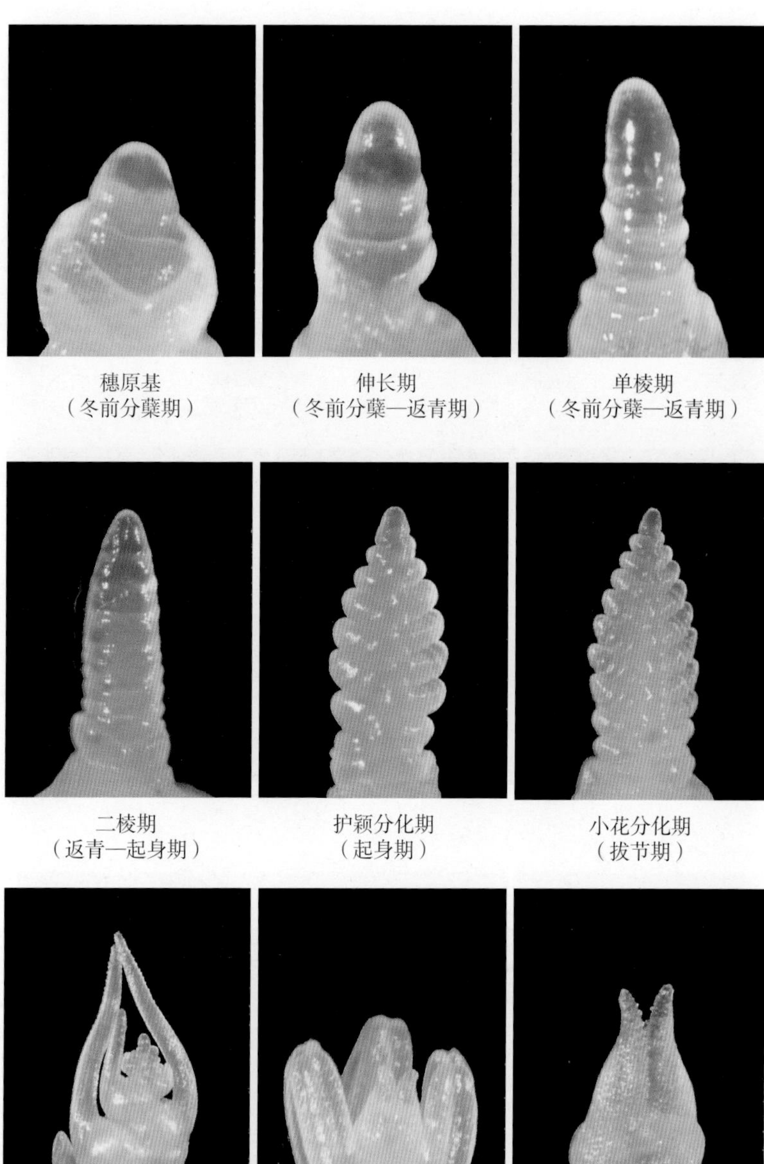

穗原基
（冬前分蘖期）

伸长期
（冬前分蘖—返青期）

单棱期
（冬前分蘖—返青期）

二棱期
（返青—起身期）

护颖分化期
（起身期）

小花分化期
（拔节期）

药隔分化期
（拔节期）

柱头伸长期
（拔节—挑旗期）

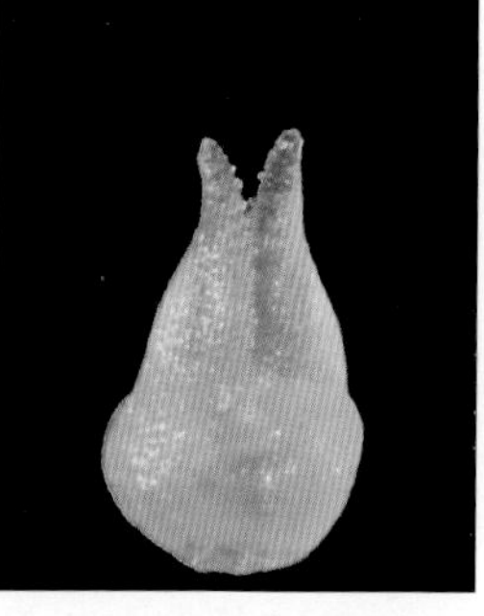

柱头羽毛凸起期
（拔节—挑旗期）

图1　小麦穗分化图（一）

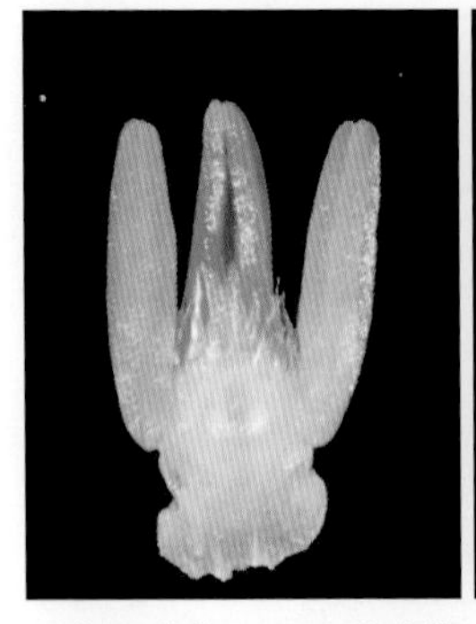

花药四分体、羽毛形成期
（挑旗期）

羽毛开放期
（抽穗—开花期）

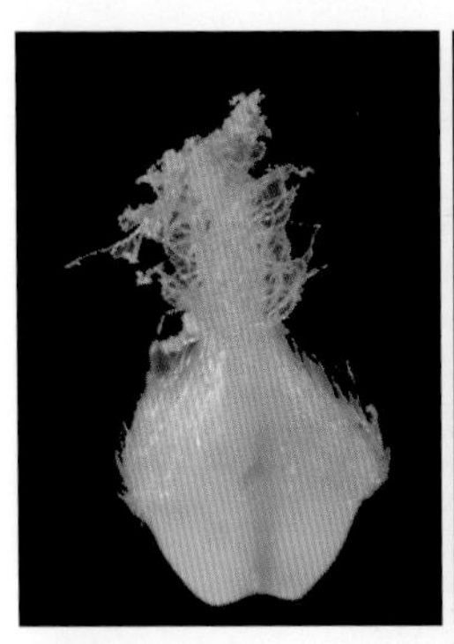

坐脐期
（灌浆期）

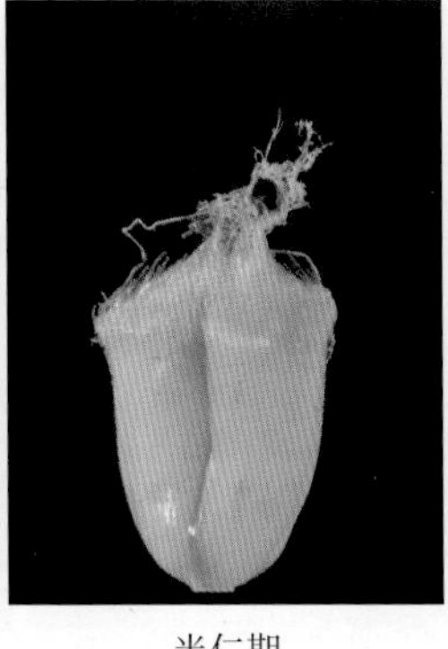

半仁期
（灌浆期）

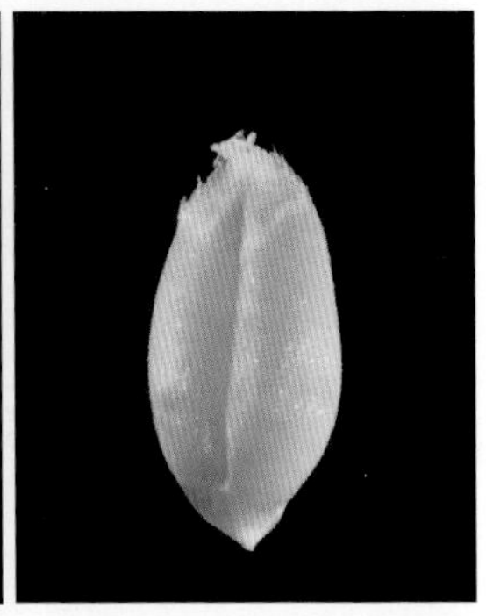

乳熟期
（灌浆期）

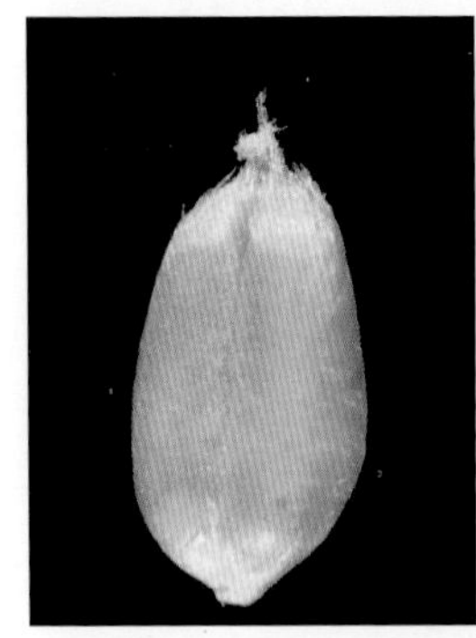

蜡熟期
（灌浆期）

完熟期
（成熟期）

图2　小麦穗分化图（二）

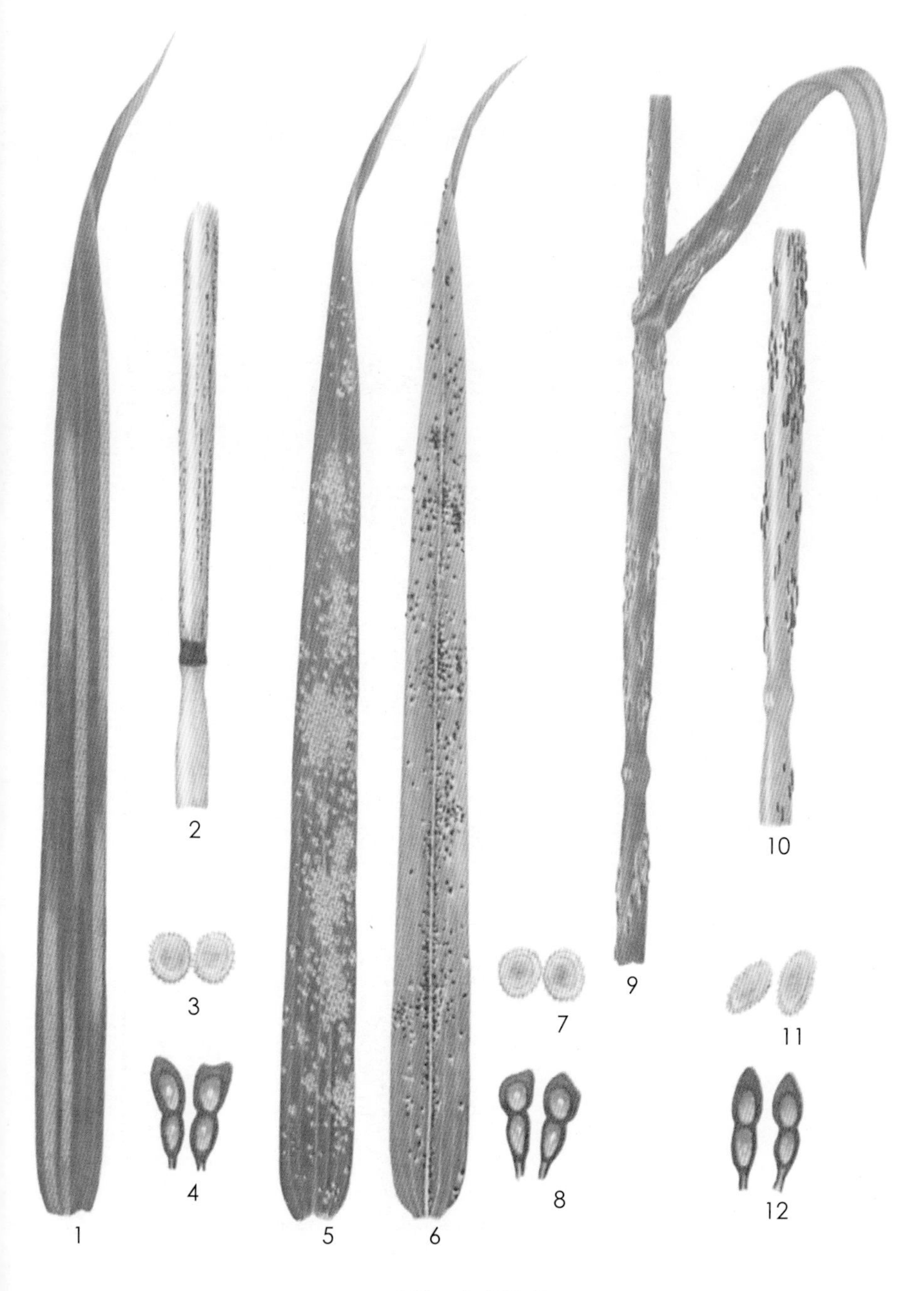

图3　小麦锈病

小麦条锈病　1.病叶前期（示夏孢子堆）　2.病秆后期（示冬孢子堆）　3.夏孢子　4.冬孢子

小麦叶锈病　5.病叶前期（示夏孢子堆）　6.病叶后期（示冬孢子堆）　7.夏孢子　8.冬孢子

小麦秆锈病　9.病秆前期（示夏孢子堆）　10.病秆后期（示冬孢子堆）　11.夏孢子　12.冬孢子

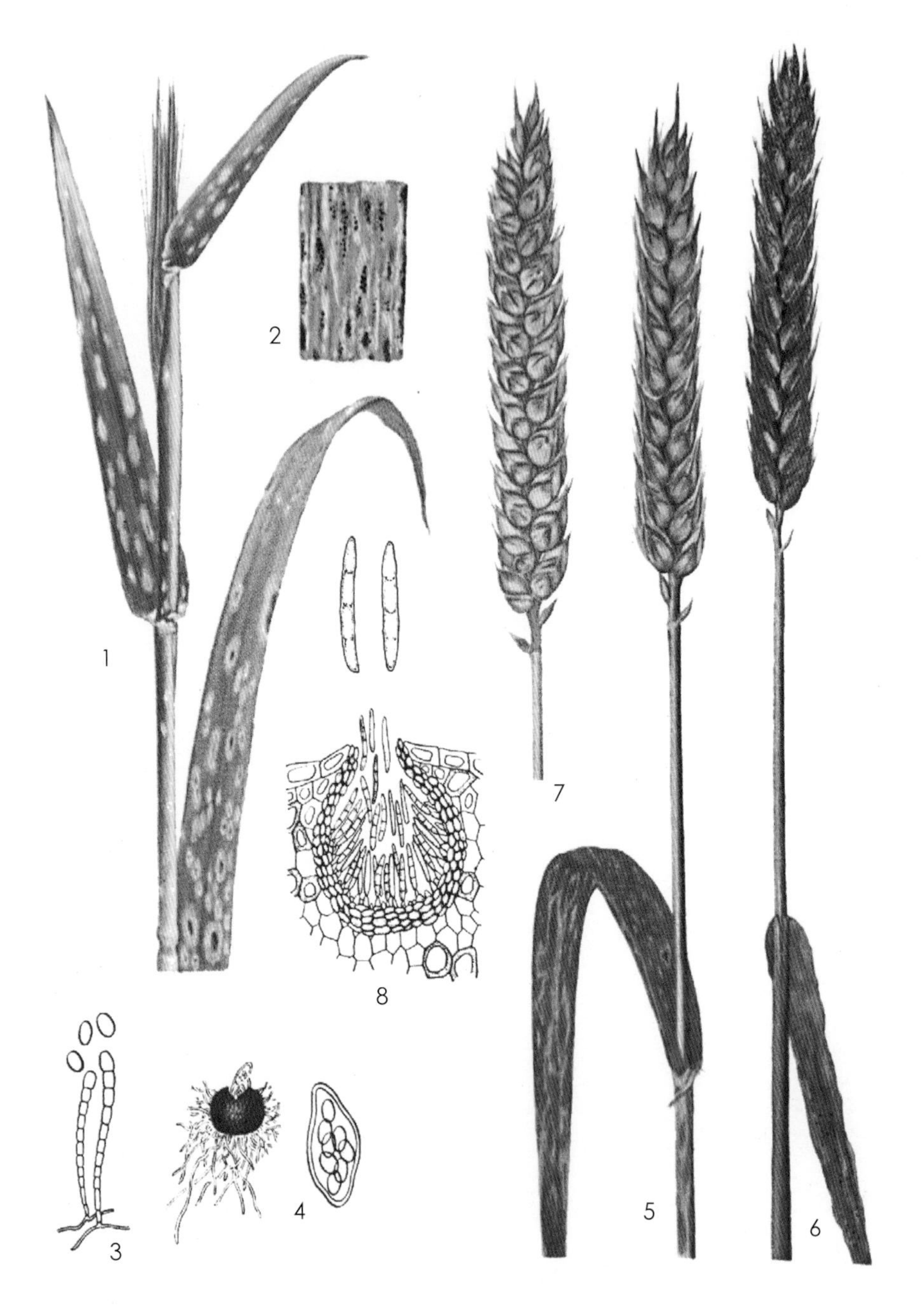

图4　小麦白粉病、小麦颖枯病

小麦白粉病　1.病株　2.叶片病斑和上面的子囊壳　3.分生孢子梗和分生孢子　4.子囊壳、子囊和子囊孢子

小麦颖枯病　5.病株前期　6.病株后期和上面的分生孢子器　7.成熟健穗　8.分生孢子器和器孢子

图5　小麦纹枯病

1. 小麦纹枯病引起枯株白穗

2. 病株　3. 症状及菌核

图6 小麦赤霉病

1. 扬花期健穗（最易感病期） 2. 小麦病穗初期症状 3~5. 小麦赤霉病（穗腐和秆腐）的发展情况 6. 子囊壳、子囊和子囊孢子 7. 分生孢子梗和分生孢子

图7　小麦病毒病（一）

1. 小麦黄矮病　2. 小麦丛矮病　3. 小麦红矮病

图8　小麦病毒病（二）

小麦黑条矮缩病　1. 健苗　2. 病苗　3. 健株　4. 病株　5. 病叶（示锯齿状缺裂）　6. 传毒媒介（灰飞虱）

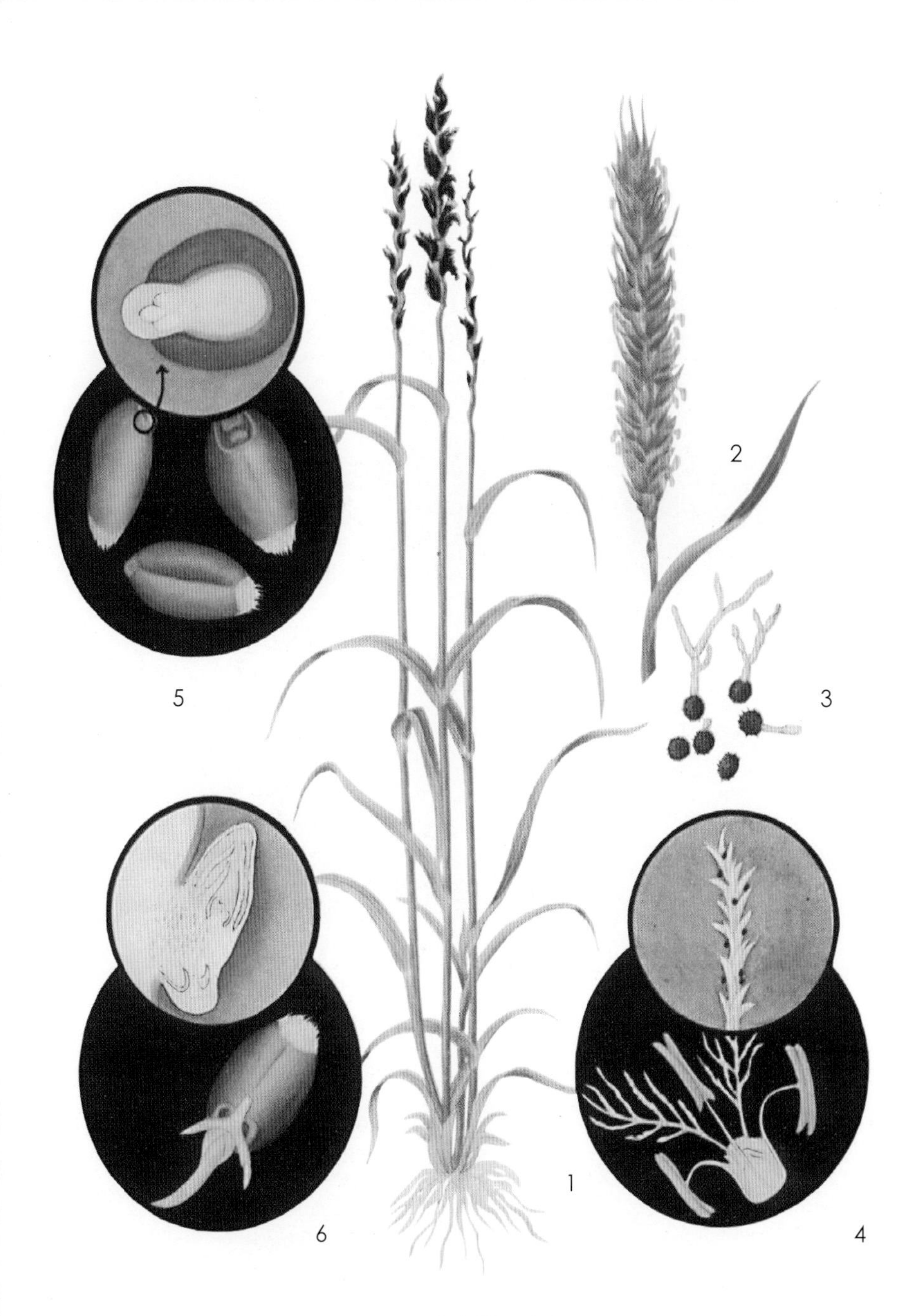

图9 小麦散黑穗病

1. 病株症状 2. 同时期的健穗 3. 病原菌的厚垣孢子及其发芽 4. 病原菌侵染花部
5. 麦粒及胚的放大 6. 麦粒发芽及麦芽剖面（示向生长点扩展的菌丝）

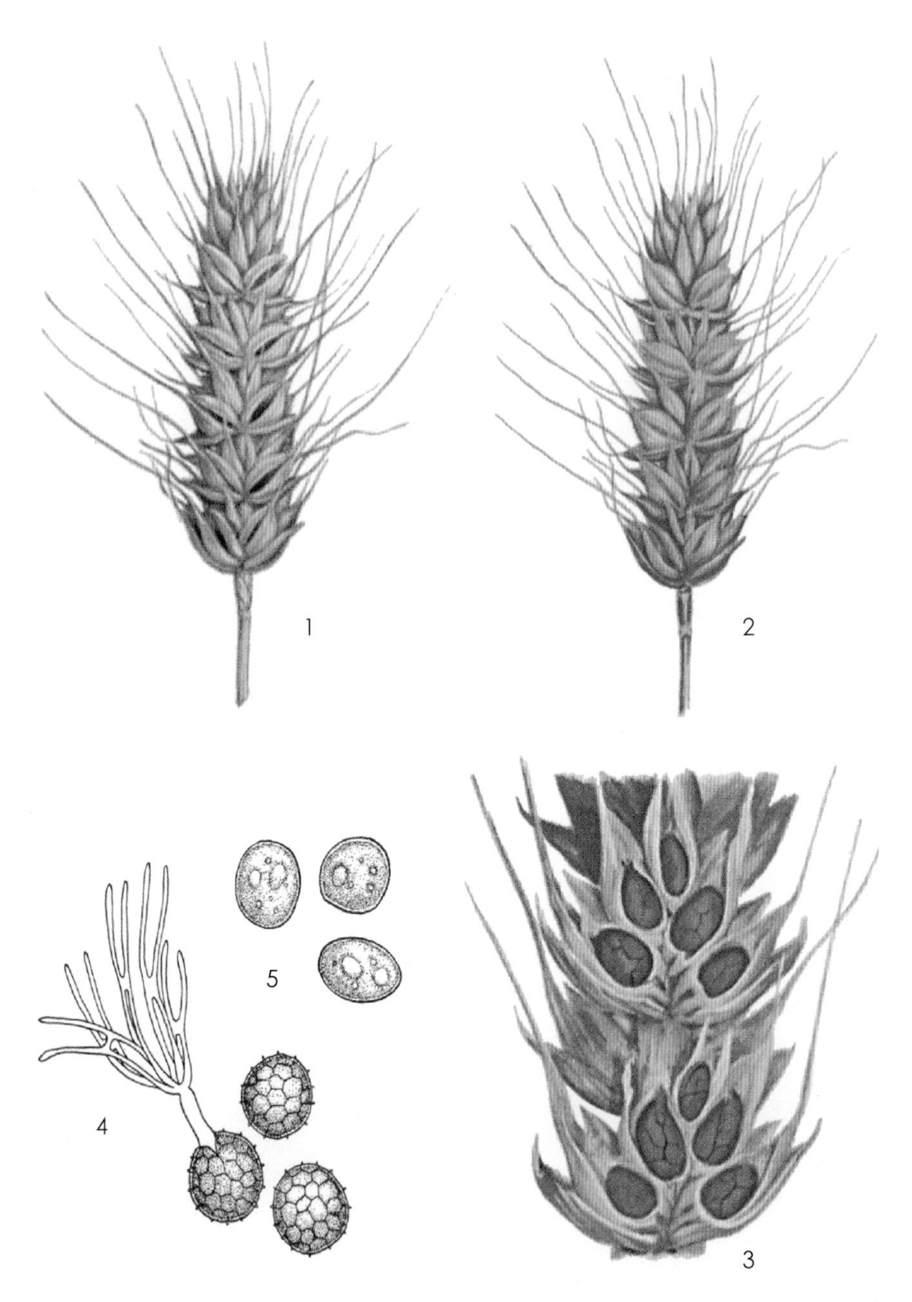

图10　小麦腥黑穗病

1.病穗前期　2.病穗后期　3.病粒剖面　4.网腥黑穗病菌的厚垣孢子及其萌发
5.光腥黑穗病菌的厚垣孢子

图11　小麦全蚀病

1.子囊壳　2.症状　3.病株（白穗）

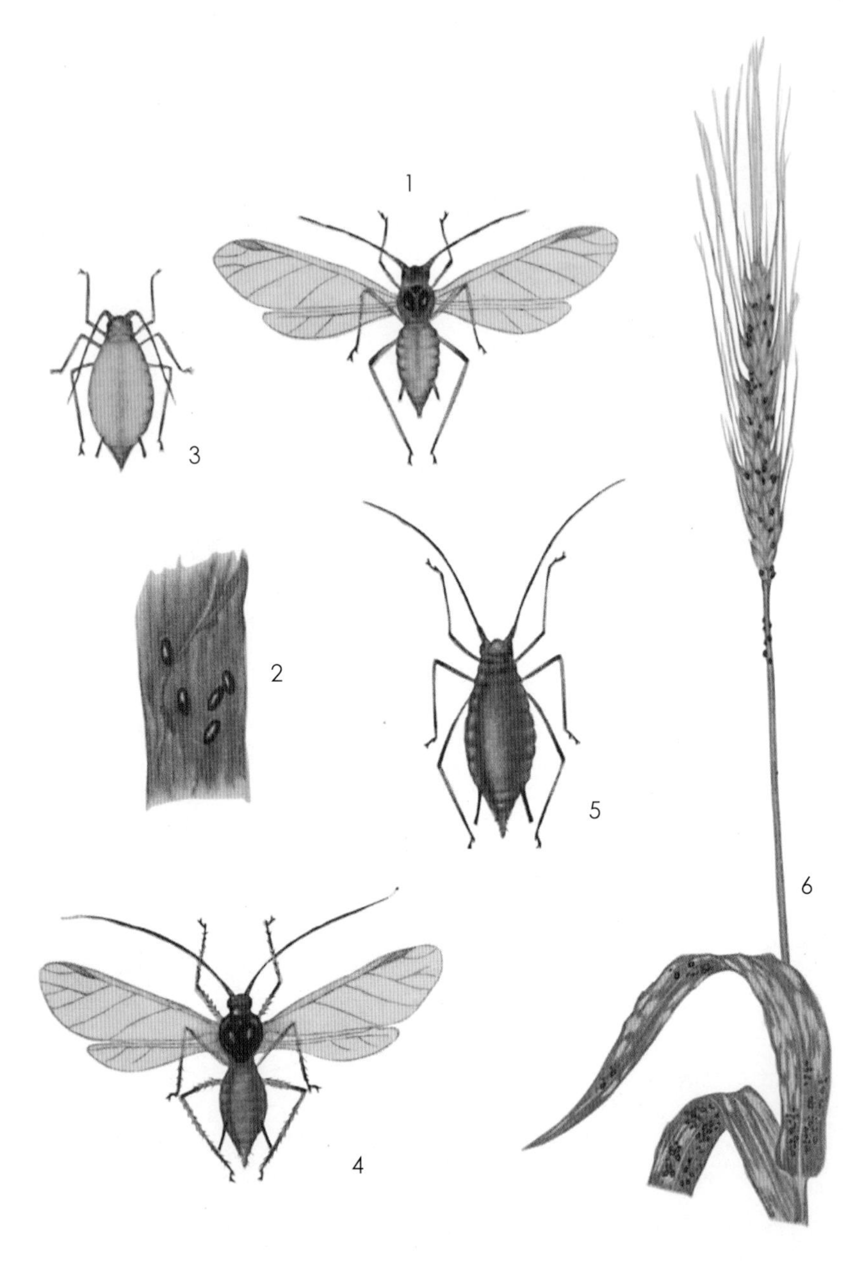

图12 麦 蚜

麦二叉蚜 1. 成虫 2. 卵在枯叶上 3. 若虫

麦长管蚜 4. 成虫 5. 若虫 6. 二叉蚜及长管蚜为害小麦状

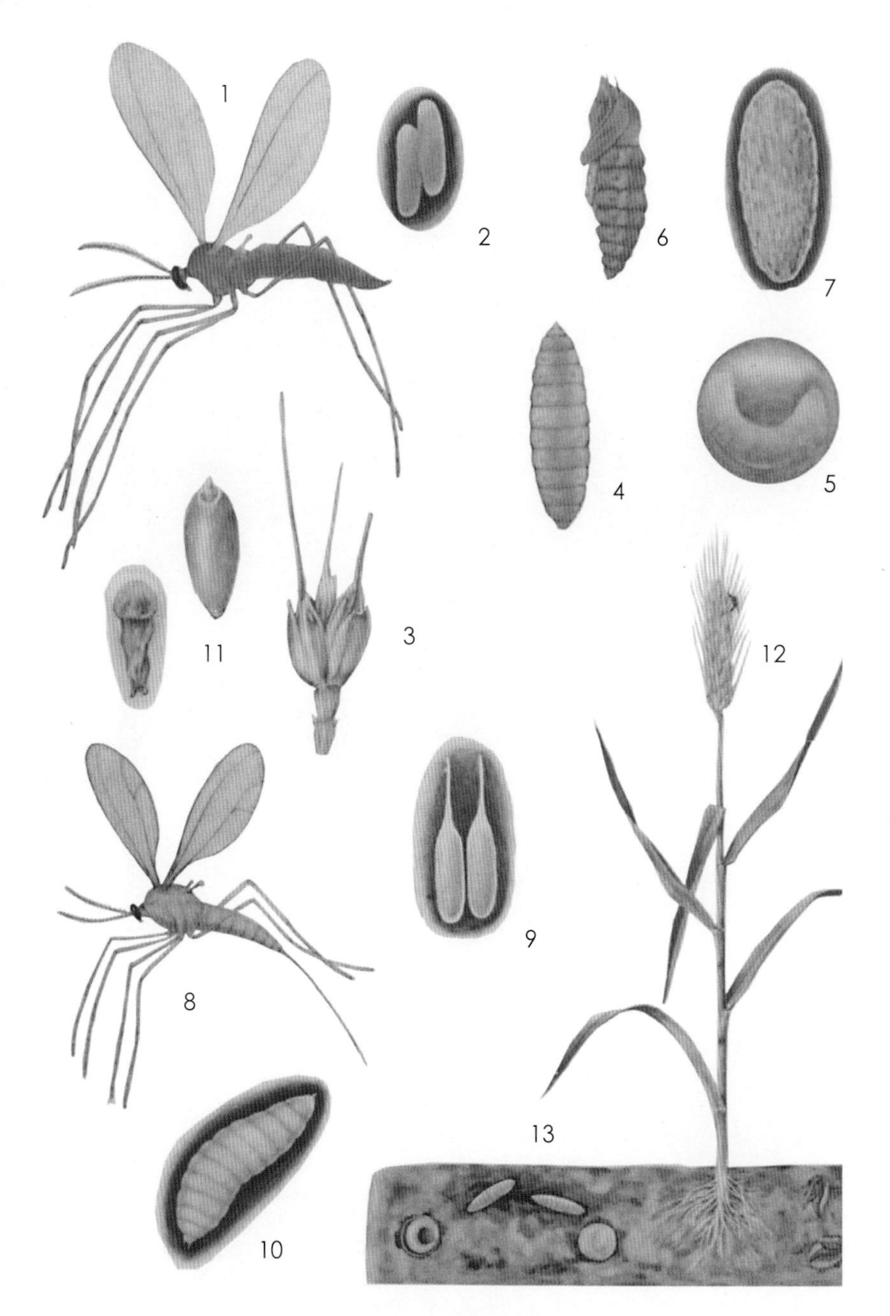

图13　小麦吸浆虫

麦红吸浆虫　1. 成虫　2. 卵　3. 卵产于护颖内外颖背面　4. 幼虫　5. 休眠幼虫　6. 蛹　7. 茧蛹

麦黄吸浆虫　8. 成虫　9. 卵　10. 幼虫　11. 吸浆虫为害后麦粒与健粒比较　12. 吸浆虫在麦穗上产卵状　13. 土内的幼虫、休眠幼虫、蛹、茧蛹

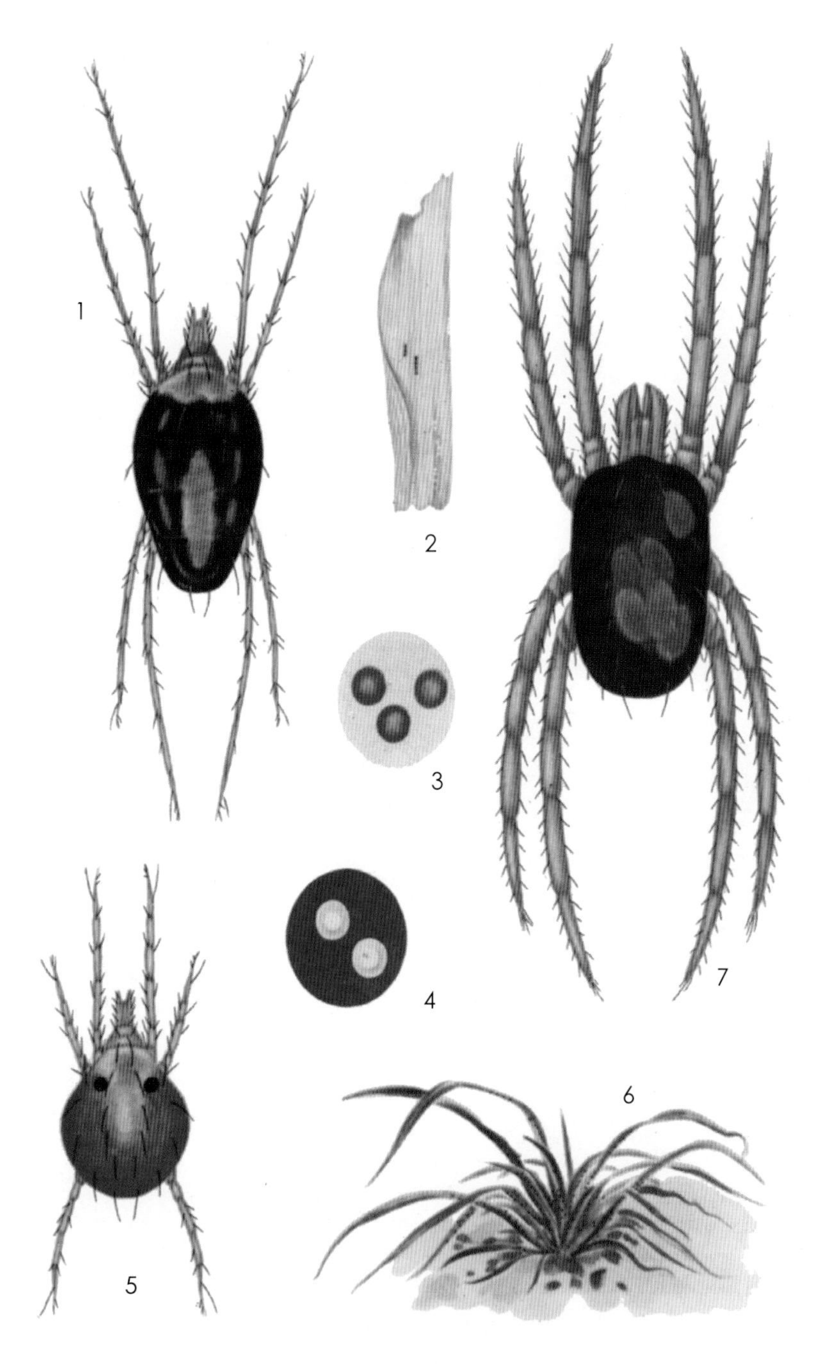

图14　麦蜘蛛

长腿蜘蛛　1. 成虫　2. 枯叶上的卵　3. 春、秋所产的卵　4. 越夏的卵　5. 若虫　6. 为害麦苗状

麦圆蜘蛛　7. 成虫

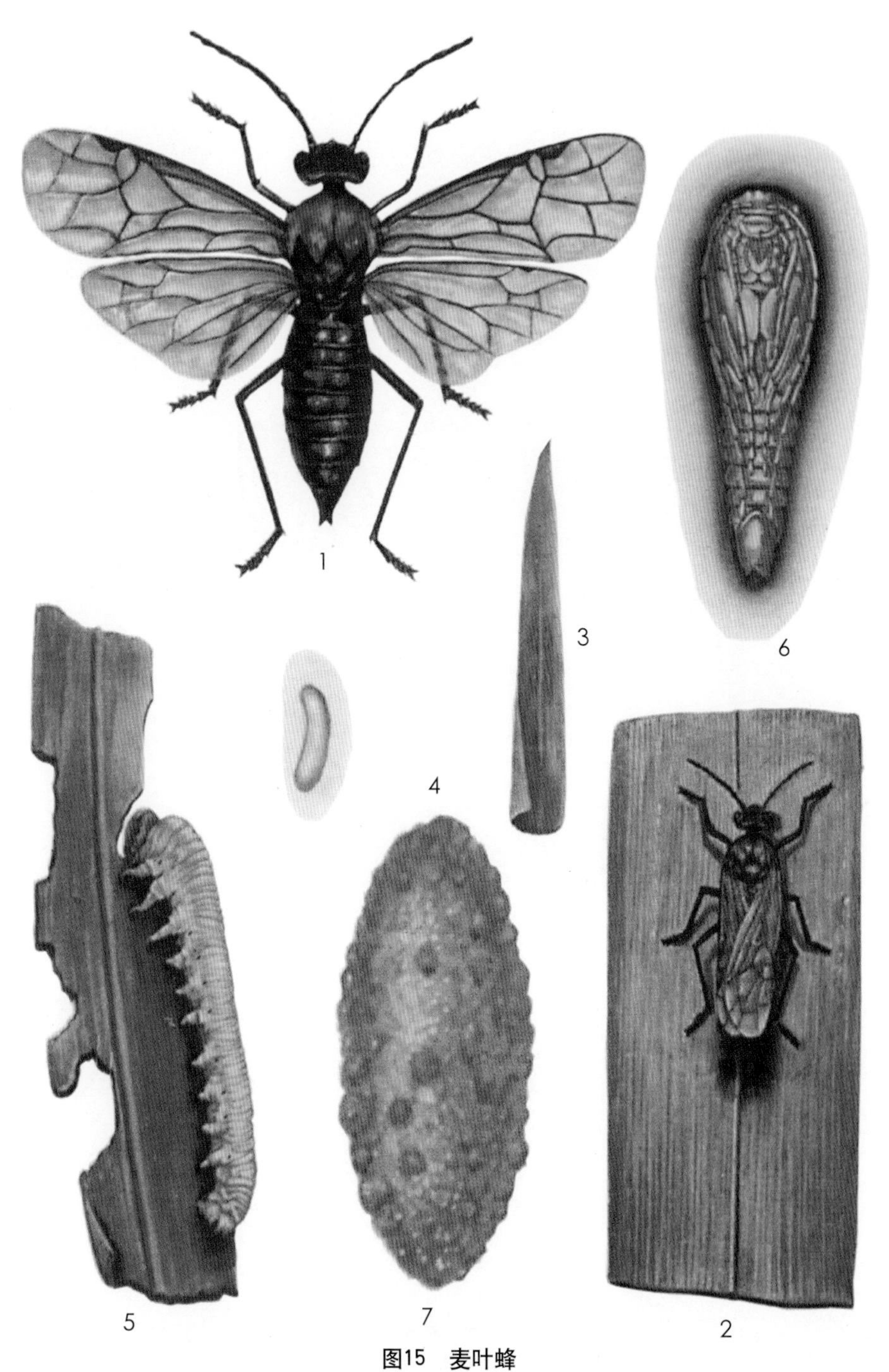

图15　麦叶蜂

1～2.成虫　3～4.卵　5.幼虫和麦叶被害状　6.蛹　7.土茧

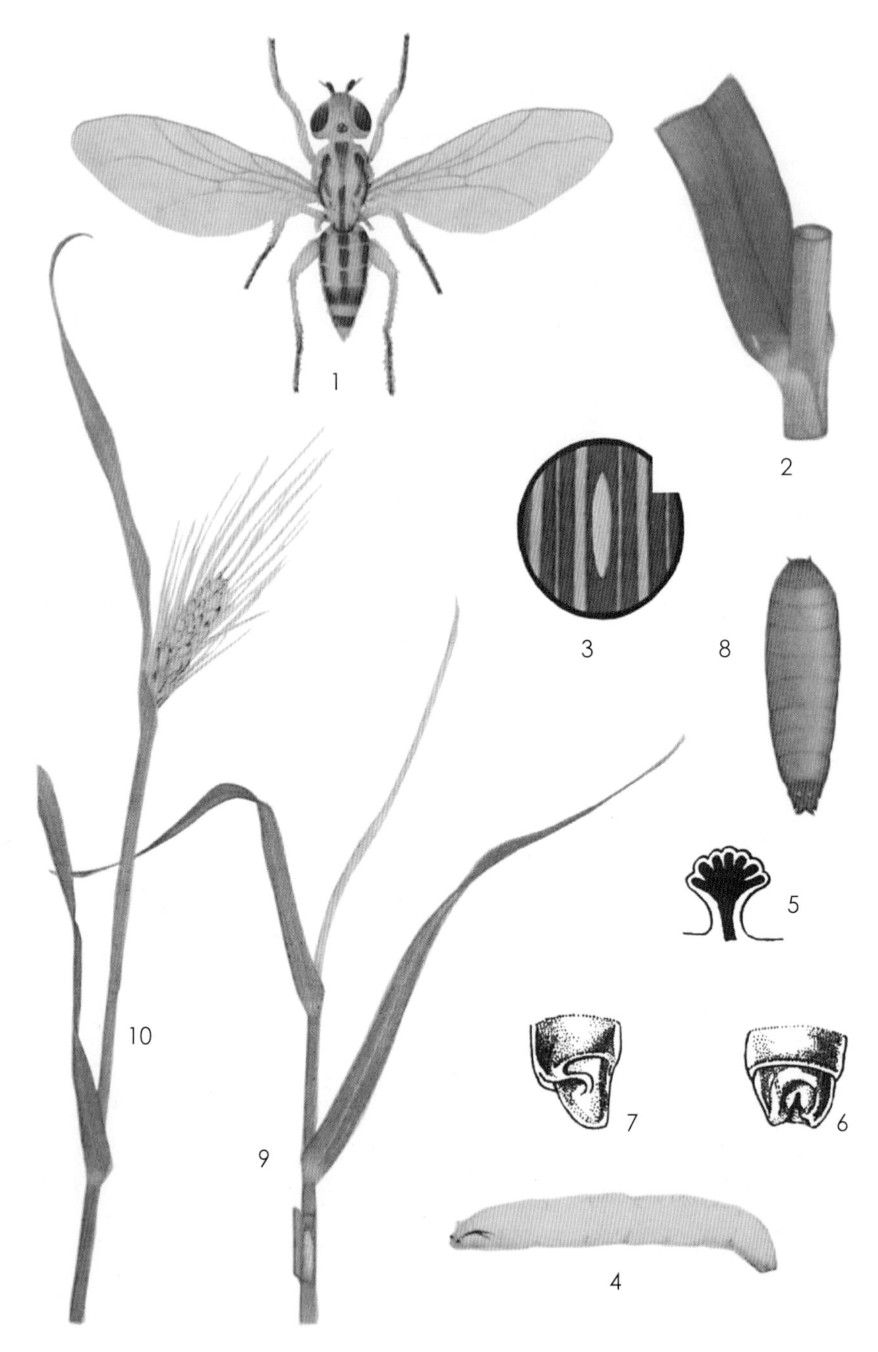

图16　麦秆蝇

1.成虫　2. 卵产于叶上　3.卵粒（放大）　4.幼虫　5.幼虫前气门突　6.幼虫腹部末端背面　7.幼虫腹部末端侧面　8.蛹　9.麦苗被害枯心状　10.麦株被害状（白穗）

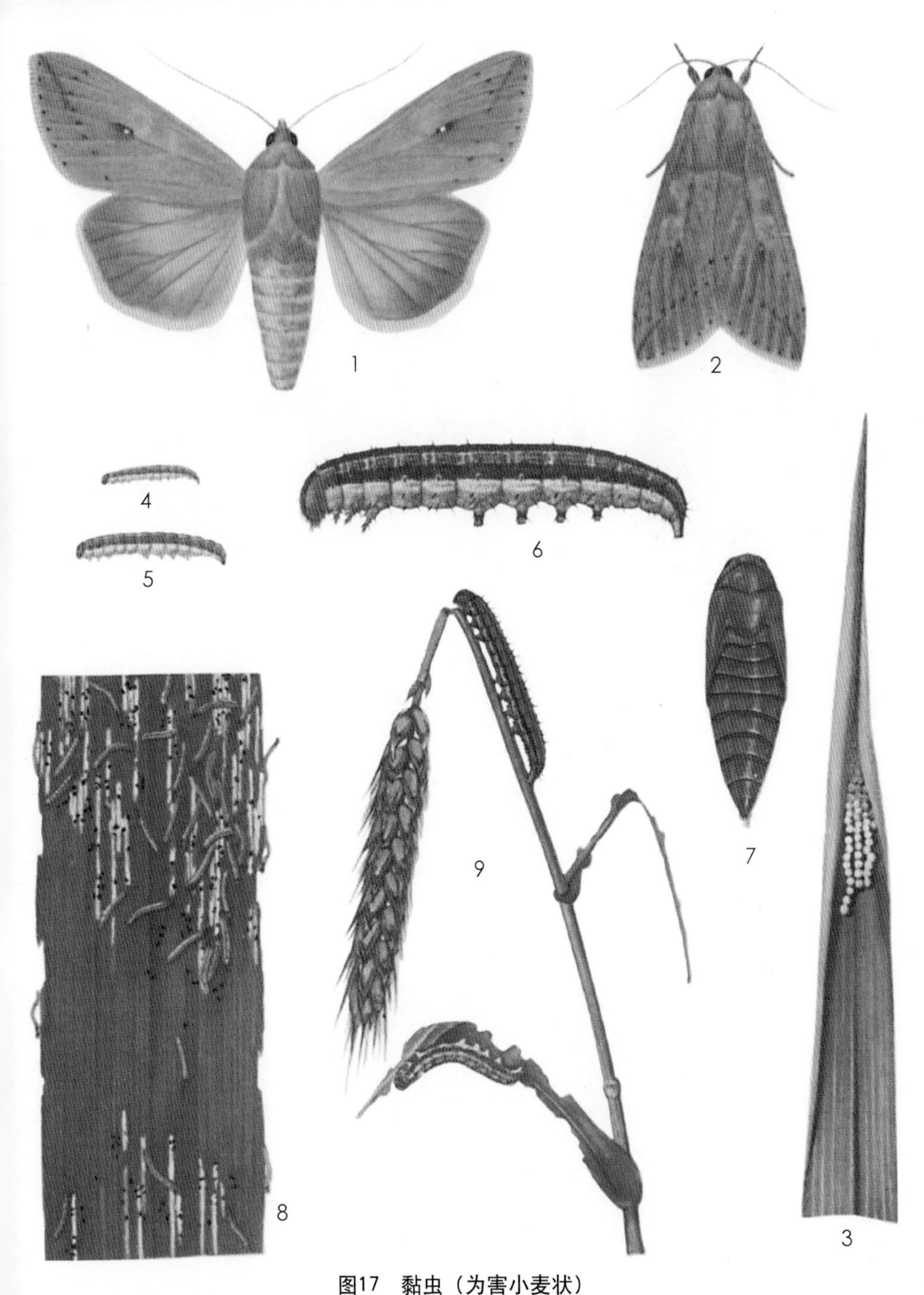

图17　黏虫（为害小麦状）

1.雌成虫　2.雄成虫　3.卵块　4.二龄幼虫　5.三龄幼虫　6.老熟幼虫　7.蛹
8.初孵幼虫为害状　9.麦株被害状

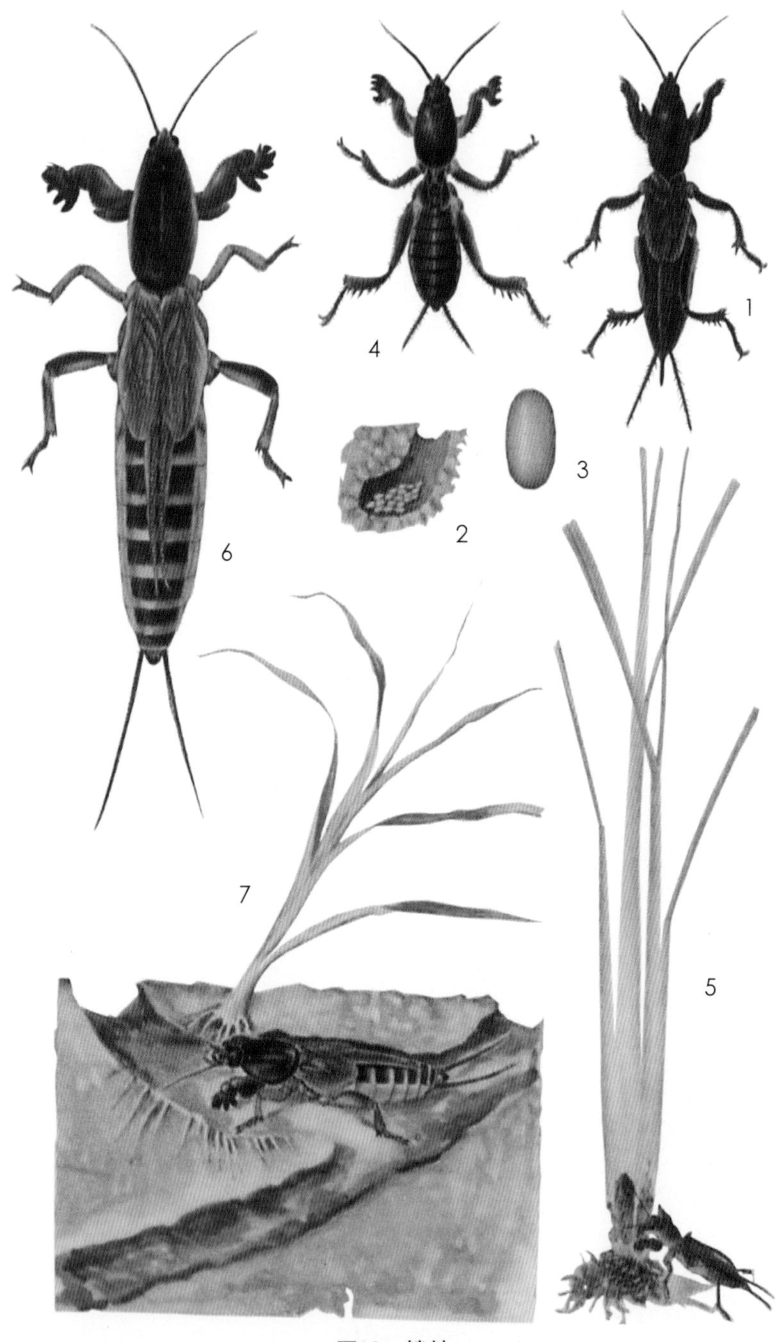

图18　蝼蛄

东方蝼蛄　1.成虫　2.卵产于土内　3.卵粒放大　4.若虫　5.为害水稻状

华北蝼蛄　6.成虫　7.为害麦苗状

图19　金针虫

1．细胸金针虫幼虫和成虫　2．褐纹金针虫幼虫　3．沟金针虫成虫、幼虫及为害状

图20　蛴螬（金龟子幼虫）

1.幼虫为害状及土中的卵　2.幼虫　3.华北大黑鳃金龟子成虫　4.铜绿丽金龟子　5.暗黑鳃金龟子　6.黄褐丽金龟子

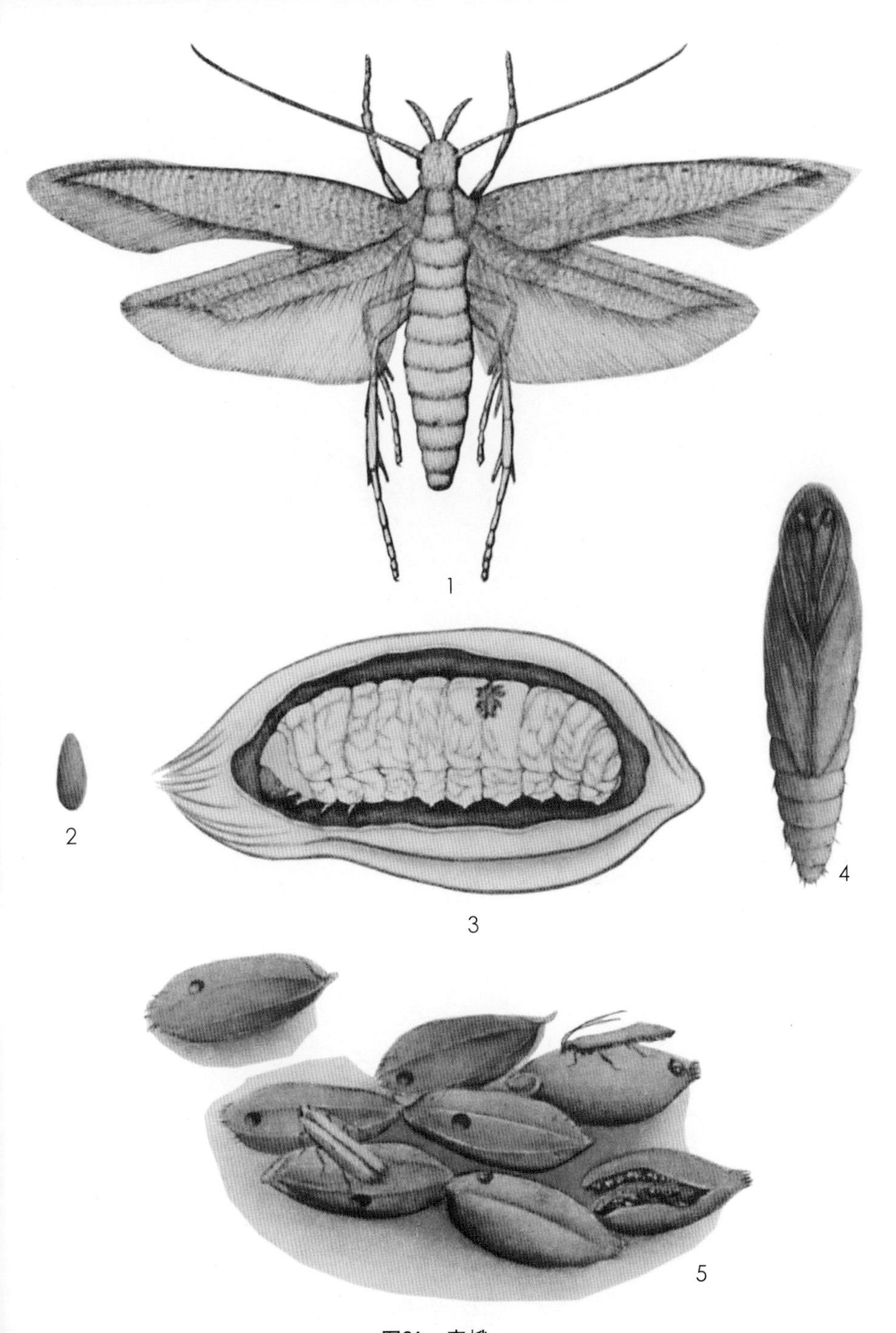

图21　麦蛾

1. 成虫　2. 卵　3. 幼虫　4. 蛹　5. 麦粒被害状

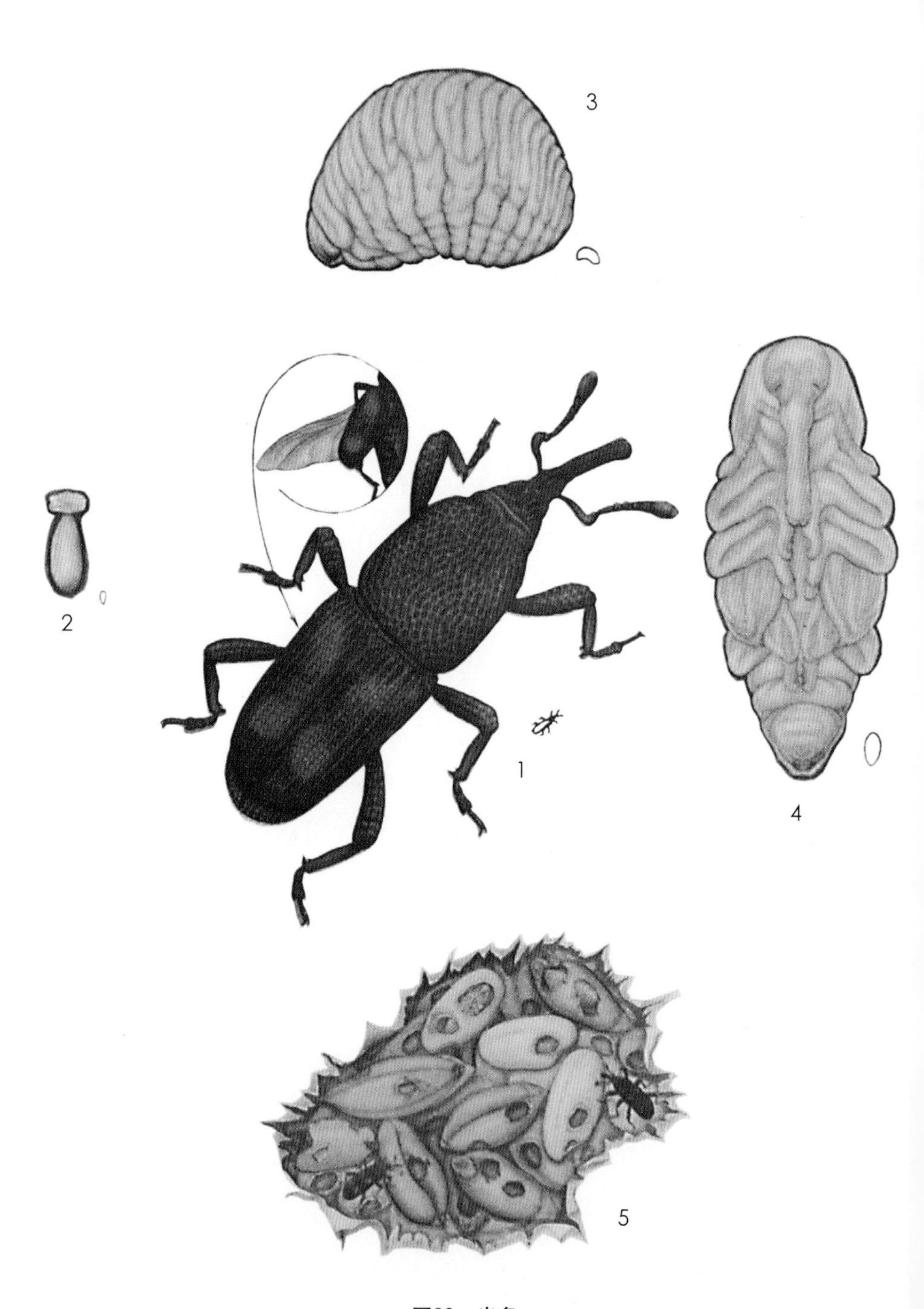

图22　米象

1.成虫　2.卵　3.幼虫　4.蛹　5.米粒被害状

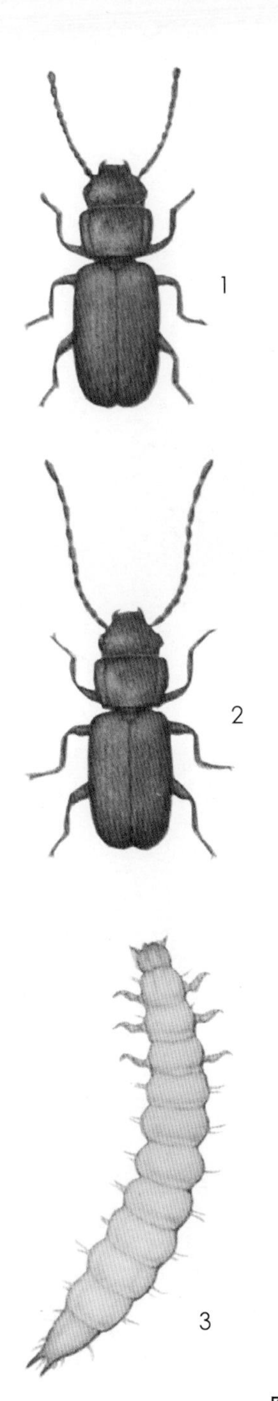

图23　长角谷盗、锯谷盗

长角谷盗　1.成虫（雌）　2.成虫（雄）　3.幼虫

锯谷盗　4.成虫　5.幼虫

图24　小蓟（菊科）

图25　平车前（车前科）

图26　苍耳（菊科）

图27　播娘蒿（十字花科）

图28 苣荬菜（菊科）

图29 苦苣菜（菊科）

图30　蒲公英（菊科）

图31　小旋花（旋花科）

图32　圆叶牵牛（旋花科）

图33　龙葵（茄科）

图34　节节麦（禾本科）

图35　田雀麦（禾本科）

图36　毒麦（禾本科）

图37　野燕麦（禾本科）

图38　看麦娘（禾本科）

图39　无芒稗（禾本科）

图40　牛筋草（禾本科）

图41　马齿苋（马齿苋科）

图42 小藜（藜科）

图43 反枝苋（苋科）

注：图3、4、6、8、15、17引自植保员手册编绘组《植保员手册》；图5、7、11、19、20引自马奇祥等《麦类作物病虫草害防治彩色图说》；图9、10、12、13、14、16、18、21、22、23引自中国农业科学院《中国农作物病虫图谱》；图27引自陈万权《图说小麦病虫草鼠害防治关键技术》；图34、35、36引自车晋滇《中国外来杂草原色图鉴》；图37、38引自全国农业技术推广服务中心《中国植保手册·小麦病虫防治分册》。